難培養微生物の利用技術
Technology for Accessing Yet-unexploit Microbial Resources

監修：工藤俊章／大熊盛也

シーエムシー出版

は じ め に

　自然界の微生物は99％以上が培養困難または不能な未知の新規かつ多様な微生物から構成されていると考えられる。しかし、従来の微生物研究は単離・培養を基本的な技術としており、培養できないという点からこれら大多数の培養不能な微生物を無視せざるを得なかった。今日、ポリメラーゼ連鎖反応法（PCR）の様な新しい科学技術の発展により培養を介さないで微生物にアクセスする可能性がでてきた。例えば、シロアリ腸内容液を顕微鏡で見ると原生生物やスピロヘータをはじめとして色々な微生物を見ることができる。しかしまだ微生物の分離培養技術は十分ではなくシロアリ腸内の微生物の大半は"アンカルチャブル"な非常に単離培養しにくい微生物であることが分かってきた。そこで、シロアリ腸内容物より直接DNAを抽出して、共生微生物のrRNA遺伝子をPCRにより増幅し、塩基配列を決定して系統解析を行った結果、多数の新種・新属と考えられる微生物群がシロアリ腸内に共生していることが明らかになった。

　従来のパスツール、コッホ以来の伝統的な手法では、栄養源を含有する平板寒天培地にコロニーを形成させ分離・培養された微生物を研究や応用の対象とした。微生物の発見以来300年近くなるが、このような手法によって数千種の新しい細菌が発見されてきた。しかし、このような手法で取り扱い可能な微生物種は1％前後にすぎず、例えば土壌微生物でわずか0.3％、海洋微生物で0.001％と言われている。地球上に存在する99％以上の微生物種は従来の技術ではハンドリングできない。この99％以上の微生物にアクセス出来る手段を開発出来れば学問や産業の発展に大きく寄与する。米国では既に難培養微生物を対象としたバイオベンチャーによる有用酵素の探索や生理活性物質、抗生物質探索の試みも展開されつつある。そこで、この様な難培養微生物をハンドリングできる技術の開発が急務となって来た。

　本書では難培養微生物研究の現状と最新技術について最先端の研究に従事されている先生方に執筆をお願いした。第1部「難培養微生物の研究方法」では、環境サンプル中の微生物多様性、微生物群集解析、モニタリング、in situ検出法、DNAマイクロアレイや機能遺伝子のmRNA解析法など最近の難培養性微生物解析技術について解説いただいた。第2部「自然環境中の難培養微生物」では、自然界の色々な環境中に於ける難培養微生物の研究の現状と将来について執筆いただいた。第3部「微生物資源としての難培養微生物」では、膨大な未利用資源としての難培養微生物の産業的利用の可能性や系統保存法の開発に関して実際の研究現場の先生方に執筆いただいた。

　これら未利用の難培養微生物資源の開拓・研究は21世紀のバイオ研究や新しい産業の創成にきわめて重要かつ先端的な研究応用分野になることが期待される。

　産業界の方々や若手研究者の方々にとって、本書が参考書として利用されれば幸いである。

2004年6月

(独)理化学研究所
中央研究所　工藤環境分子生物学研究室
工藤俊章，大熊盛也

普及版の刊行にあたって

　本書は2004年に『難培養微生物研究の最新技術―未利用微生物資源へのアプローチ―』として刊行されました。普及版の刊行にあたり，内容は当時のままであり加筆・訂正などの手は加えておりませんので，ご了承ください。

　2010年2月

シーエムシー出版　編集部

執筆者一覧(執筆順)

工藤 俊章	㈱理化学研究所　工藤環境分子生物学研究室　主任研究員	
	(現)長崎大学　水産学部　教授	
大熊 盛也	(現)㈱理化学研究所　バイオリソースセンター　微生物材料開発室　室長	
木暮 一啓	(現)東京大学　海洋研究所　海洋生態系動態部門　教授	
上田 賢志	日本大学　生物資源科学部　応用生物科学科　助教授	
別府 輝彦	日本大学　総合科学研究所　教授	
倉根 隆一郎	㈱クボタ　バイオセンター　理事・所長	
	(現)中部大学　応用生物化学科　教授	
本郷 裕一	㈱理化学研究所　環境分子生物学研究室　基礎科学特別研究員	
	(現)東京工業大学　生命理工学研究科　准教授	
平石 明	(現)豊橋技術科学大学　エコロジー工学系　教授	
金川 貴博	㈱産業技術総合研究所　生物機能工学研究部門　複合微生物研究グループ長	
	(現)京都学園大学　バイオ環境学部　教授	
蔵田 信也	(現)日鉄環境エンジニアリング㈱　技術研究室環境バイオグループ　グループリーダー	
山口 進康	(現)大阪大学　大学院薬学研究科　衛生・微生物学分野　准教授	
那須 正夫	(現)大阪大学　大学院薬学研究科　遺伝情報解析学分野　教授	
野田 悟子	科学技術振興機構　さきがけ　研究員	
	(現)山梨大学　大学院医学工学総合研究部　准教授	
江崎 孝行	(現)岐阜大学　大学院医学系研究科　再生分子統御学講座　病原体制御学分野　教授	
大楠 清文	(現)岐阜大学　大学院医学系研究科　再生分子統御学講座　病原体制御学分野　准教授	
河村 好章	岐阜大学　大学院医学研究科　再生分子統御学講座　病原体制御学分野　助教授	
	(現)愛知学院大学　薬学部　微生物学講座　教授	
関口 勇地	(現)㈱産業技術総合研究所　生物機能工学研究部門　グループ長	
鎌形 洋一	㈱産業技術総合研究所　生物機能工学研究部門　グループリーダー	
	(現)㈱産業技術総合研究所　ゲノムファクトリー研究部門　研究部門長	
渡邉 一哉	(現)東京大学　先端科学技術研究センター　特任准教授	

(つづく)

春田　　　伸	東京大学　大学院農学生命科学研究科　寄付講座教員 (現) 首都大学東京　理工学研究科　准教授
五十嵐　泰夫	(現) 東京大学　大学院農学生命科学研究科　教授
加藤　千明	(現) ㈱海洋研究開発機構　海洋・極限環境生物圏領域　主任研究員
荒川　　康	㈱海洋研究開発機構　極限環境生物圏研究センター； 東洋大学　大学院工学研究科　応用化学専攻
竹中　昭雄	㈱農業・生物系特定産業技術研究機構　畜産草地研究所 家畜生理栄養部　消化管微生物研究室　室長 (現) 国際農林水産業研究センター　畜産草地領域　領域長
坂本　光央	(現) ㈱理化学研究所　バイオリソースセンター　微生物材料開発室　協力研究員
辨野　義己	㈱理化学研究所　バイオリソースセンター　微生物材料開発室　室長 (現) ㈱理化学研究所　知的財産戦略センター　辨野特別研究室　特別招聘研究員
林　　秀謙	㈱理化学研究所　バイオリソースセンター　微生物材料開発室　協力研究員 (現) 前橋工科大学　工学部　生物工学科　講師
中鉢　　淳	㈱理化学研究所　工藤環境分子生物学研究室　日本学術振興会特別研究員 (SPD) (現) ㈱理化学研究所　基幹研究所　ユニット研究員
石川　　統	放送大学　教養学部　教授
斎藤　雅典	(現) 東北大学　大学院農学研究科　教授
南澤　　究	東北大学　大学院生命科学研究科　生態システム生命科学専攻　教授
長谷部　亮	(現) ㈱農業環境技術研究所　研究統括主幹
守屋　繁春	(現) ㈱理化学研究所　基幹研究所　守屋バイオスフェア科学創成研究ユニット　ユニットリーダー
伊藤　　隆	㈱理化学研究所　バイオリソースセンター　微生物材料開発室　先任研究員
作田　庄平	(現) 東京大学　大学院農学生命科学研究科　准教授
伊藤　卓也	(現) 徳島文理大学　薬学部　助教
小林　資正	大阪大学　大学院薬学研究科　天然物化学分野　教授
北垣　浩志	(現) 佐賀大学　農学部　准教授
北本　勝ひこ	(現) 東京大学　大学院農学生命科学研究科　応用生命工学専攻　教授

執筆者の所属表記は，注記以外は2004年当時のものを使用しております．

目　次

第1編　難培養微生物の研究方法

第1章　海洋性VBNC微生物とその検出法　　木暮一啓

1　天然水界中の細菌群集 …………… 3
2　"休眠細胞"はいない …………… 4
3　なぜ培養できないのか ………… 4
4　今後どれだけの細菌が培養できるか …… 6
5　おわりに ………………………… 8

第2章　難培養微生物の具体例，共生細菌 *Symbiobacterium thermophilum*　　上田賢志，別府輝彦

1　はじめに ………………………… 10
2　トリプトファナーゼ生産菌の探索 …… 10
3　*S. thermophilum*が示す新しい分類学的性質 …………………… 12
4　普遍的な*Symbiobacterium*属細菌 …… 15
5　透析を利用した*S. thermophilum*の純粋培養 ………………………… 15
6　*Bacillus*の役割は環境を整えること …… 17
7　おわりに ………………………… 18

第3章　複合微生物系の難培養微生物新規分離手法と複合微生物系有効活用利用法　　倉根隆一郎

1　はじめに ………………………… 20
　1.1　現在ハンドリング出来る微生物種等には限界がある ……………… 21
　1.2　未知の微生物を求めて新大陸の複合生物系へ ……………………… 21
　1.3　複合生物系プロジェクト ……… 22
2　ゲルマイクロドロップ・フローサイトメトリー法による難培養微生物の新規分離培養法の開発 ……………………………… 22
　2.1　難培養性微生物の分離 ………… 23
　2.2　分離・培養した微生物の性質 … 25
　2.3　まとめ ………………………… 25
3　複合系微生物機能解析探索自動化システム（HTS; High Throughput Screening）の開発 …………………………………… 26
　3.1　複合微生物系機能解析システム … 26

I

3.2 複合微生物系由来の新規生理活性物質の探索 ……………………27	4.3 まとめ ……………………………28
3.3 まとめ ……………………………27	5 石油系化合物分解微生物コンソーシアの培養制御技術の開発 …………29
4 蛍光消光等分子間相互作用を利用した複合生物系の迅速検出法の開発 ……27	5.1 石油分解微生物コンソーシアの機能強化・向上技術 ……………29
4.1 蛍光消光現象を利用した特定遺伝子検出 ……………………………27	5.2 フェノール分解微生物コンソーシアの培養制御技術の開発 …………30
4.2 複合微生物系への適用 ………28	6 おわりに ……………………………31

第4章　環境サンプルの16S rDNAクローン解析法とT-RFLP解析法　　本郷裕一

1 16S rDNA 解析の目的 ……………33	2.5 系統解析 ……………………37
2 16S rDNA クローン解析 …………33	2.6 多様性の評価 ………………37
2.1 DNA抽出 ……………………33	2.7 群集構造の比較 ……………39
2.2 PCR増幅 ……………………34	2.8 クローン解析における問題点 ……40
2.3 クローンライブラリーの作成とインサートチェック ……………36	3 T-RFLP解析 ………………………41
2.4 配列決定とphylotypeへの分類，キメラ判定 …………………36	3.1 DNA抽出とPCR増幅 ………41
	3.2 制限酵素処理 ………………42
	3.3 データ解析と問題点 ………42

第5章　キノンをバイオマーカーとして用いる環境微生物群集の解析　　平石　明

1 はじめに ……………………………45	4 キノン分析の応用 …………………51
2 キノンの分布とバイオマーカーとしての意義 ……………………………46	5 データの解釈および数量解析 ……53
	6 おわりに ……………………………55
3 キノン分析法 ………………………50	

第6章　定量的PCR法を用いた難培養微生物のモニタリング　　金川貴博，蔵田信也

1　定量的PCR法の概要 ……………57
2　リアルタイム定量的PCR法 ………57
　2.1　DNA結合性蛍光色素を用いる手法
　　　　………………………………60
　2.2　蛍光標識プローブを用いる手法 …61
　　2.2.1　FRETを利用する蛍光標識
　　　　　プローブ ………………61
　　2.2.2　蛍光色素と塩基との相互作用に
よる蛍光消光を利用するプローブ‥63
　2.3　蛍光標識プライマー法 …………65
3　内部標準PCR法 ………………66
4　競合的PCR法 …………………66
5　MPN-PCR法 ……………………67
6　定量的PCR法の難培養微生物定量への応用
　　　………………………………67

第7章　難培養微生物の *in situ* 検出法　　山口進康，那須正夫

1　はじめに …………………69
2　微生物の現存量測定法 ……………69
3　生きている微生物の検出・定量 ……70
　3.1　蛍光活性染色法 …………………70
　3.2　DVC（Direct viable count）法 …72
　3.3　マイクロコロニー法 ……………73
4　特定の微生物の検出・定量 ………74
　4.1　蛍光抗体法 ……………………74
　4.2　蛍光 *in situ* ハイブリダイゼーション
　　　　（Fluorescence *in situ* hybridization;
　　　　FISH）法 ……………………74
　4.3　*in situ* PCR法 …………………77
5　省力化・自動化 …………………79
6　おわりに …………………………81

第8章　機能遺伝子による解析とそのmRNAの検出　　野田悟子，大熊盛也

1　はじめに …………………83
2　環境中の機能集団の検出 …………83
3　環境中の機能遺伝子のmRNAの検出 …85
4　モニタリングと single cell level での検出
　　　………………………………86
5　窒素固定細菌の検出と解析例 ………87
　5.1　シロアリ共生系の窒素固定に関わる
　　　　微生物の解析 ………………87
　5.2　海洋の窒素固定に関わる微生物の解
　　　　析 …………………………90
6　硝化と脱窒に関わる微生物の解析例 …90
7　おわりに …………………………91

第9章 DNAマイクロアレイを用いた環境サンプル中の微生物群集の解析　江崎孝行，大楠清文，河村好章

1　系統マイクロアレイの作成 ………… 94
2　土壌のDNAの抽出 ………………… 95
3　遺伝子増幅 ………………………… 96
4　マイクロアレイとの反応 …………… 98
　4.1　結果の解析方法 ………………… 98
　　4.1.1　病原体および特定の機能を持った菌群のScreening ………… 98
　　4.1.2　優位な菌の系統解析 ……… 99
　　4.1.3　菌種レベルの解析 ……… 100
5　おわりに ………………………… 100

第2編　自然環境中の難培養微生物

第1章　メタン生成古細菌と嫌気共生細菌
　　　　－嫌気性廃水処理プロセスを例に－　関口勇地，鎌形洋一

1　はじめに ………………………… 103
2　嫌気環境下の微生物 …………… 103
3　嫌気的有機物分解－嫌気共生細菌とメタン生成古細菌との共生－ ……… 106
　3.1　メタン生成古細菌 …………… 107
　3.2　共生細菌 …………………… 108
　3.3　その他の微生物 …………… 109
4　嫌気性廃水処理プロセス ……… 109
　4.1　嫌気性廃水処理プロセスにおける各種共生細菌 ………………… 109
　4.2　グラニュール汚泥の構造を決定する糸状性細菌 ………………… 111
　4.3　他の未培養微生物群とそれらを解析するためのアプローチ …… 113
5　おわりに ………………………… 114

第2章　環境中の多様な石油分解菌　渡邉一哉

1　はじめに ………………………… 116
2　多様な石油分解菌を単離する試み … 117
　2.1　標識基質を用いた直接プレート法 ……………………………… 117
　2.2　連続培養集積法 …………… 118
　2.3　生物膜集積法 ……………… 120
3　より多様な石油分解菌を理解するために ……………………………… 120
　3.1　中間代謝産物シェア ……… 121
　3.2　分解促進因子 ……………… 121
　3.3　細胞間シグナリング物質 … 122
4　おわりに ………………………… 123

第3章　有機性廃棄物の生分解処理と難培養微生物　春田　伸，五十嵐泰夫

1 はじめに ･････････････････125
2 培養法に基づく微生物研究 ･･････125
3 有機物分解過程への分子生物学的手法の適用 ･････････････････126
4 培養を経ない手法による微生物の検出 ･････････････････････127
5 おわりに ･････････････････130

第4章　深海極限環境における微生物学的多様性と難培養性微生物　加藤千明，荒川　康

1 はじめに ･････････････････132
2 深海のコールドシープ域における微生物学的多様性と難培養性微生物 ･･････134
　2.1 コールドシープ底泥サンプルの回収と分子生態学的解析 ･･････134
　2.2 バクテリアにおける微生物学的多様性解析 ･････････････135
　2.3 アーキアにおける微生物学的多様性の特徴 ･･･････････････140
　2.4 コールドシープ環境におけるイオウ循環モデル ･･････････143
　2.5 コールドシープ環境の硫酸還元細菌 ･･････････････････143
3 本当に難培養性？　まだ培養に成功していないだけ？ ･････････145
4 おわりに ･････････････････146

第5章　家畜と難培養微生物　－家畜消化管内微生物研究の最前線－　竹中昭雄

1 はじめに ･････････････････148
2 培養によらない細菌の検出 ･･････149
3 家畜消化管内細菌の分子系統解析 ･･150
4 ルーメン内難培養微生物への分子生物学手法の応用 ･････････････153
5 人工ルーメンとメタゲノム解析 ･･････154

第6章　難培養微生物を含むヒト口腔内細菌叢の解析　坂本光央，辨野義己

1 はじめに ･････････････････157
2 ヒト口腔スピロヘータ ･･･････158
3 歯周病原性細菌の検出・定量 ････159
4 口腔内の微生物群集の構造 ･･････159
5 新規口腔内細菌（ファイロタイプ）の検出 ･･････････････････161
6 微生物群集構造解析の新たなアプローチ ･･････････････････161

7 おわりに ················· 163

第7章 難培養性細菌を含むヒトの大腸内細菌叢の解析　林 秀謙, 辨野義己

1 はじめに ················· 165
2 16S rRNA 遺伝子ライブラリー解析 ·· 165
3 16S rRNA 遺伝子を使用したフィンガープリンティングによる大腸内細菌叢の解析 ················· 168
4 Fluorescent in situ hybridization (FISH) による大腸内細菌叢の解析 ········ 170
5 特異的プライマーによる検出 ······· 170
6 機能遺伝子による大腸内細菌叢の解析 ················· 171
7 おわりに ················· 172

第8章 昆虫の細胞内共生微生物　中鉢 淳, 石川 統

1 はじめに ················· 174
2 菌細胞内共生系 ················· 175
　2.1 菌細胞内共生系と栄養要求 ····· 175
　2.2 アブラムシの共生細菌 Buchnera aphidicola ········ 176
　2.3 Buchnera ゲノムの特徴 ········ 177
　2.4 一次共生体と二次共生体 ········ 178
　2.5 Wigglesworthia と Blochmannia のゲノム ················· 178
　2.6 今後注目される菌細胞内共生細菌 ·· 179
　2.7 宿主菌細胞の役割 ············· 180
3 ゲスト微生物 ················· 181
　3.1 Wolbachia pipientis による宿主の生殖攪乱 ················· 181
　3.2 Wolbachia ゲノム ··········· 182
4 まとめと展望 ················· 183

第9章 絶対共生微生物・アーバスキュラー菌根菌　斎藤雅典

1 アーバスキュラー菌根菌とは何か？·· 186
2 アーバスキュラー菌根 (AM) 菌のライフサイクル ················· 186
3 アーバスキュラー菌根 (AM) 菌はなぜ培養できないか？ ············· 187
4 アーバスキュラー菌根 (AM) 菌の機能解明：遺伝子からアプローチする ······ 189
5 アーバスキュラー菌根 (AM) 菌の機能解明：顕微鏡によるアプローチ ······ 190
6 遺伝資源としてのアーバスキュラー菌根菌 ················· 191

第10章　植物の内生窒素固定細菌　　南澤　究

1　はじめに ･････････････････････ 193
2　根粒菌の生活環 ･････････････････ 193
3　根粒バクテロイドの難培養性 ･･･････ 195
4　根粒菌の共生モードから単生モードへの切り換えの意味 ････････････････････ 197
5　イネ科植物体内の窒素固定エンドファイト ･･････････････････････････ 198
6　野生のイネ科植物の分離困難な窒素固定細菌共同体 ････････････････････ 198
7　植物体内で培養困難になる*Azoarcus*属窒素固定エンドファイト ･･････････ 199

第3編　微生物資源としての難培養微生物

第1章　eDNAによる培養困難微生物資源へのアクセス　　長谷部　亮

1　はじめに ･････････････････････ 203
2　eDNA，メタゲノム解析とは ･･････ 203
3　eDNAとメタゲノム解析による研究実績と内外の研究動向 ････････････ 204
　3.1　新規酵素探索 ･････････････ 204
　　3.1.1　多糖類分解酵素 ･･････ 204
　　　(1)　セルラーゼ ･･････････ 204
　　　(2)　キシラナーゼ ････････ 204
　　　(3)　キチナーゼ ･････････ 206
　　　(4)　アガラーゼ ･････････ 206
　　　(5)　アミラーゼ ･････････ 206
　　3.1.2　アルコール，有機酸分解酵素 ････････････････････ 206
　　　(1)　アルコール酸化還元酵素 ･･･ 206
　　　(2)　酪酸分解酵素 ････････ 207
　　3.1.3　脂質分解酵素 ･･･････ 207
　　　(1)　リパーゼ ･･･････････ 207
　　3.1.4　タンパク質分解酵素 ･･･ 207
　　　(1)　アルカリプロテアーゼ ････ 207
　　3.1.5　難分解性有機化合物分解酵素ほか ･･････････････････ 208
　3.2　新規生理活性物質探索 ･･････ 208
4　eDNA研究の技術的課題 ･････････ 208
　4.1　塩基配列ベース研究(eDNA-PCR研究) ････････････････････････ 209
　4.2　発現ベース研究 ･･･････････ 209
　　4.2.1　eDNA回収法：できるだけマイルドに大きなサイズのDNA断片を得る ････････････････････ 209
　　4.2.2　BACライブラリーの利用：より大きなDNA断片をクローニングする ････････････････････ 209
　　4.2.3　進むBACベクターの改良：大腸菌以外の宿主で発現させる ･･ 210
　　4.2.4　スクリーニング効率を上げる 210
5　おわりに ････････････････････ 211

第2章　難培養性真核微生物のEST解析－シロアリ腸内の絶対共生性原生生物をモデルとして－　守屋繁春

1　「培養されていない」微生物から遺伝子資源を探す ……………………… 214
2　環境cDNAライブラリー ……………… 215
3　シロアリの共生原生生物 …………… 215
4　微生物集団からのcDNAライブラリー構築の実際 ……………………………… 216
5　シロアリ腸内共生原生生物群のEST解析 ………………………………… 219
6　環境cDNAライブラリー的アプローチの問題と将来 ……………………………… 222

第3章　難培養微生物をいかに系統保存化するのか　辨野義己, 伊藤　隆

1　はじめに ……………………………… 224
2　難培養微生物とその分離培養法 …… 225
3　牛ルーメン内難培養偏性嫌気性菌の単離・培養 ………………………………… 226
4　ヒト口腔内難培養トリポネーマの単離・培養法の確立 ……………………… 229
5　好熱性古細菌の分離・培養 ………… 229
6　難培養性微生物の系統保存 ………… 232
7　難培養性原核生物の命名 …………… 233
8　おわりに ……………………………… 236

第4章　難培養性微生物からの生物活性天然物質の探索　作田庄平

1　はじめに ……………………………… 237
2　eDNAを用いた放線菌のタイプⅡ型ポリケチド生合成遺伝子の多様性解析 …… 238
3　eDNA由来の生合成遺伝子を利用した天然物質の生産 …………………………… 239
4　おわりに ……………………………… 242

第5章　海綿由来の生理活性物質と共生微生物　伊藤卓也, 小林資正

1　はじめに ……………………………… 244
2　海洋生物由来の医薬品資源 ………… 245
3　生物活性物質を生産する共生微生物の存在 ……………………………………… 247
4　海洋微生物からの生物活性物質 …… 249
　4.1　分離例1 ……………………… 250
　4.2　分離例2 ……………………… 250
　4.3　分離例3 ……………………… 251
　4.4　分離の応用 …………………… 251
5　バイオテクノロジー技術を用いた難培養性共生微生物の利用 ……………… 251
6　おわりに ……………………………… 253

第6章 醸造にかかわる難培養・複合系微生物　北垣浩志，北本勝ひこ

1　はじめに ……………………255
2　醸造における複合系微生物 ………255
　2.1　清酒 …………………………255
　　2.1.1　酒母 ……………………255
　　　(1) 生酛系酒母 ……………256
　　　(2) 菩提酛 …………………257
　　　(3) 速醸系酒母 ……………258
　　2.1.2　もろみ …………………258
　　2.1.3　貯蔵 ……………………259
　2.2　焼酎 …………………………259
　2.3　ビール ………………………260
　2.4　ランビックビール …………261
　2.5　ウィスキー …………………261
　2.6　ワイン ………………………262
　2.7　シェリーワイン ……………263
3　おわりに ……………………………264

第1編　難培養微生物の研究方法

第1章　海洋性VBNC微生物とその検出法

木暮一啓*

　VBNCとは，なんらかの生理活性を持つことが確認されるものの，培養できない生理状態にある細菌の生理状態を称したもので，1985年にアメリカメリーランド大学の Prof. Rita R. Colwell によって提案された[1]。この概念の実態については今だに多くの議論が続けられ，その存在を否定的に見る研究者も多い。しかしながら，培養できない細菌の存在を広く知らしめ，関連する多くの研究を引き出した，という点では極めて魅力ある新しい概念だったことは間違いない。ここでは簡単にその概念を紹介するとともに，海洋細菌を中心に，培養可能な細菌数について考察してみたい。

1　天然水界中の細菌群集

　VBNCはもともと大腸菌，コレラ菌，赤痢菌などの細菌に対する実験的検討を通じて出されてきた概念である[2]。つまり，培養できていた細菌がある条件下でそうできなくなる現象を示している。この概念はこれまでに30種を超える多くの細菌種について確認されるとともに，天然の細菌群集に対してもしばしば用いられるようになった。

　水界中の細菌が定量的に捉えられるようになったのは，1977年に蛍光顕微鏡によるいわゆる全菌数測定法が確立してからのことである[3]。その後，80年代の初めまでに，陸水を含む多くの水域でおおむね1mlあたり100万の細菌がいることが見出された。比較的富栄養化した水域でも，外洋の透き通るような海域でも，その違いは100万をはさんでおおむね1桁以内の範囲におさまる。これらの値はそれまでの培養法による細菌数よりも数桁高いことから，この方法の確立直後は，全菌数として捕らえられる粒子が全て細菌と言えるのかどうかが検討の中心になった。この時期にAutoradiography[4]，DVC（Direct viable count）[5]，INT[6]などの方法が相次いで発表されたのも，そのような状況を反映している。これらの方法が検出している生理反応はそれぞれ異なるため，その数値にはずれがある。しかし，いずれの方法も寒天平板による生菌数計数法よりも圧倒的に高い計数値を与えることから，生菌数は天然の細菌数を正確に反映していないことが決定

---

*　Kazuhiro Kogure　東京大学海洋研究所　海洋生態系動態部門　微生物分野　教授

的になった。

　それとともに，これらの活性染色でも染まらない部分は，休眠状態にあり，増殖を停止した状態にあるのではないか，という考え方が示されてきた。これは多くの海域が極めて貧栄養状態にあり，活発な増殖を想定するのが困難だったためである。しかし，後述するように，80年代に入ってから細菌の捕食をめぐる生態的な知見が進むにつれ，この考えは否定されてきた。

2　"休眠細胞"はいない

　細菌の現存量の測定法が確立し，さらに増殖速度の知見が蓄積することによって，80年代半ば頃までには細菌のターンオーバー速度が求められるようになった。細菌数はおおむね10^6/mlで安定しているので，増えた分はコンスタントに除去されることになる。この主要な除去要因はべん毛虫とウイルスである。一般に多くの海域で細菌と従属栄養性べん毛虫の数との間におおよそ1,000：1の関係が見られる。この比がかなり安定していることは，従属栄養性べん毛虫が細菌の捕食者として中心的な役割を果たしているためと解釈される。様々なデータを総合すると，これらの従属栄養性べん毛虫1細胞は1時間あたり，おおよそ10～20程度の細菌サイズの粒子を手当たり次第に捕食する。1日あたりに直せば，数百。1,000：1という比を考慮すると，全菌数のうちの1/3程度はべん毛虫によって日毎に食われていく。つまり，細菌は分裂を続けない限り，遠からず食い尽くされてしまう。もちろん，細菌側に何らかの捕食忌避のメカニズムがあれば生残は可能だが，そのようなものは見つかっていない。さらに細菌を捕食するのは，従属栄養性べん毛虫だけではない。海洋にはウイルス様粒子が細菌の10倍程度存在することが，1989年に明らかにされた[7]。深海でもウイルス様粒子は細菌より多い。ウイルスによる細菌の死滅は，おそらく従属栄養性べん毛虫の数分の1程度と考えられる。いずれにせよ，細菌はこうした動的平衡の中でその数と群集組成を維持していることになり，休眠状態はありえない。

3　なぜ培養できないのか

　天然海水中の細菌は常に分裂を繰り返しているとすれば，天然の細菌を培養できない理由として分裂能の欠如を挙げることはできない。考えられる要因を表1に示す。

　表1の中で，9までは従来の培養法を基本的に維持したまま，その条件や手法を考慮することで解決がつく。しかし，10以降については従来の寒天平板に基づく方法そのままでは対処できない。10に関しては，液体培地を用いた培養，分離法があげられる。これについては本書の別章にて扱われているので，記述を省く。また，13のウイルスについては単に溶原性ファージの存在を

第1章 海洋性VBNC微生物とその検出法

表1 全菌数と生菌数との差の要因

1. 全菌数として計数される中に非生物体粒子がある
2. 寒天培地中の基質成分，濃度が不適切
3. 寒天培地の乾き具合，あるいは水分活性が不適切
4. 培養条件（温度，光，湿度，雰囲気など）が不適切
5. 培地用海水，培地成分，培養容器などに抗菌性成分がある
6. 試水を寒天培地に接種するまでの間に菌が死滅，除去される
7. 天然で塊を作っていた菌が一つのコロニーを作る
8. 増殖が遅く，数週間では十分な大きさのコロニーができない
9. 増殖の早い他の菌のコロニーに覆われる
10. 空気（酸素）との接触が増殖を妨げる
11. 他の菌の抗菌性物質にやられる
12. 他の菌や生物との相互作用が増殖に必要
13. ウイルスが菌を殺す
14. "先天的に"あるいは"意識的に"コロニーを作らない菌がある
15. 細菌が自殺する
16. 細菌に寿命がある

指摘しておきたい。Jiang and Paul (1988) は，海洋から分離された116細菌株のうち40%は紫外線あるいはマイトマイシンC処理によって誘発が起こり，溶菌が認められたと報告している[8]。コロニー形成過程にこうした誘発が起こるという報告はないが，かなりの分離株が溶原性ファージを持つ事実は頭にとめておく必要があろう。15, 16については紙面の都合で省く。制限酵素修飾遺伝子との関わりについては，例えば小林，石川（2003）を参照されたい[9]。

ここでは，14について若干説明をしておきたい。多くの細菌学者は，ある細菌が生きていれば，寒天平板培地上にコロニーを形成してくれるだろうと考えている。中には馴致のステップなどが必要なものがあるにせよ，コロニー形成能は全ての従属栄養細菌に備わっているとの暗黙の仮定がある。この仮定が必ずしも正しくないことが最近の知見から分かってきた。そもそもコロニーとは限定された空間に，細胞が高密度に集積したものである。栄養供給という点から見れば，少ない資源を多数で奪い合うことになる。例えば枯草菌では，ある条件下で一部の細菌が溶菌し，残りの細胞に栄養を与えるような事象が見られるように，コロニー形成能とはその中の最低1細胞を生存させ続けるために獲得されてきたひとつの戦略とも考えられる。この戦略は，低栄養で比較的均質な空間が広がっているような環境に生息する細菌にはあまり有効ではないだろう。つまり，そこに局所的な高密度状態を作る積極的理由はなく，むしろ常に菌体同士が分散しあい，資源の分配を受けようとする戦略の方が適当と思われる。

Simu and Hagstrom (2004) は，海水中の細菌を限界希釈後，液体培地中で培養分離した[10]。得られた99株のうち，86株は寒天平板上でコロニーを作れず，ZoBell液体培地でも増殖を示さなかった。彼らはこれをOligotrophと定義している。これらの細菌を0.7%の寒天の上に接種し，そ

の増殖を顕微鏡下で観察したところ，寒天表面でコロニーを作ることなく移動し，広がっていく習性を持つ細菌を見出した。例えば，海洋で最もその数が多いと判断されている SAR11 cluster[11] に属する細菌も，そのような習性を示した。さらに，天然海水を接種した寒天平板上で，コロニーが見られない部位にも実は細菌がいることを定量化して示している。こうした習性を持つ細菌がどのくらいいるかはまだ分からない。しかし，この報告はコロニー形成能が全ての細菌に備わった形質ではないことを示している。

なお，天然の培養されない細菌に対し，VBNCではなく，"As yet cultured（AYC）" という用語を用いようとの提案があり[12]，この用語も次第に使われつつある。しかし，この言い方には，細菌は基本的に培養できる，というニュアンスが含まれている。上記のような知見を考慮すると，筆者は "As yet cultured" という用語は必ずしもふさわしくはなく，単に天然の細菌の大部分はNonculturableと表記するのが適切と考える。

4　今後どれだけの細菌が培養できるか

ここでいくつかの仮説をおいて，今後海洋からどのくらいの細菌が分離，培養されるかを考えてみる。

しばしば，天然の細菌の99.9%は培養できない，というような表現が用いられるが，これは誤解を招き易い。つまり，もし全ての菌が培養されれば，これまでに培養され，記載されている種数が1,000倍になる，とは言えないのである。ここで100%に相当するのは顕微鏡下で確認される粒子数としての全菌数である。そこからどのくらいの菌が分離されうるかを考える際には，そこに一体どのくらいの種数が含まれているかを考慮する必要がある。もし培養できない群集が比較的小数の細菌種から構成されているならば，今後いかに努力を重ねても，多くの菌が新たに培養されることは望めない。逆にそこに膨大な種があるならば，可能性は高くなる。要するに，どの種がどのくらいの数どこに分布しているかを知ることができれば，そうした議論が可能になる。

この推定の前提は，種の概念が明確で，かつ定量化できることである。しかし，これについての議論は本稿の範疇を超える。ここでは 16S rDNA の塩基配列が97%以上共通する，あるいは分離株については DNA-DNA hybridization が70%を超えると，考えておくことにする。

例えば全海洋から得られる 16S rDNA の種固有塩基配列の数を足し合わせていけば，最終的に種数が分かってくるはずである。Hagstrom *et al.* (2002) はそうした視点から1990年代以降GenBankに蓄積されてきた海洋細菌の 16S rDNA のデータベースを解析した[13]。彼らは，新たな配列が報告される速度が1999年をピークとして減少に転じていることを見出した。もし努力量がそれほど変わらないとすれば，この結果は既にかなりの"新種"記載されてしまっていること

第1章　海洋性VBNC微生物とその検出法

を示唆する。ちなみに，97%の相同性を種の基準と考えると，2001年時点での海洋細菌の種数は1,117，そのうち508が分離株のもので，残りが分離培養されていないものとのことである。同じ努力量を続ける限り新たな発見の頻度は下がるだろうから，海洋細菌の種数はもしかするとせいぜい数千かもしれない。

しかしながら，これはあくまでも 16S rDNA の塩基配列情報に基づいたもので，その解析に関わる全ての方法論的な問題を引きずっている。そのまま種数の議論に当てはめるのは危険である。

Curtis $et\ al.$ (2002) は種数と個々の種の個体数との間に対数的な関係を仮定し，土壌および海洋中の種数の推定を試みている[14]。ある環境を取ると，そこにはごくわずかな個体数を持つわずかな種と，逆に多くの個体を持つわずかな種が存在し，他の殆どの細菌種はその中間の個体数を持つ。もし種の数と各々の個体数との関係が理論化され，いくつかの具体的な数値データがあれば，種数の推定が可能になる。

例えば，前述のように海水中には1mlあたり約100万の菌がいる。彼らは，最小個体数を1，最大個体数を持つ種の細胞数は全体の1/4を占めるとすれば，そこには163の種がいると推定している。同様の解析をすると，海洋全体の種数が200万を超えるとは考えられない，と述べている。

最近 Venter $et\ al.$ (2004) はサルガッソー海の表層水，170～200l中から0.1～3μmのフラクションを得，ショットガンシークエンスによって10億対以上を解析した[15]。その結果，少なくとも1,800以上の細菌種を検出し，そのうちこれまで未報告だったのは148種だったと報告している。対象とした海水の量，その過程における収率などを総合的に考えて，Curtisらの値を見てみると，比較的妥当な値という印象を受ける。

ここで，三つの単純な仮定を置いてみる。
① 海洋全体の細菌種数は100万とする。
② そのうち人工的な環境下で増殖させることが可能なものを1/10とする。
③ そのうちコロニー形成能を有するものを1/10とする。

単純計算では，1万種が寒天平板上で分離培養できることになる。これまでに培養分離されながら同定されていないものの数がどの程度かは明瞭ではないが，海にはまだ未知でかつ培養可能な細菌が多数存在することになる。しかしながら，今後の検討の過程で①の仮定がくずれ，それが仮に1桁減って10万とすれば，新たに分離，培養される細菌の数は千に満たないことになる。データが少ない段階で議論することに意味はないが，あえて筆者の直感で言えば，こちらの推定がより現実的のように思う。

5 おわりに

天然からの細菌の分離は理論的な裏づけがないままにひたすら努力量でカバーされてきた傾向がある。そもそもどのくらいの種がそこにいるのか,それらがどんな生理状態にあるのか,果たして高密度培養に耐えられるのか。目に見えないゆえに,そのような基本的な疑問がなおざりにされてきた。しかし,分子生物学的手法の導入,光学的技術の発展とあいまって,天然の細菌群集に関する知見は近年飛躍的に高まった。今後,生態的な理論とそうした結果を結びつけながら,より合理的かつシステマティックな形で培養の試みが展開されることが期待されよう。

文　　献

1) Colwell RR, Brayton PR, Grimes DJ, Roszak DB, Huq SA, Palmer LM., Viable but nonculturable *Vibrio cholerae* and related pathogens in the environment: Implications for release of genetically engineered microorganisms, *Bio/Technology*, **3**, 817-820 (1985)
2) Xu, H.-S. Roberts N, Singleton FL, Attwell RW, Grimes DJ, Colwell RR., Survival and viability of nonculturable *Escherichia coli* and *Vibrio cholerae* in the estuarine and marine environments, *Microbial Ecology*, **8**, 313-323 (1982)
3) Hobbie, J.E., Daley, R.J. & Jasper, S., Use of Nuclepore filters for counting bacteria by fluorescence microscopy, *Applied and Environmental Microbiology*, **33**, 1225-1228 (1977)
4) Tabor PS, Neihof RA., Improved microrutoradiographic method to determine individual microorganisms active in substrate uptake in natural waters, *Applied and Environmental Microbiology*, **44**, 945-953 (1982)
5) Kogure, K., Simidu, U. & Taga, N., A tentative direct microscopic method for counting living marine bacteria, *Canadian Journal of Microbiology*, **25**, 415-420 (1979)
6) Zimmermann R, Iturriaga R, Becker-Birck J., Simultaneous determination of the total number of aquatic bacteria and the number thereof involved in respiration, *Applied and Environmental Microbiology*, **36**, 926-935 (1978)
7) Bergh O, Borsheim KY, Bratbak G, Heldal M., High abundance of viruses found in aquatic environments, *Nature*, **340**, 467-468 (1989)
8) Jiang SC, Paul JH, Significance of lysogeny in the marine environment: studies with isolates and a model of lysogenic phage production, *Microbial Ecology*, **35**, 235-243 (1998)
9) 小林一三,石川健,制限酵素修飾遺伝子の自己増殖の発見とウイルス様ライフサイクル仮説 海洋,総特集培養不能細菌,33号号外,海洋出版社,pp. 128-136 (2003)
10) Simu K. and Hagstrom A., Oligotrophic bacterioplankton with a novel single-cell life strategy, *Applied and Environmental Microbiology*, **70**, 2445-2451 (2004)

第1章 海洋性VBNC微生物とその検出法

11) Morris RM, Rappe MS, Connon SA, Vergin KL, Siebold WA, Carlson CA, Giovannoni SJ., SAR11 clade dominates ocean surface bacterioplankton communities, *Nature*, **420**, 806-10 (2002)
12) Barer MR, Harwood CR, Bacterial viability and culturability, *Advances in Microbial Physiology*, **41**, 93-137 1999
13) Hagstrom A, Pommier T, Rohwer F, Simu K, Stolte W, Svensson D, Zweifel UL., Use of 16S ribosomal DNA for delineation of marine bacterioplankton species, *Applied and Environmental Microbiology*, **68**, 3628-33 (2002)
14) Curtis T.P., Sloan W.T. and Scannell J.W., Estimating prokaryotic diversity and its limits, *Proceedings of the National Academy of Sciences, USA*, **99**, 10494-10499 (2002)
15) Venter JC, Remington K, Heidelberg JF, Halpern AL, Rusch D, Eisen JA, Wu D, Paulsen I, Nelson KE, Nelson W, Fouts DE, Levy S, Knap AH, Lomas MW, Nealson K, White O, Peterson J, Hoffman J, Parsons R, Baden-Tillson H, Pfannkoch C, Rogers YH, Smith HO, Environmental genome shotgun sequencing of the Sargasso Sea, *Science*, **304**, 66-74 (2004)

第2章　難培養微生物の具体例，共生細菌 *Symbiobacterium thermophilum*

上田賢志[*1]，別府輝彦[*2]

1　はじめに

　この本の主題である微生物の難培養性は今日では広く認知され，潜在する微生物資源・遺伝資源をいかに手にするかがこれからのバイオテクノロジーにおける一つの大きな課題となっている。難培養性には次元の異なる二つの要因があり，それらは一つには微生物細胞が培養不能状態（VBNC；前章を参照）と呼ばれる生理的状況下におかれていて本質的に増殖能を失っている場合，もう一つには本質的には培養可能でありながらその適切な培養条件が見つかっていないなどの理由で見落とされている場合である。我々は，その後者に相当するケースを具体的な一つの細菌の発見を通じて認識し，その本質を様々な角度から検証している。その細菌とは *Symbiobacterium thermophilum* と呼ばれる好熱菌であり，増殖を支持する別の細菌との混合培養によってはじめて見いだされた新しいタイプの微生物である。本章では，現在では不完全ながら純粋培養できるようになったこの菌が，いわゆる難培養性微生物の範疇に含まれる稀な実例として位置づけられることを，その独特な研究法とともに紹介する。

2　トリプトファナーゼ生産菌の探索

　我々が *S. thermophilum* の存在を見いだしたきっかけは，工業利用を目的にかつて行った耐熱性トリプトファナーゼ生産菌のスクリーニングであった。当時我々は，耐熱性酵素は好熱菌から得られるという常套的な考えに従って，各地から集めた堆肥等の試料をトリプトファンを含む液体培地に接種して60℃で培養し，得られた高温培養液がトリプトファナーゼ活性によってインドールを生成しているかを呈色反応で検出した[1]。その結果，いくつかの堆肥から活性を有する好熱菌の混合培養が得られたが，そこから目的の微生物をコロニーとして単離することができなかった。その後，長い期間における模索の結果明らかになったことは，目的のトリプトファナーゼ生産菌は単独では増殖しないが，好熱性 *Bacillus* 属細菌と共存する場合には増殖できるというこ

[*1]　Kenji Ueda　日本大学　生物資源科学部　応用生物科学科　助教授
[*2]　Teruhiko Beppu　日本大学　総合科学研究所　教授

第2章　難培養微生物の具体例，共生細菌 *Symbiobacterium thermophilum*

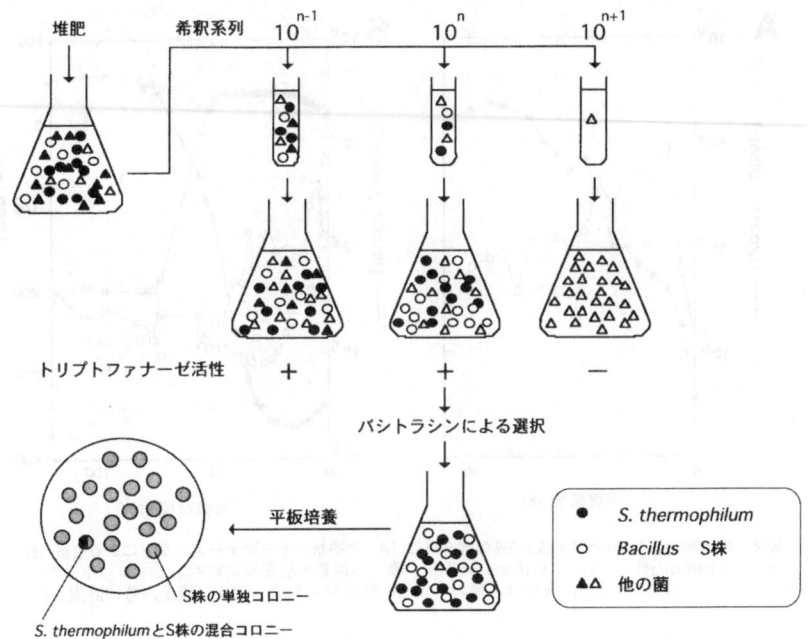

図1　MPN法をもちいた *S. thermophilum* の分離

とであった。

　この間に行った集殖過程は図1のように要約される。種々の希釈度で液体培養を行うと，インドール陽性培養を与える限界希釈度で一部の雑菌が除かれる。この，いわゆる MPN (most probable number) 法と呼ばれる方法を試行錯誤的に繰り返して徐々に集殖度を上げ，さらにたまたまバシトラシンという抗生物質を添加することで結果として高度の集殖を達成することができた。この培養液を寒天固体培地に播いたところ，出現したコロニーの大部分は好熱性の *Bacillus* 属細菌の純粋コロニーであったが，その内1％程度のコロニーがトリプトファナーゼ陽性を示し，それらは *Bacillus* 属細菌と細胞の幅 0.2μm 程度のきわめて小型の細菌が混ざった混合コロニーであることがわかった。この後者の菌がトリプトファナーゼ活性を有する細菌であり，*Bacillus* はその増殖を支える役割を果たしていたのである[1]。こうして分離されたトリプトファナーゼ生産菌を *S. thermophilum*，支持菌の方を *Bacillus* S株と命名した。

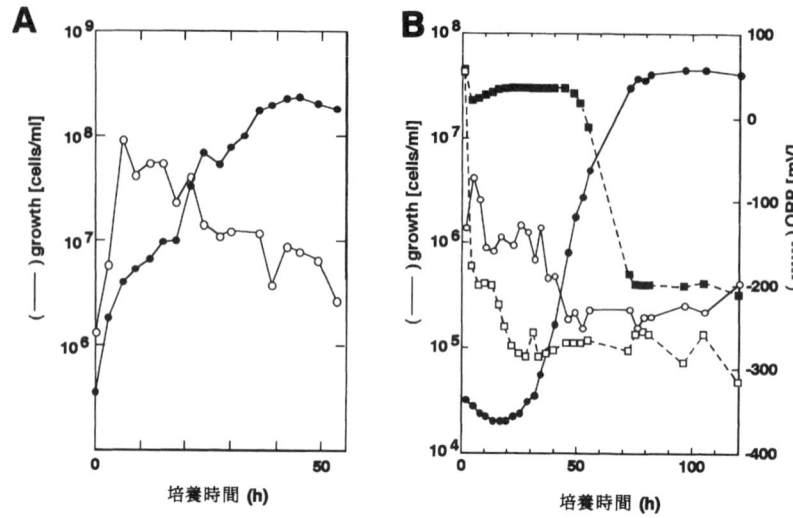

図2 *S. thermophilum*と*Bacillus* S株の混合培養（A）と透析ジャーファーメンターによる培養（B）ともに *Bacillus* S株（○）と *S. thermophilum*（●）の菌数を培養時間に対してプロットした。ジャーファーメンターによる培養では各菌の培養液の酸化還元電位（ORP）値を同時に計測した。

3 *S. thermophilum*が示す新しい分類学的性質

　この2種の菌を混合して新しい培地に接種すると，図2Aに示すようにまず*Bacillus* S株が増殖を開始し，次いである程度の菌量に達したところで溶菌を始め，それと同時に*S. thermophilum*の増殖が始まる。このような増殖プロファイルから，*S. thermophilum*はその増殖に必須な何らかの物質を *Bacillus* S株から得ているという説明がもっとも考えやすかったが，最後に触れるように，この*Bacillus* S株の役割は複数の因子の供給と除去という複雑なものであることが明らかになりつつある。

　このような，言ってみれば微生物間における（片利）共生とも呼ぶべき特徴的な生態を有する*S. thermophilum* が，微生物分類学上どのような位置を示すかは興味深い問題であった。古典微生物学的観察に基づく *S. thermophilum* の性状を表1に，電子顕微鏡像を図3に示す。この菌は幅が狭く細長い桿菌で，グラム染色性は陰性であった。トリプトファナーゼ[2]やβ-チロシナーゼ[3]を生産するという腸内細菌によく知られる性質もふまえて，当時我々はこの菌はグラム陰性菌であると判定した[1]。細胞膜の形態や脂肪酸組成は通常の細菌には見られない特異な性質が認められていた。

第2章　難培養微生物の具体例，共生細菌 *Symbiobacterium thermophilum*

表1　*S. thermophilum* の諸性状

- *Bacillus* strain S との混合培養で増殖
- 広島県の堆肥から分離
- グラム染色性　陰性
- 大きさ　0.25-0.35 × 2.5-6.0 μm
- 生育温度　45-65℃
- DNA G+C mol %　68.7%
- 呼吸系キノン　メナキノン-6
- 脂肪酸組成　iso-C15, iso-C16, anteiso-C17
- 微好気性もしくは通性嫌気性
- 耐熱性トリプトファナーゼ、β-チロシナーゼを生産

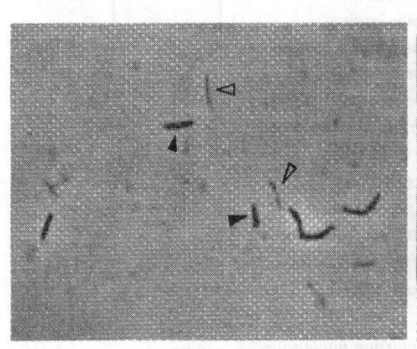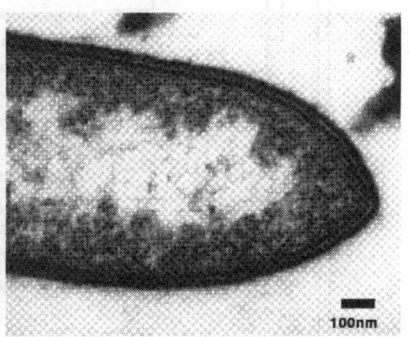

図3　*S. thermophilum* の光学顕微鏡像（左）と透過型電子顕微鏡像（右）
　　　前者は *Bacillus* S株との混合培養液を観察したもの。

　これに対し，PCR法の発達によって16S rDNAの配列に基づく系統解析を行った結果，図4に示すように *S. thermophilum* は既知のいずれの細菌種とも著しくかけ離れた系統分類的位置を，グラム陽性菌群のクラスターの内側にもつことが明らかになった。さらに驚くべきことに，最近その完全長の解読が完了したこの菌のゲノムは，その高いG+C含量にも関わらず，総体的に *Firmicutes*（*Bacillus* や *Clostridium* に代表される低G+Cグラム陽性細菌群）に最も近い性質を有していた（論文投稿中）。これらの結果は，*S. thermophilum* のようにその生理的性質のために培

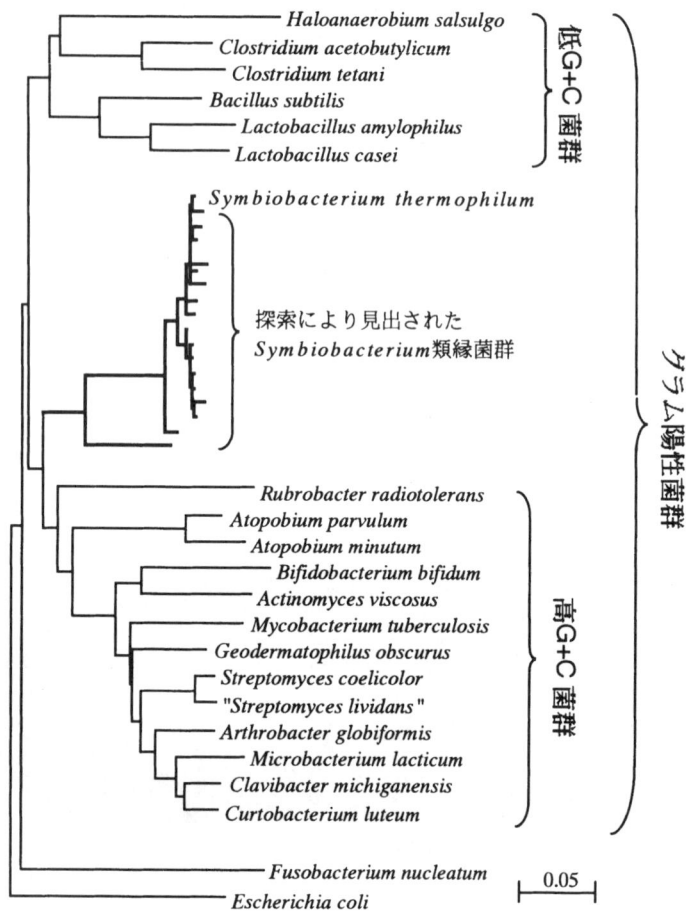

図4　S. thermophilum および類縁菌の 16S rDNA にもとづく系統樹

養されることなく見過ごされている菌群には，これまでの微生物分類学の大系には含まれない性質を有するものが含まれることを現実に示しているものであり，いわゆる難培養性のために研究の対象となっていない微生物の潜在的な多様性を具体的に示す貴重な例と考えることができる。

第 2 章　難培養微生物の具体例，共生細菌 *Symbiobacterium thermophilum*

4　普遍的な*Symbiobacterium*属細菌

我々は次に，このユニークな菌群が自然環境中ではどのような分布を示しているかを明らかにする目的で，S. thermophilum の 16S rDNA を特異的に検出するPCRを指標として探索研究を行った。その結果，全国各地の堆肥・土壌をはじめ，動物消化管内容物や飼料から極めて高い頻度で S. thermophilum またはその類縁菌が増殖した高温培養液が得られることが明らかになった[4]。さらに最新の結果は，この菌群が海洋環境中にも普遍的に存在していることを明らかにした（論文投稿中）。これらの結果から，Symbiobacteriumの生育に適した何らかの条件が自然界でも一般的に成り立っていることが推測されると同時に，自然環境に普遍的といってよいほど広く分布しているこの微生物が，その共生に依存的な性質のために見過ごされていた状況が浮き彫りとなった。そしてそれは今日でも未だ同じ状況にあり，16S rDNAのデータベースに他の研究者がSymbiobacteriumに類縁の配列を登録した例は韓国のグループによる一例[5]をのぞいて皆無である。その一方で，我々はこれまでの探索の結果から図 4 に示されるような種の多様性がSymbiobacterium属に存在することを明らかにしている。

5　透析を利用した*S. thermophilum*の純粋培養

前述のように，S. thermophilum は Bacillus S株から何らかの増殖因子を供給されているものと推測されたが，その本体の追求は当初 S. thermophilum の菌数を特異的に精度よく測定することが困難だったために立ち後れていた。S. thermophilum はコロニー計数が不可能であるばかりでなく，その細胞がきわめて小型であるために顕微鏡による直接計数も容易ではなかった。しかし，PCR法を用いたDNAの特異的定量法が確立すると，この菌の細胞数をDNAの量としてBacillusと明確に区別して高い感度で測定することが可能になった。

そこで次に，我々は S. thermophilum の増殖を支える要因の本質に近づくために，透析膜で隔てた二槽式の培養フラスコ（図 5 A）を設計し，一方の槽に S. thermophilum を，もう一方にBacillus S株をそれぞれ単独で植菌することで，S. thermophilumの純粋培養が確立できることを見いだした[6]。このことは，S. thermophilum が増殖に要求しているものはBacillus細胞との物理的接触ではなく，透析膜を通過する化学物質の供給もしくはやりとりであることを示していた。

我々はさらに，S. thermophilum の大量培養を目的として図 5 Bに示すような透析ジャーファーメンターを設計し，二槽式培養フラスコと同様の考え方で内槽と外槽にそれぞれ S. thermophilum と Bacillus S株を植えて培養を試みた。その結果，図 2 Bに示すような S. thermophilum の純粋培養を成立させることに成功した[7]。これらの培養法はさらに改良を加えることで既知微生物の新

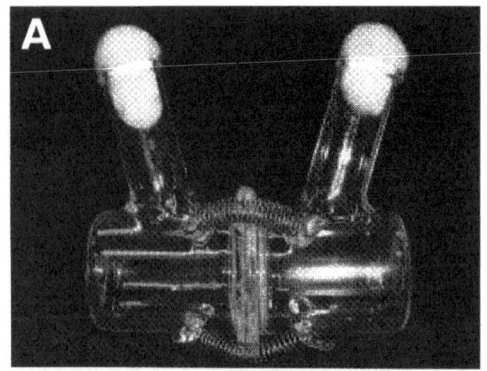

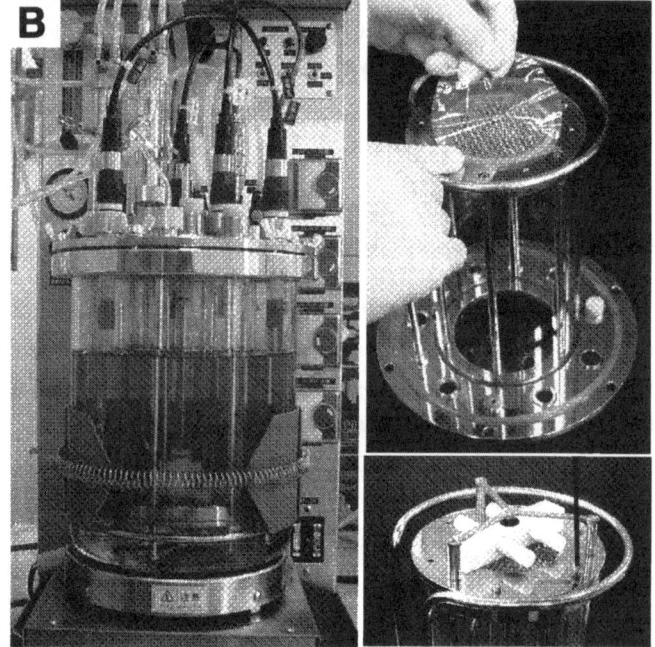

図5 二槽式培養フラスコ（A）と二槽式ジャーファーメンター（B）

たな性質を見いだす上で有効な手段となると同時に，未知微生物の探索法に応用できるものと期待される。最近Kaeberleinら[8]は，これと類似の考え方によって難培養性の微生物を純粋に培養するための培養器の設計とその海洋性微生物の培養への適用を報告している。

第2章　難培養微生物の具体例，共生細菌 Symbiobacterium thermophilum

6　Bacillusの役割は環境を整えること

上記の透析培養による結果から，我々は S. thermophilum の増殖に必須の化学因子が存在することに確信を持ち，その同定に向けた綿密な実験を行ったが，S. thermophilum の完全な増殖をひきおこす単一の物質は特定できなかった。その一方で，部分的な増殖を促進する異なる複数の因子群が見出されたことから，おそらく S. thermophilum がBacillus S株から受け取っている物質は複数あり，それらが揃うことが正常な S. thermophilum の増殖に必須であると結論するに至った（未発表）。さらに，これらの因子群を添加した培地における S. thermophilum の単独増殖は，新鮮培地に対して透析しながら培養することでさらに良好となることから，おそらく増殖に伴って自己阻害的に作用する物質が生成し，それを分解除去することもBacillusの役割の一つとなっていると推測される。このように，複数の因子の供給と阻害物質の除去という正と負の両方の様式によって複雑に整えられた環境が S. thermophilum の増殖を支えていると考えられ，我々はそれを絶対環境依存性と呼んで，新しい微生物の生存様式としてとらえている（図6）。

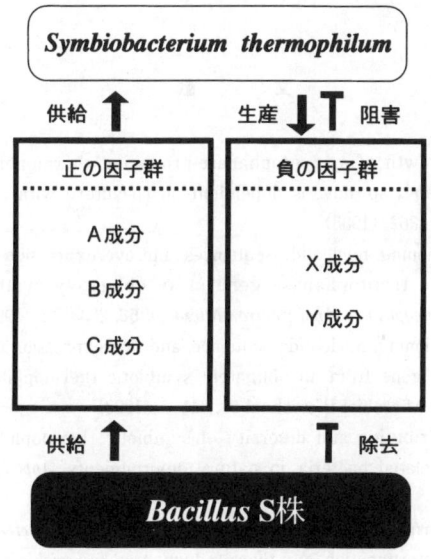

図6　S. thermophilumが示す絶対環境依存性の概念図

7 おわりに

　S. thermophilum は，培養可能でありながら通常の微生物学的手法では単離がきわめて困難であるために今なお研究者に見すごされている微生物であり，まさに難培養微生物の具体例であるということができる。この菌が示す遺伝的ならびに生理的諸性質はこれまでの微生物学分類の体系では説明できないものであり，未知微生物群集の多様性を伺わせる。昨今では，このように潜在する膨大な遺伝子資源の獲得を目指して，環境中から直接クローン化したDNAを大量にシークエンスして，その中に未知微生物の完全なゲノムを見いだそうとする概念が確立し，具体的な成果が発表され始めている[9, 10]。これに対し，*S. thermophilum* の存在が指し示すところは，難培養とされる微生物も，いったん培養条件が確立すればその全ゲノム情報の解読はもちろん，菌を培養することでその遺伝情報を活性のある形で回収することができるということである。*S. thermophilum* の場合は共生培養や透析培養がその特殊な培養条件に当たるわけであるが，今後さらに培養法における変革によって未だ知られざる微生物がそのベールを脱ぐものと期待される。

文　献

1) Suzuki, S. *et al.* Growth of a tryptophanase-producing thermophile, *Symbiobacterium thermophilum* gen. nov., sp. nov., is dependent on co-culture with a *Bacillus* sp. *J. Gen. Microbiol.* **134**, 2353-2362 (1988)
2) Hirahara, T. *et al.* Cloning, nucleotide sequences, and overexpression in *Escherichia coli* of tandem copies of a tryptophanase gene in an obligately symbiotic thermophile, *Symbiobacterium thermophilum*. *Appl Environ Microbiol* **58**, 2633-42 (1992)
3) Hirahara, T. et al. Cloning, nucleotide sequence, and overexpression in Escherichia coli of the beta-tyrosinase gene from an obligately symbiotic thermophile, Symbiobacterium thermophilum. Appl Microbiol Biotechnol 39, 341-6 (1993)
4) Ueda, K. *et al.* Distribution and diversity of symbiotic thermophiles, *Symbiobacterium thermophilum* and related bacteria, in natural environments. *Appl Environ Microbiol* **67**, 3779-84 (2001)
5) Lee, S.G. *et al.* Thermostable tyrosine phenol-lyase of *Symbiobacterium* sp. SC-1: gene cloning, sequence determination, and overproduction in *Escherichia coli*. *Protein Expr Purif* **11**, 263-70 (1997)
6) Ohno, M. *et al.* Establishing the independent culture of a strictly symbiotic bacterium *Symbiobacterium thermophilum* from its supporting *Bacillus* strain. *Biosci Biotechnol Biochem* **63**, 1083-90 (1999).

第2章　難培養微生物の具体例，共生細菌 *Symbiobacterium thermophilum*

7) Ueda, K. *et al.* Development of a membrane dialysis bioreactor and its application to a large-scale culture of a symbiotic bacterium, *Symbiobacterium thermophilum*. *Appl Microbiol Biotechnol* **60**, 300-5 (2002)
8) Kaeberlein, T. *et al.* Isolating "uncultivable" microorganisms in pure culture in a simulated natural environment. *Science* **296**, 1127-1129 (2002)
9) Tyson, G.W. *et al.* Community structure and metabolism through reconstruction of microbial genomes from the environment. *Nature* **428**, 37-43 (2004)
10) Venter, J. *et al.* Environmental genome shotgun sequencing of the Sargasso Sea. *Science* **304**, 66-74 (2004)

第3章　複合微生物系の難培養微生物新規分離手法と複合微生物系有効活用利用法

倉根隆一郎*

1　はじめに

　われわれの毎日の食卓を豊かにしてくれ，人生を楽しくさせてくれるお酒，ビール，ワインから，さまざまな発酵食品，発酵調味料から人の健康医療に欠かせないさまざまな抗生物質にいたるまで，われわれは微生物の持つすばらしい力により支えられている。これら微生物を含めた生物資源に目を向けてみると，地球上にはさまざまな生物種がさまざまな多様性を有しながらさまざまな生態系として存在しており，現在までに記載されている生物種は微生物から動植物まで合わせて約175万種と言われている。しかしながら，実際には3,000万種ともそれ以上とも推定されている。これらの生物資源を活用して，21世紀には，医療，環境，農畜産物，エネルギーなどの広範囲の分野にその用途開発は急速にますます拡大し進むと予想され，その生物種や遺伝子に対する需要は必ず増大するものと思われる。

　また，1992年6月の地球サミットにおいて生物多様性条約が157カ国により署名され，翌1993年に発効となり，わが日本も同条約を受諾し締結国となっている。特に，生物多様性条約の第15条には生物種が存在している原産国の主権を定めた枠組みが設けられており，例えば巨大な遺伝子多様性を有する微生物資源へのアクセスとその成果共有に関する提言が1996年11月のブエノスアイレスにおいて開催されたCOP3（生物多様性条約第3回締結国会議）で検討され，これらの世界的な流れを背景にして，欧米諸国では生物資源の囲い込みを含めて世界的規模での戦略が加速度的に動いている。

　これら有用な生物資源のハンドリング技術の面から，微生物をみると，単一生物系を対象とした従来のパスツール，コッホ以来の伝統的な手法では，極言すれば，分離培養可能なシングルモノカルチャーに基づいていたと言える。すなわち，従来の単一生物種を基本としたバイオテクノロジー手法では複合生物系を取り扱う技術とはなりえず，多くの生物資源が未利用のまま取り残されている。複合生物系を取り扱う上での問題点と研究の課題を，以下のようにまとめることができる。

---

　*　Ryuichiro Kurane　㈱クボタ　バイオセンター　理事・所長

第3章　複合微生物系の難培養微生物新規分離手法と複合微生物系有効活用利用法

1.1　現在ハンドリング出来る微生物種等には限界がある

自然界の多くの生物は，生物と生物，生物と気候等の環境が相互に深く関与しさまざまな生物多様性を構築し，多様な相互関係を維持しながらこの地球上に共存しながら存在している。その多くは，単一生物では得られない高度な機能を有しているものと予想されている。しかるに，われわれはこれまでに微生物の持つ多用な機能を基にしてアミノ酸，核酸，抗生物質等の様々な有用物質を開発生産してきた。新しい種が見つけ出されることにより新たな機能が，また逆に新たな機能から新たな種が見つけ出されてきた。その多くはいわゆる単一生物系を対象として栄養源を含有する平板寒天培養法によりコロニーを形成させ分離培養が可能な微生物であつた。単一生物系を基本としたバイオテクノロジーで取り扱い可能な微生物種は1％前後にすぎず，例えば土壌微生物でわずか0.3％，海洋微生物で0.001％と言われている（図1）[1]。

培養可能な微生物（1％以下）

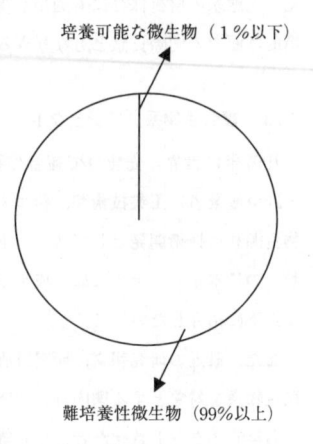

難培養性微生物（99％以上）

図1　自然界の微生物

すなわち，わずか1％以下という狭い土俵の中で，例えば新規な抗生物質を見つけようとしてしのぎを削っていた事になる。このため，生物種が存在している場の面白さを求めたり，多額の費用，多数の研究者，長年の探索開発期間をかけても，今日ではなかなか思うような成果が得られなくなりつつあり，飽和感が出てきている状況にある。

1.2　未知の微生物を求めて新大陸の複合生物系へ

地球上に存在する99％以上の微生物種は従来の技術ではハンドリングできない。この99％以上の微生物にアクセス出来る手段を開発出来れば学問や産業の発展の幹は確実に大きく広がる。いわば15～17世紀の大航海による新大陸発見の時代に今や相当していると考えられる。一方，生物多様性条約により生物資源保有国からの従来型での微生物の入手は困難になっており，難培養微生物を含めた複合生物系をハンドリングできる技術の開発が急務となっている。すなわち，これまでのややもすれば場の面白さに重点をおいたやり方から技術の面白さに視点を移して，我々の目の前に存在しているのに扱うことが困難であった生物資源にアクセスしハンドリングするためのブレークスルー出来得る技術開発が待たれていた。これにより，21世紀における，人の健康，環境との調和ある持続可能な産業構造の高度化から新規産業の創造につながるものと確信している。

さらに，複合生物系の研究開発により得られる技術成果は単に複合生物系の有効利用だけでなく，生態系の解析保存にも適用し得ることより，生物多様性条約締結国としてのわが国が行う技術的側面での国際貢献ともなりうるものと考えられる。

1.3 複合生物系プロジェクト

1997年に世界に先駆けて複合生物系に焦点をあてたナショナルプロジェクトが，通産省（現・経済産業省）工業技術院，新エネルギー・産業技術総合開発機構（NEDO）の複合生物系等生物資源利用技術開発としてスタートした。5年間の研究開発により，本分野で世界をリードする数々の日本オリジナルな研究成果が生まれている。数ある研究成果のうち2つの成果事例について以下に紹介したい。

また，最近の研究報文，研究計画等をみると複合生物系プロジェクトが実施されて以来，複合微生物系を対象とする国内外の研究が明らかに非常に増加しており，複合生物系プロジェクトをいち早くスタートさせた者として望外の喜びとするものである。

なお，筆者は1997年のスタートから2001年10月までプロジェクトリーダーをさせて頂き，この間に多くの仲間に支えられて，日本発の技術開発に携われたことを本誌面を借りて厚く感謝の意を表したい。

2 ゲルマイクロドロップ・フローサイトメトリー法による難培養微生物の新規分離培養法の開発

微生物の有用な機能を活用して物質生産や環境修復に結びつける研究において，自然界に存在している微生物のスクリーニングは最初の重要なステップである。スクリーニングを行うときは，1881年にコッホが開発確立した栄養源を含む平板培養法によりコロニーを形成する微生物が従来より検討の対象となってきた。ところが，目的とする有用物質や環境修復等のニーズが多様化・高度化してきている現状において，従来の方法だけでは対応が難しいケースが出てきている。すなわち，自然界には従来の平板寒天培養法では分離，培養出来ない微生物種がいまだ数多く存在し，コロニー化でき得る微生物種の方が極端に少数派であることが明らかになってきていた。

フローサイトメーターは前方散乱光（FS），側方散乱光（SS）および蛍光（FL）によりさまざまな細胞を測定できるが，これまでは細胞の大きさが大きい動植物細胞での適用例が多く，サイズの小さな微生物での適用はすくなかった。このフローサイトメーターを用いて，新たな微生物資源獲得のための技術開発を行うことを考えた。本稿では，従来見逃されていた難培養性微生物に関する分離・培養法について筆者らが研究開発した方法について説明する。

第3章　複合微生物系の難培養微生物新規分離手法と複合微生物系有効活用利用法

表1　全菌数に対するコロニー形成菌数の割合

分離源	コロニー形成菌数割合（％）
海水	0.001〜0.1
河川水	0.25
湖沼	0.1〜1
活性汚泥	1〜15
底泥	0.25
土壌	0.30

（注）全菌数はDAP染色による蛍光顕微鏡観察による測定で行い，コロニー形成菌数はプレート培養法による。

　自然界には，従来の平板培養法では分離・培養が困難な微生物が99％以上も存在していることが近年の微生物生態学の成果として明らかになってきた[1]（図1）。例えば，自然分離源が土壌の場合には従来の寒天平板でのコロニー形成率は0.3％であり，海水の場合には0.001〜0.1％しかコロニー形成率がないと報告されている。自然界には如何に分離，培養が困難な微生物が多いかについてAmannらによる研究例を表1にまとめて引用した[1]（表1）。この存在割合の大きさに驚く人も多いと思われるが，微生物を蛍光染色して蛍光顕微鏡下で計数する直接計測法の結果や，分離源から直接全DNAを抽出して16SrRNA遺伝子をPCR法で増幅して系統解析すると既知の微生物とは異なる微生物が多数認められる結果から，その存在割合の大きさが示されている。筆者らも食品工場の活性汚泥や各種土壌を独自に調べ，同様な結果を得ている。

　自然界におけるこのような難培養性微生物の存在は，具体的には土壌，活性汚泥，海水，河水，人や魚の腸内，草食動物のルーメン，昆虫・作物・海草と共生している微生物等で報告されている。また，この中には有用な機能が見出されているが分離・培養ができていない微生物の存在も報告されている。

2.1　難培養性微生物の分離

　自然界には分離・培養が可能な微生物と，それが困難な微生物が共存している。そこで分離・培養が困難な微生物のみを分離する技術の開発を行った[2,4]（図2）。筆者らは Nutrient broth（Difco）を用いる平板培養法では乳酸菌 *Leuconostoc mesenteroides* はコロニーを形成しないが，枯草菌 *Bacillus subtilis* はコロニーを形成することを見い出していたので，これらの二つの微生物を混合することにより自然界の微生物のモデル系とした。これら微生物の混合懸濁液から分離・培養が困難なモデル微生物としての乳酸菌の分離方法について各種の検討を行った。その結果，レーザー光を用いるゲルマイクロドロップ・フローサイトメトリー法の応用により両菌株の高速分離が可能であり，したがって乳酸菌のみの分離取得ができることを見いだした。

難培養微生物研究の最新技術

```
                    自然界の微生物
              従来  ↙         ↘  将来
        ┌─────────┐       ┌──────────────────┐
        │ 平板培養法 │       │ フローサイトメトリー法 │
        └─────────┘       └──────────────────┘
              ↓         ↙         ↓
        ┌──────────────┐     ┌──────────────┐
        │ 培養可能な微生物 │     │ 難培養性微生物 │
        └──────────────┘     └──────────────┘
```

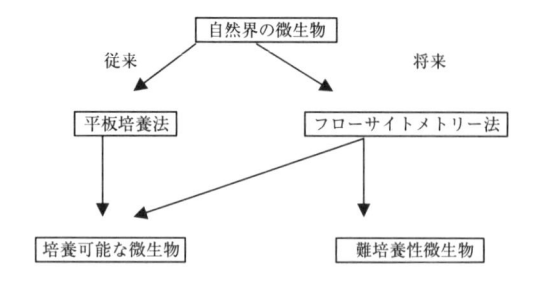

図2　自然分離源からの微生物の分離

　本法においては，まず両微生物の混合懸濁液とアガロースの混合液を細孔径約15μmの多孔質膜を通してW/Oエマルジョン化して直径約40μmのゲルマイクロドロップを調整する。これをリン酸緩衝液で洗浄後，Nutrient broth で短時間培養した。培養後の顕微鏡観察により，ゲルマイクロドロップ内にカプセル化された single cell と，single cell が増殖してマイクロコロニーを形成している状態が観察された。次に殺菌効果の弱い蛍光色素CFDA（6-carboxyfluorescein diacetate）により蛍光染色し，レーザー光を励起光とするフローサイトメーターにより識別・分離を行った。その結果，サイトグラム上で蛍光（FL1）のシグナルが増加している亜集団（枯草菌）とシグナルが増加していない亜集団（乳酸菌）に分かれ，難培養性微生物のモデルとしての乳酸菌の分離取得ができた。この分離法を食品工場の活性汚泥に応用し，Nutrient broth で分離・培養の困難な微生物の集団を取得した。

　すなわち，難培養微生物はゲルマイクロドロップ内で増殖しないが従来手法でコロニー化でき単離できる培養可能微生物はゲルマイクロドロップ内でミニコロニーをつくり増殖するのでフローサイトメーターの大きさを識別できるという機能で見分けることができる。また，ゲルマイクロドロップ内での微生物の菌体量を測るのに蛍光色素で染色して測定するのが良い。この時のポイントとして蛍光色素染色後の微生物の生育が担保されていなければならない。各種の蛍光色素と代表的な微生物の成育に与える影響についてのデータを表2にまとめて示した[2,4]。

　表2に示すようにこのゲルマイクロドロップをCFDAで染色すると微生物が有しているエステラーゼ，リパーゼによりCFDAのエステル結合が切断されて蛍光を発色する。この蛍光量を測定することにより感度良く菌体量を定量できる。

　以上の原理により，難培養微生物をゲルマイクロドロップフローサイトメトリー法により従来型の培養可能微生物と効率良く識別し分取できる。

第3章　複合微生物系の難培養微生物新規分離手法と複合微生物系有効活用利用法

表2　各種蛍光色素で染色後の代表的な微生物の成育度

微生物	蛍光色素		
	CFDA	Calcein-AM	BCECF-AM
大腸菌	97	85	103
緑膿菌	101	96	88
枯草菌	87	2	10
黄色ブドウ状球菌	51	36	23

(注)　無染色細胞の出現コロニー数を100として蛍光色素で染色後の各微生物の出現コロニー数を生育度として示した。

2.2　分離・培養した微生物の性質

　ゲルマイクロドロップ・フローサイトメトリー法により活性汚泥から分離した，Nutrient brothで分離・培養の困難な微生物の集団を用いて，培養化の検討を広く行った。その中で活性汚泥の遠心上清の添加，2-ヒドロキシプロピル-β-シクロデキストリンまたはメチル-β-シクロデキストリンの添加により，一部の微生物を培養することが可能であった。活性汚泥の遠心上清の添加により培養化した菌株10株（AS-1〜AS-10）についての菌学的性質を，16SrDNA塩基解析および生理・生化学的性質から調べてみると，興味深い結果となった。即ち，AS-7株は *Azoarcus* 属と *Zoogloea* 属の中間に位置する新属・新種の微生物，AS-3株は *Rhodobacter* 属の新種の微生物，その他の8株は既知の *Paracoccus* 属よりも系統樹上で古典的な位置に一つのクラスターを形成する新種の微生物であった。そしてAS-7株は有害な窒素酸化物を還元無害化する機能としての強い脱窒作用を有し，フェノール分解性およびエコポリマーのポリ-βヒドロキシ酪酸（PHB）を蓄積する等の環境に有用な諸機能を同時に有する新しい微生物であった。この微生物種は Denitromonasu aromaticus と命名し，新属新種であると判明し，本新規手法の有効性が示された。

2.3　まとめ

　本節では，モデル系を用いたフローサイトメトリーによる難培養性微生物の分離とその自然分離源への応用について述べた（図3）。そしてこの技術により新規な微生物が取得された事を示した。ところで，本稿に示した活性汚泥のみならず自然界の環境浄化に関与しているさまざまな微生物種の多くは難培養微生物である。微生物による有用物質の生産や環境汚染物質の分解に関する多様なニーズに対応するためには，新しい微生物や遺伝子源の開発への期待が大きい。未開拓の難培養性微生物はこのような社会的ニーズに応える重要な微生物資源となる可能性が大きい。

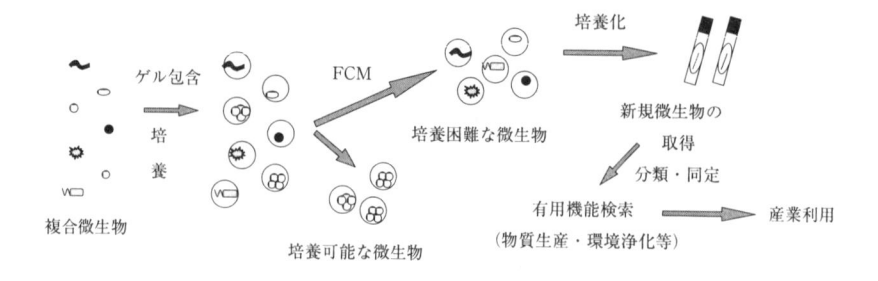

図3 培養困難な微生物の分離・培養化システム

3 複合系微生物機能解析探索自動化システム
（HTS; High Throughput Screening）の開発

　生物資源のゲノム解析によるゲノム創薬等の進展に伴い有用な微生物機能の探索手法も進んで来ている。しかし，自然界には未だ未開拓な未知なる機能を秘めた微生物資源が眠っており，特に複数の生物の相互作用による新たな機能，新たな物質の開発が期待される。また，培養可能とされている1％前後の微生物においてさえ，一面的な機能の探索のみであり，微生物の潜在的な機能の探索には至っていないのが現状と考えられる。すなわち，単独では生育出来ないが，他の生物（動物，植物，昆虫，微生物等）との相互作用で生育可能な微生物が見出され新たな機能性物質が見出される可能性，また各々の微生物は分離培養可能な微生物であるがその各々の微生物を混合培養した時に新たに機能性物質を生産する可能性があると考えられる。複合生物系をキーワードとして，新たな機能発現を探索するための自動化システム（複合系微生物機能解析ロボット）を試作した[5, 6]。

3.1 複合微生物系機能解析システム

　単一の微生物菌株の操作にはこれまでにも開発された自動化ロボットを用いることにより，大量の菌株の移植やスクリーニングが可能である。これまでの装置を発展させて微生物を数万株単位で自動混合培養し，混合系でのみ特異的に機能をスクリーニング出来るように開発を行った。すなわち，複合系微生物機能解析ロボットの機能としては，①多数の微生物菌株の組み合わせ培養，②複合条件でのみ生産される代謝物（生理活性物質）の検出，③ヒットのばらしと真の生産菌（グループ）の特定，④最適生産条件設定と有用物質の特定，を考えながら，自動化システムのプロトタイプの試作を行った。

第 3 章 複合微生物系の難培養微生物新規分離手法と複合微生物系有効活用利用法

3.2 複合微生物系由来の新規生理活性物質の探索

複合微生物系機能探索システムの開発の中で，単独では非生産であるが複合条件特異的に生産される生理活性物質の探索をした。沖縄の西表島で採取した海洋生物から分離した真菌Phoma sp. Q60596株が，複合条件下で新規な抗真菌物質を生産することを見出した。この抗真菌物質はその化学構造も完全に新規であり，その機能も真菌の外膜構成糖タンパク質の生合成に関わるGPIアンカー型タンパク質の機能を阻害することにより抗真菌活生を発現していると推察された。このようなGPIアンカー型タンパク質の機能阻害による抗真菌物質はこれまで報告の無い新規な機能である。

3.3 まとめ

複合微生物系機能解析システムの自動化をして，単独では生産されず複合条件下でのみ特異的に発現生産される有用な機能性物質の取得が可能であり，しかも得られた物質は構造も機作もこれまでに報告の無いこと，かつ医薬分野で求められているリード化合物の可能性が大であることは大いに興味あるところである。

4 蛍光消光等分子間相互作用を利用した複合生物系の迅速検出法の開発

有用な機能性物質生産能を有する複合微生物系を安定的に培養し高度に制御するためには，複合微生物系の中で各々の構成微生物を迅速に識別検出する必要がある。微生物等生物の検出はPCR等による遺伝子検出が確実であり，欧米の先行している手法および特許によりアリの隙間も無いほど雁字搦めであると考えられていた。筆者らは逆転の発想により，これまでの遺伝子検出が蛍光検出に対し，むしろ蛍光消光現象を利用して特定遺伝子の直接定量ができるのではないかと考え，蛍光色素と塩基との相互作用を特定核酸配列の検出に利用した蛍光消光プローブを用いた簡便かつ迅速な遺伝子モニタリング法を開発した[3,7]。

4.1 蛍光消光現象を利用した特定遺伝子検出

色素間の相互作用ではなく蛍光色素と核酸塩基との相互作用を特定核酸配列の検出に利用した。蛍光消光に及ぼすターゲット内塩基の種類の影響について調べたところ，蛍光（BODYPYFL）修飾した末端においてハイブリダイズしたターゲット内の塩基がグアニンである時に最大の蛍光消光現象を認めた。すなわち，BODYPY FL 蛍光色素が核酸相補鎖を形成する際のターゲット側のグアニン塩基との光励起電子移動型の可逆な消光現象を利用したものである。また，20塩基配列のプローブの 5 末端最大の蛍光消光率（71.9%）が観察され，プローブ配

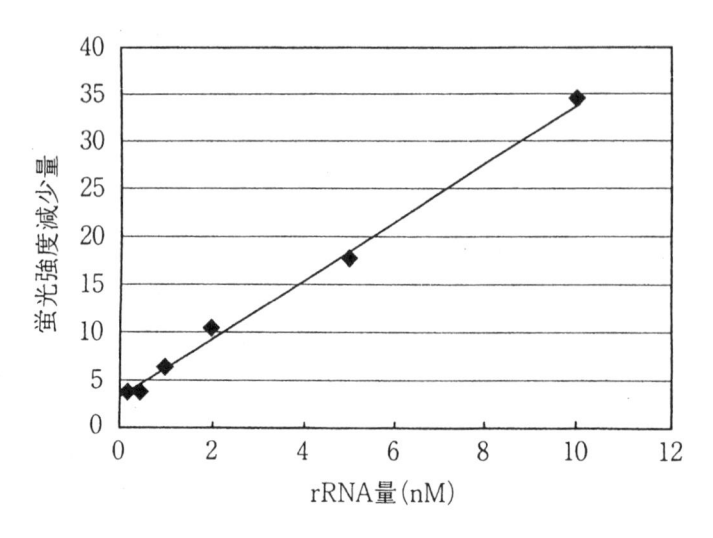

図4　ターゲットRNA量と蛍光強度減少量の検量線

列からみて3'側にGCペアがわずか1塩基対移動した19Gにおいての消光率は1.5%と極端に低下していた。

また，35塩基長の2-O-Meプローブとヘルパープローブを併用しrRNA量と蛍光減少量との相関を調べたところ図4に示すように，添加したrRNA量に比例して蛍光強度が減少している[3,7]。

4.2　複合微生物系への適用

環境調和型油水分離バイオポリマーを生産する複合微生物系（KYM-7株とKYM-8株の2種類の微生物）の培養液において本手法を適用した。図5に示すように，蛍光強度の変化から両菌株のrRNAの定量が可能であることが確認された。すなわち，混合培養系において，本手法を適用することにより構成微生物の存在割合を正確に把握することが出来うるものと考えられる。このことは複合生物系におけるモニタリングと培養制御が可能であることを示していると考えられ今後の新しいツールとして期待できると考えている。

4.3　まとめ

本手法は定量的PCR法にも適用可能である。本手法は蛍光色素と塩基との相互作用を利用するため，修飾プライマーは基本的に1つしか必要としない優位性を持つ。さらに，10～10の6乗のコピー遺伝子の定量と1コピー遺伝子の検出が可能である。このことは，定量性および感度の面

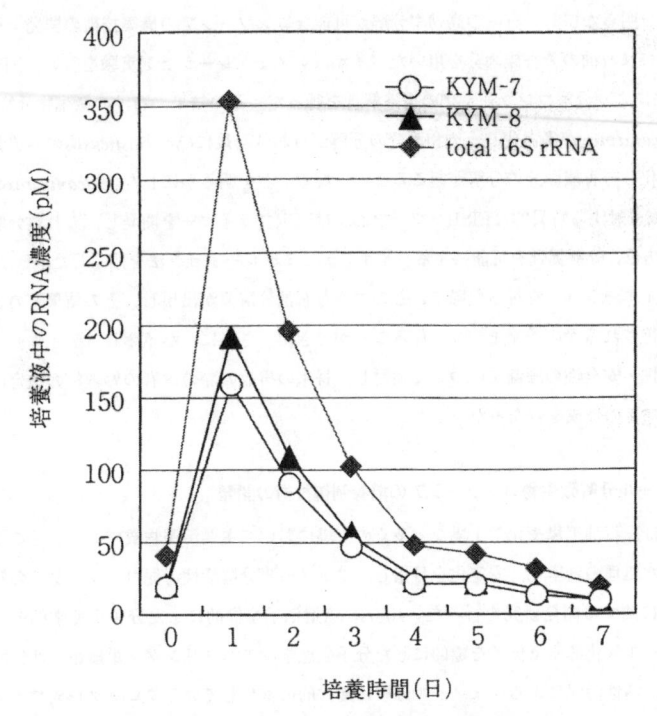

第3章　複合微生物系の難培養微生物新規分離手法と複合微生物系有効活用利用法

図5　KYM-7株とKYM-8株用BODIPY修飾2'-O-Me DNAプローブによる混合培養系のrRNA動態解析

で従来の遺伝子手法に引けを取らないことを意味していると考えており，日本発の遺伝子検出手法を提案できたものと考えられる。

5　石油系化合物分解微生物コンソーシアの培養制御技術の開発

自然に形成される微生物コンソーシアは，様々な形で環境浄化へ利用されてきている。本研究開発においては，微生物コンソーシアを環境浄化により効率良く利用するために必要となる基盤技術の開発を目指し，以下2つの課題の研究を行なった。

5.1　石油分解微生物コンソーシアの機能強化・向上技術

ナホトカ号の事故に象徴されるように，石油流出事故は環境や人間の生活に対し大きな影響を及ぼす。そこで，海洋石油汚染を中心に，汚染現場に形成される微生物コンソーシアの石油分解

活性や構成菌を明らかにし，石油の高効率分解が可能なコンソーシアの構築技術の開発を行なった。石油あるいは石油の芳香族画分を用いたバイオスティミュレーション実験を行い，FISH法，PCR-DGGE法により分解コンソーシアの構造解析を行った。その結果，石油の微生物分解では，実験初期に*Alcanivorax*が優占化し，飽和画分の分解が行われた後に*Cycloclasticus*属の多環芳香族分解菌が優占化し芳香族画分の分解が起こるようになることを明らかにした。*Alcanivorax*および*Cycloclasticus*属に対する特異的なFISHプローブおよびPCRプライマーを開発し，これら分解菌のモニタリング方法，分解促進を可能にするバイオスティミュレーション法を確立した。その結果，バイオレメディエーションを行った際に，どのような石油分解菌が出現し，その結果どのような石油分解が期待されるかの予測モデルを作ることができた。さらに，バイオレメディエーションに関する有効性・安全性の評価法について検討し，将来の事故の際の政府の処理策の決定に供せるようマニュアルの作成を行なった。

5.2 フェノール分解微生物コンソーシアの培養制御技術の開発

フェノールは，石油工場や化学工場など多くの工場において主要汚濁物質である。そこで，それら工場の排水処理の効率化，安定化を目指し，フェノール分解活性汚泥コンソーシアの解析技術や制御技術に関する開発研究を行った。16SrRNA遺伝子を標的にした分子生態学的モニタリング，フェノール酸化酵素遺伝子を標的にした分子生態学的モニタリング，単離菌の活性解析を組み合わせて，活性汚泥によるフェノール分解に優占的に寄与しているフロック形成フェノール分解菌rN7株の同定に成功した。この菌は*Comamonas*に属するもので，他の活性汚泥にも主要ポピュレーションとして存在することが示されてきている。このフェノール分解菌のフロック形成を選択的に促進する物質としてガラクトースを見つけ出し，これを用いたselective biostimulation法によりフェノール処理の効率化に成功した。

次に，石油工場から単離された高活性フェノール分解菌 *Comamonas testosteroni* R5株のフェノール分解系酵素遺伝子（*phc*遺伝子）を獲得し，その酵素的性質や発現制御機構を明らかにした。この遺伝子を上記のrN7株のゲノムに導入し，そのフェノール分解活性を約3倍にすることに成功した。この組換え菌を活性汚泥に導入したところ，*phc*遺伝子は活性汚泥に定着し，その結果，活性汚泥は通常の約2倍の負荷のフェノールを処理できるようになった。この結果は，外来遺伝子を微生物コンソーシアに人工的に定着させた最初の例になったと考えられる。

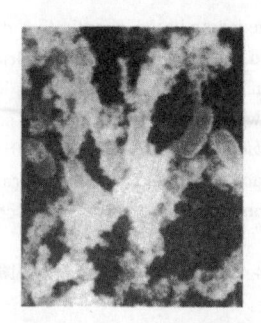

第3章 複合微生物系の難培養微生物新規分離手法と複合微生物系有効活用利用法

図6 活性汚泥中で優占的に働くフェノール分解菌 Comamonas sp. rN7
フェノールを唯一の炭素源として、フロックを形成しながら生育する。

6 おわりに

　複合生物系プロジェクトは複合生物系をキーワードとして，当時の世界の研究レベルを視点を変えかつ先駆けて開始したプロジェクトである。この間の関係者の最大限の努力により数々の優れた研究成果が挙げられたものと考えており，プロジェクト関係各位に深く謝意を表したい。

　なお，記載した研究成果の (1) はJBAグループの味の素㈱土田隆康氏，馬目章氏のグループと奈良先端科学技術大学院大学の谷吉樹先生，桂木徹先生と筆者の生命研グループ，(2) はJBAグループの山之内製薬㈱鈴木賢一氏，永井浩二氏のグループと生命研グループ，(3) はJBAグループの環境エンジニアリング㈱横幕豊一氏，蔵田信也氏，山田一隆氏のグループと生命研グループの共同研究の成果であり，感謝の意を表します。また，(4) の (A) および (B) は海洋バイオテクノロジー研究所 (MBI) の渡辺一哉氏のグループによる研究成果であります。ここに感謝の意を表します。

文　　献

1) Amann, R. I., Ludwig, W., and Schleifer, K. H. : Phylogenetic identification and *in situ* detection of individual microbial cells without cultivation, *Microbiol. Rev.*, **59**, 143～169 (1995)
2) 倉根隆一郎，土田隆康，　難培養性微生物を分離する新しい方法—ゲルマイクロドロップフローサイトメトリー法の開発とその応用，化学と生物，**39** (7) 431-432 (2001)
3) Kurata, S., Kanagawa, T., Yamada, K., Torimura, M., Yokomaku, T., Kamagata, Y., and

Kurane, R., Fluorescent quenching-based quantitative detection of specified DNA/RNA using a BODYPY FL-labeled probe or primer, *Nucleic Acids Research*, **29** (6) e34 (2001)

4) Mamome, A., Zhang, H., Tani, Y., Katsuragi, T., Kurane, R., and Tsuchida, T.,: Application of gel microdroplet and flow cytometry techniques to select enrichment of non-growing bacterial cells,. *FEMS Microbiol. Lett.*, **197**, 29〜33 (2001)

5) Nagai, K., Takeda, Y., Arao, N., Suzuki, K., and Kurane, R., In situ obserbation and detection of microorganisms by atomic force microscope., Fifth Inter. Sym. Environ. Biotech., Kyoto, (2000)

6) 鈴木賢一　機能解析システム化技術　微生物利用の大展開（エヌ ティー エス社 刊）197-201（2002）

7) Torimura, M., Kurata, S., Yamada, K., Yokomaku, T., Kamagata, Y., Kanagawa, T., and Kurane, R., Fluorescence-quenching phenomenon by photoinduced electron transfer between a fluorescent dye and a nucleotide base, *Analytical Sciences* **17**, 155-160（2001）

第4章　環境サンプルの 16S rDNA クローン解析法と T-RFLP解析法

本郷裕一[*]

1　16S rDNA 解析の目的

　small-subunit rRNA 遺伝子（SSU rDNA）は配列保存性が高く，広範な生物種に共通するPCRプライマーの作成が可能である．そのため，様々な生物の簡便な種同定や群集構造解析，分子系統解析などにもっとも頻繁に使われている．とりわけ，環境サンプル中の難培養性のものも含めた微生物相の解明には SSU rDNA 解析は必須であり，一般に，真正細菌と古細菌の 16S rDNA にそれぞれ共通なプライマーを用いてPCR増幅し，クローン解析，T-RFLP（Terminal-Restriction Fragment Length Polymorphism）解析，DGGE（Denaturing Gradient Gel Electrophoresis）解析などを行う．これらにより難培養性細菌も含めた環境サンプル中の，

① 細菌相の解明
② 細菌種多様性の推定・比較
③ 細菌群集構造の推定・比較

などが可能である．得られた 16S rDNA クローン配列から*in situ* hybridization用プローブを作成し，目的配列をもった菌の実際の群集中における局在特定や菌数計測もよく行われる．また，クローン解析の結果から単離培養を試みる目的菌を選定し，集積・単離していく過程で，培養液・プレート中の目的菌の存在・割合の確認を 16S rDNA の解析（特異的プライマーによるPCR増幅，定量的PCR，クローン解析，RFLPなど）で行うこともできる．以下，16S rDNA クローン解析とT-RFLP解析の実験手法とデータ処理法，問題点などを解説する．

2　16S rDNA クローン解析

2.1　DNA抽出

　まずDNAを環境サンプルから抽出する．注意点は，①Gram-positive菌を含め，菌種による偏りの少ないDNA抽出をする，②PCR阻害物質（ポリフェノールなど）を可能な限り除去する，ことである．①については，リゾチウムを使ったり，凍結・融解を繰り返すなどの他，DNA抽

---

*　Yuichi Hongoh　　（独）理化学研究所　環境分子生物学研究室　基礎科学特別研究員

出キットを用いる場合には，Gram-positive菌からの抽出にも適した製品・方法を選ぶ。②については，一般に土壌や汚泥などの環境サンプルはPCR阻害物質を多量に含んでいて，通常のDNA抽出法では十分なPCR増幅が得られない場合が多いため，工夫が必要である。各社から土壌サンプル用のDNA抽出キットなどが出ているので[1]，それらを使っても良い。筆者は，シロアリ腸・土壌などから，ISOPLANT IIキット（ニッポンジーン）で核酸を粗精製したものを，さらにDNeasy Spin Column（Qiagen）を用いて精製している。

2.2 PCR増幅

PCR増幅においては，バイアス・エラー・キメラ生成などのartifactを最小限にするため，以下の点に注意する。

① 適切なプライマーを選ぶ
② PCRサイクル数を必要最小限にする
③ アニーリング温度を低くする
④ 高精度・高効率の*Taq* polymeraseを使う
⑤ 予備実験で最適条件を十分検討しておく

よく用いられるユニバーサルPCRプライマーを表1に示した。プライマーを自作した場合は，RDP II（Ribosomal Database Project II; http://rdp.cme.msu.edu/html/index.html）の 'Probe Match' プログラムや Gutell lab Comparative RNA web site（http://www.rna.icmb.utexas.edu/）の配列保存性データなどを利用して，増幅特異性を確認しておく。プライマーの3'端近くに目的配列とのミスマッチがある場合，増幅効率が極端に落ちるので注意する。増幅する配列の長さは，

表1 主なユニバーサルPCRプライマー

プライマー*	配列（5'-3'）**	対象***
Ar25F	CYGGTTGATCCTGCCRG	A
27F	AGAGTTTGATCMTGGCTCAG	B
Ar125F	ACKGCTCAGTAACACGT	A
338R	GCTGCCTCCCGTAGGAGT	B
533F	GTGCCAGCMGCCGCGGTAA	B, A, E
908R	CGTCAATTCMTTTGAGTT	B
Ar912R	CTCCCCCGCCAATTCCTTTA	A
1392R	ACGGGCGGTGTGTRC	B, A, E
1492R	TACGGYTACCTTGTTACGACTT	B, A, E
1522R	AAGGAGGTGATCCANCCRCA	B, A

*プライマー名は文献によって異なることがある。
**配列は文献によって多少異なることがある。
***A: 古細菌；B:真正細菌；E:真核生物

第4章　環境サンプルの16S rDNAクローン解析法とT-RFLP解析法

300bp程度からほぼ全長（約1500bp）に至るまで選択可能だが，より精密な系統解析結果を得るためには27F-1392Rや27F-1492Rなど，1300bp以上を増やせる組み合わせを使う[2]。

　PCRサイクル数の抑制は，PCRにともなうartifactを軽減するために極めて重要である[3〜5]。予備実験をして，解析に必要なクローン数の2〜3倍程度のコロニーが得られれば十分なはずである。一般的には，200μlで10〜18サイクル程度反応すれば300コロニー以上得られる。少なければ，サイクル数よりtemplateや反応液量を多くした方が良い。反応液量を多くする場合は，例えば400μlなら，50μlスケールで8本反応した後混合すると，PCR drift（PCRごとの産物構成比のばらつき）の影響も軽減することができる[4]。

　アニーリング温度は，プライマーの特異性を左右する大きな要因である[6,7]。ユニバーサルプライマーを用いた実験で，できるだけ細菌分類群間での偏りの少ない増幅を行いたいのであれば，アニーリング温度を下げた方が良い。ただし下げすぎると，16S rDNA以外の配列まで非特異的に増えてしまうため，予備実験で確認しておく。逆に，ある分類群に特異的なプライマーを用いて特異的増幅を行いたい場合は，できるだけアニーリング温度を上げる。いずれの場合も，Gradient PCR装置（MJ Resarchなど）を使えば，簡単に最適温度を決められる。

　どのようなPCR条件にせよ，高精度・高効率な *Taq* Polymeraseを使った方が良いのは当然である。Ampli*Taq* Gold（Perkin-Elmer）やEx-*Taq* polymerase（Takara）などがよく使われるが，高品質であれば，好みのものを使えばよい。そのほか，テンプレート濃度，プライマー濃度（ユニバーサルプライマーなら1μMが標準）などの最適条件を求め，実験を行う。参考までに，筆者がよく用いている反応条件を図1に示しておいた。

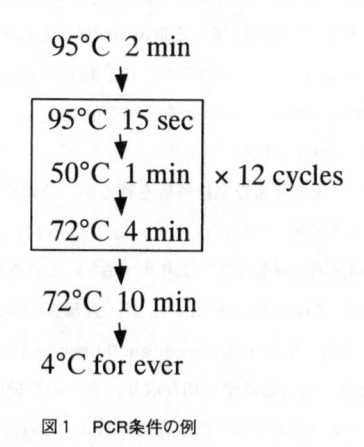

95°C　2 min
↓
95°C　15 sec
↓
50°C　1 min　× 12 cycles
↓
72°C　4 min

72°C　10 min
↓
4°C for ever

図1　PCR条件の例

2.3 クローンライブラリーの作成とインサートチェック

　PCR反応が終わったら，速やかに産物を精製する。各社からPCR産物用の精製キットが出ているが，PCR MinElute kit（Qiagen）などのように，精製と10μl以下への濃縮を同時にできるものが便利である。そうすれば，PCR反応液量を数百μlにしてもエタノール沈殿する必要がない。続いて，一般的な *Taq* Polymeraseならば，TA-cloningを行う。これも各社から便利なキットが出ているが，InvitrogenのTOPO TA cloning kitやPromegaのpGEM-T vector kitがよく使われる。

　十分な数のコロニーが得られたならば，PCRでインサートチェックを行う。インサートチェックには必ずベクター上の配列を標的にしたプライマー（M13, MRV, T7, T3など）を用いる。反応条件は一般的なものでよい（25-30サイクル）が，15-20μlスケールで行うと，2μl程度をとってアガロースゲル電気泳動で増幅確認後，残りを精製すれば，そのままシーケンスに使える。シーケンスするサンプル数を減らすために，4塩基認識の制限酵素を用いたRFLP解析を行い，異なるパターンを示したクローンだけの配列決定を行うこともある。

2.4 配列決定とphylotypeへの分類，キメラ判定

　配列の決定は，ベクター配列やインサート内部の配列に対するプライマー（533F, 908Rなど）を用いて行う。費用を節約するために，配列の一部だけを読んでそれをもとにphylotypeに分類し，異なるものだけを全長読む，ということもしばしば行われる。配列の分類には，まずBLAST（http://spiral.genes.nig.ac.jp/homology/blast.htmlなど）で近縁配列をデータベース上で探すのが一般的である。これだけで，どういう細菌グループに由来する配列か判別できることも多い。不確かな場合，さらに RDP II の 'Sequence Match' プログラムを使ってみてもよい。これらの結果をふまえて，配列が所属する細菌系統群ごとに系統解析を行い，phylotype（あるいは Operational Taxonomic Unit；OTU）に分類しておくと，後のデータ処理が楽になる。97%以上の配列相同性を持つクローン同士を一つのphylotypeとして定義することが多いが，98%あるいは99%以上とする場合もある。

　必要があれば，続いてより精密な系統解析を行うが，その前にキメラ配列を選別し，除去しなければならない。キメラ配列は，*Taq* polymerase による複製DNA鎖の不完全な伸張と，それをプライマーとした異種配列の複製反応により生ずる[8]。これを判別するためには，通常，RDP II の 'Check Chimera' プログラムを用いるが，近縁配列同士のキメラは判別困難なため，Bellerophon server（http://foo.maths.uq.edu.au/~huber/bellerophon.pl）も併用した方が良い[9]。また，配列の5'側と3'側を数百塩基ずつ切り取り，各々の系統樹を作成して，系統位置が大きく異なるクローンをキメラと判定する方法も有効である。さらには，2次構造を予測して，塩基の

第4章 環境サンプルの16S rDNAクローン解析法とT-RFLP解析法

ペアリングを確認する手法も用いられる[10]。

2.5 系統解析

　キメラを除いた全配列（またはphylotypeごとに1配列ずつ）は，BLAST検索で得られた近縁な参照配列とともに系統解析する。BLAST検索結果の上位が uncultured clone であった場合，その細菌系統群を代表する記載種の配列も加えたほうがよい。CLUSTAL W（またはX）などを用いて整列した配列を，PHYLIP, PAUP, MEGAなどの系統解析ソフトを用いて系統樹を作成する。配列が所属する分類群を明示するだけの目的ならば，近隣結合法（NJ法），最節約法（MP法），最尤法（ML法）のうち一つの方法で系統樹を描いて提示すればよいことが多い。しかし，進化や厳密な系統関係を論じる場合には，複数の方法を用いて系統位置（トポロジー）の確からしさを確認する必要がある。

　上記の方法は比較的少数（100本程度以内）の配列を用いた場合は問題ないが，環境サンプルのクローン解析ではしばしば数百-千本以上の配列を整列・系統解析する必要があり，この場合は ARB software (http://www.arb-home.de/) を用いることを強く薦める。これは SSU rDNA 配列の整列・系統解析のために最適化された，データベースも付属したソフトウェアで，RDP II が配布している SSU rDNA 配列データベースも取り込んで使用できる。自分の SSU rDNA 配列データも加えた大量の配列（数千-数万本）を，整列かつ系統樹上で分類された状態で維持・参照・解析できるため，極めて便利である。現在では，16S rDNA クローン解析を頻繁に行う研究者にとって，必須のアイテムとなっている。UNIXベースで動作するため，LINUXかMac OSX上で使用する。

2.6 多様性の評価

　16S rDNA クローン解析において，配列決定したクローンがサンプル中の細菌相をどの程度網羅しているかを知るためには，rarefaction analysis を行う[11]。これは実際のデータから，配列決定するクローン数あたりのphylotype数を予測して曲線を描くもので，図2のようなrarefaction curveが得られる。曲線がほとんど寝てくれば（サンプルA）サンプル中のほぼ全ての細菌phylotypeを網羅したことになる。また，サンプルBはサンプルAよりも多くのphylotypeを含む，と予測できる。つまり，サンプル間での細菌種多様性の比較もできる。解析ソフトとしては Analytic Rarefaction (http://www.uga.edu/strata/software/) がよく使われる。

　同様の指標として，coverageが用いられることも多い。coverageは，$C = 1 - n/N$で表され，nがクローン1個だけのphylotype数，Nが配列決定したクローン数である[12]。例えば，豚消化管の細菌 16S rDNA のクローン解析を行った研究では，4270クローンから375 phylotypeが得られて

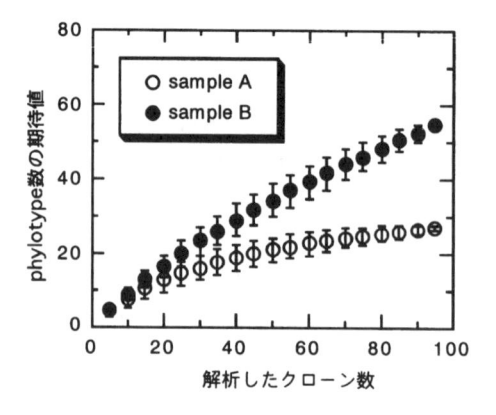

図2 Rarefaction curveの例
バーは95%信頼区間を示す。

おり，そのcoverageは0.978であった[13]。これは，新たに100個のクローン配列を読んでも，新phylotypeに属するのは2クローン程度と予測されることを意味する。計算は簡単だが，LIBSHUFF software（http://www.arches.uga.edu/~whitman/libshuff.html）を使うと，97%以上，といったphylotypeの定義にしばられることなく，配列相同性（遺伝距離）ごとのcoverageをプロットして，サンプル間で比較することもできる（図3）。

得られたデータから環境中の実際の細菌phylotype数を推定する方法も近年盛んに論じられている[11~16]。有用性が高いとされるのは，ノンパラメトリックな手法を用いた Chao 1 richness estimator[17]で，本来mark-release-recapture法による動物の population size 推定に使うものである。種多様性解析ソフトEstimateS（http://viceroy.eeb.uconn.edu/EstimateS）を使えば計算できる。また，細菌群集構造がlognormal曲線を描く，という理論的モデルを前提とした，Curtisら（2002）の開発したパラメトリックな手法も注目されている（計算式がhttp://people.civil.gla.ac.uk/~sloan/からダウンロード可能）。彼らはこの近似計算法を用いて，海洋で160種/ml，土で6400〜38000種/g，海全体では2百万種，1tの土当たり4百万種の細菌が存在すると推定している[15]。しかしノンパラメトリックな手法においては，実際の細菌群集構造モデルを仮定せず，実データ上のphylotype頻度に完全に依拠するため，データ取得上のバイアスに弱く，また環境中に存在するであろうごく稀な多くのphylotypeが無視されて予測phylotype総数を過小評価してしまう，という欠点があり，パラメトリックな手法においては，群集構造モデルがそもそも正しいのか，という問題がある。いずれの手法を用いるにせよ，環境中の細菌種がきわ

第4章　環境サンプルの 16S rDNA クローン解析法とT-RFLP解析法

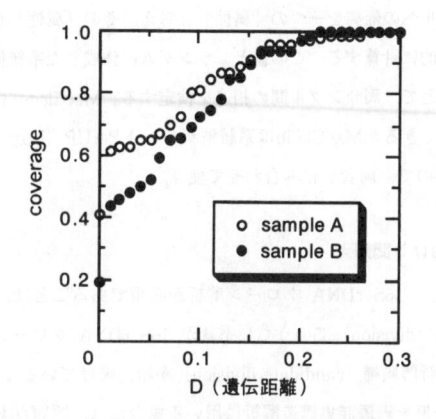

図3　遺伝距離ごとのcoverage
D=0.15以下では sample A よりも sample B の方が多様性に富むことを示唆している。

めて多様であるために，各推定法がどれほど正しいのかを実証することはほとんど不可能である。したがって現時点では，複数の方法を併用したほうがよい。ちなみにヤマトシロアリの腸内細菌の場合，筆者の計算では，Chao 1推定値によると全体で370種，Curtisらの方法では700種／腸と推定された[18]。

2.7　群集構造の比較

環境サンプルから得られた 16S rDNA クローン解析結果を，場所間や何らかの処理前後で比較する統計学的手法についても，近年よく議論されている[11, 14, 16]。Singletonら（2001）は，同一サンプル（クローンライブラリー）内のhomologous coverageと，比較するサンプルとのheterologous coverage の差を，両サンプル（クローン解析で得られた配列）をランダムシャッフリングした場合と比較することによって，両サンプルの相違の有意性を検定する方法を考案した[12]。比較するクローン配列のアラインメントから遺伝距離行列（distance matrix）を作成し，彼らの開発した前述の LIBSHUFF program で解析する。最近，このprogramを改良したS-libsuff (http://www.plantpath.wisc.edu/fac/joh/s-libsuff.html) も入手できるので，使ってみてもよい。またMartin（2002）は，得られたクローン配列のサンプル内と比較するサンプル全体での遺伝距離の分散の差に着目し，配列をサンプル間でシャッフルした場合と比較して検定する手法（F test）を提唱した[19]。集団遺伝学解析ソフトArlequin (http://lgb.unige.ch/arlequin/) などを用いて計算できる。また同論文では，系統樹を利用した P test も提唱している。これは，まず比較する2サンプルのすべてのクローン配列で系統樹を（NJ, MLなどの方法で）作成し，そのとき，各

配列のそれぞれのサンプルへの帰属を一つの「属性」と考え，その「属性」が「発生」するのに必要な「変異数」を最節約的に計算する。この値と，ランダムに作成した系統樹（例えば1000個）における同値を比較することで，両サンプル間の相違を検定する。MacClade（http://macclade.org/macclade.html）で計算できる。MacCladeは系統解析ソフトPAUP（http://paup.csit.fsu.edu/）とファイル互換性があるので，両者を組み合わせて使う。

2.8 クローン解析における問題点

環境中の細菌相の解明に 16S rDNA クローン解析が必須であることは，現在認識されている真正細菌の門レベル系統（division）35のうち13系統が 16S rDNA クローン解析からしか得られておらず[20]，そのような新門候補（candidate division）が増え続けていることからも明白である。しかし，クローン解析結果を細菌群集構造解析に用いる場合には，問題点も多い。最大の問題はバイアスである。すなわち，クローン解析結果が細菌の実際の群集構造を反映しているか，という問題である。SSU rRNA 遺伝子はマルチコピーであるため，サンプル中の主要細菌種間で差がある場合，クローン解析結果が実際の菌数の割合と大きく異なってしまう可能性がある。さらに，PCRにともなうバイアスがある。プライマーとのミスマッチによる選択的増幅[4, 6, 7]と，PCR産物同士のセルフアニーリングによる優占的クローンの割合減少[3, 21]（つまり優占phylotype頻度の過小評価と少数phylotype頻度の過大評価）である。キメラ生成やpolymeraseによるDNA複製ミスなども含め，これらのartifactを最小限にするためには，前述したPCRサイクル数の抑制と低いアニーリング温度に加え，伸張時間（extension step）を4分以上にすることも効果的である[5]。これによってキメラ生成と配列ごとの伸張効率の差を減少できる。いずれにしても，クローン解析結果が細菌群集構造を直接反映していると考えるのは危険であり，PCRバイアスが一定であるという前提で，複数サンプルの群集構造を比較する手段，と考えた方がよい。

群集構造をより正確に知りたい場合は，クローン解析により得られた配列をもとに，系統群やphylotypeごとの特異的プローブを作成し，fluorescence *in situ* hybridization（FISH）を行って菌数の割合を測定することが多い。ただし，FISHによる検出効率は，細菌系統群や生理的状態・ハイブリ条件など様々な要因で大きく変化するため[22]，細菌群集構造解析法として，完全な信頼がおけるわけではない。また，RNAを抽出してRT-PCRによるクローン解析を並行して行うこともある[23, 24]が，この場合も，細菌の系統や，活性などの生理条件による菌ごとのrRNA含量に差があり，逆転写反応という新たにバイアスを生むステップも加わるため，細菌数というよりも，活性の高い細菌を検出する目的で行われることが多い。ともあれ，難培養性のものも含めた細菌群集構造の解明には現時点ではこういった手法しかなく，述べてきたような問題点を十分認識したうえで，データの解析・解釈を行うことが重要である。

第4章 環境サンプルの16S rDNAクローン解析法とT-RFLP解析法

3 T-RFLP解析

　16S rDNAによる群集構造解析で，クローン解析と並んでよく行われるのが，T-RFLP解析とDGGE解析である。クローン解析では塩基配列による詳細な系統関係がわかるものの，一般に環境中の細菌相はきわめて多様な細菌種で構成されているため，数十クローン程度の解析ではサンプル数が少なすぎて確率的誤差が大きく，実際のphylotype構成比を反映しない可能性がある。しかしながら費用と時間の制約によって，とくに複数のサンプルを比較したいときには十分な数のクローンを解析できないことが多い。その場合，T-RFLPやDGGEを使えば，迅速かつ低コストで細菌群集構造の概観をつかみ，多数のサンプル間で比較することができる。DGGE解析は，電気泳動に用いるアクリルアミドゲル中の変性剤含量（ホルムアミドと尿素）にグラジエントをかけることで，PCRで得られた混合配列を，その長さと塩基対構成比によって高い解像度で分離するものである[25～27]。最大の利点は，主なバンドをゲルから切り出してのクローン解析（単一種の配列でバンドが構成されていないことも多い）が可能なことである。類似の方法としてTGGE（Temperature Gradient Gel Electrophoresis）もあるが，DGGEほど一般的ではない。ただ，DGGEとTGGEにおいては，各バンドをクローン解析しないかぎり各バンドがどのような細菌種・群に由来するか予想困難なため，サンプル間の比較や優占種だけを知れば十分である場合において，特に有用である。これらの詳細は他書に譲り，ここではT-RFLP解析の解説をする。

　T-RFLPは5'末端を6-FAMや Texas Red などの蛍光色素でラベルしたプライマーを用いてPCRを行い，産物を4塩基認識制限酵素で消化後，DNAシーケンサー（ABI377や310など）で電気泳動して，ラベルされた5'断片長と蛍光強度をGeneScan software（Applied Biosystems）で解析する。DGGEのようにバンドを切り出して解析することは不可能だが，配列データベースから制限酵素切断サイトの予測が可能であり，特にクローン解析を並行して行う場合には，各ピークが由来する配列種・種群を特定しやすい。

3.1　DNA抽出とPCR増幅

　DNA抽出からPCR増幅までの手順・注意点は，クローン解析と同じである。ただし，解析に十分な強度の蛍光を検出するには，クローン解析より多めのPCRサイクル数が必要である。20～25回くらいを予備実験で試してみる。この場合も，蛍光強度が足りないときは，サイクル数よりtemplateか反応液量を増やした方がよい。PCR産物の精製は，濃縮が同時に出来るPCR産物精製用スピンカラムを用いることが多いが，プライマーダイマーを形成したりプライマーが内部構造をとりやすい場合は除去しきれずに，プライマーがデータ上に大きなピークとして残ってしまう

こともあるので，アガロースゲル電気泳動後にバンドを切り出して精製してもよい。

3.2 制限酵素処理

制限酵素には4塩基認識の*Hha* I, *Hae* III, *Alu* I, *Msp* I, *Taq* Iなどがよく使われる。予備実験で，どの酵素が自分の目的に適しているかを決めておく。複数サンプルを比較する場合，一般により多くのピークを生ずる酵素の方が解像度が高くてよいが，近縁な配列種が複数のピークを生ずるよりも，大まかな細菌系統群（スピロヘータ，バクテロイデスなど）ごとに単一のピークになった方が群集構造の概観としてはわかりやすいこともある。

制限酵素処理後は，使用する機器の推奨するプロトコルにしたがって染料，ホルムアミド，内部標準などと混合し，泳動用サンプルを調製する。ただし，サンプル中の塩濃度が泳動に悪影響を与える場合もあるので，うまくいかないときは制限酵素処理後にサンプルを精製してもよい。

3.3 データ解析と問題点

DNAシーケンス時と同様の要領でデータ取得を行うと，図4のような結果が得られる。蛍光ラベルされた5'断片の長さ（横軸）は内部標準から計算されるので，適切な内部標準と計算式を選択しなければならない[28]。内部標準は，自分のサンプルから得られるピークを全て網羅できる長さのものを選ぶ。GeneScanによる 16S rDNA の解析では，1000塩基か2500塩基までをカバーする内部標準を使うのが普通である。内部標準に基づく断片長計算には，Local Southern Methodなどいくつかの方法が選べるので，自分のデータ解析にもっとも適切なものを選ぶ。ただ多くの場合，配列から予測される断片長と実測データが高い精度で一致するのは100〜400塩基くらいの範囲で，それ以外では数塩基ものずれが生ずることもあるので注意を要する。また，PCR産物中の一本鎖DNAや不完全な二重鎖DNAの一本鎖部分が内部構造をとり，制限酵素で切断されて

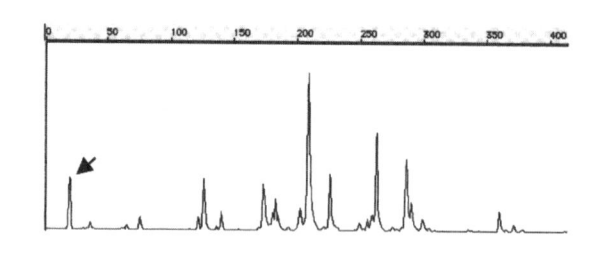

図4　T-RFLP解析の例
縦軸が蛍光強度で横軸が5'断片長（塩基数）。矢印はプライマー。

第4章 環境サンプルの16S rDNA クローン解析法とT-RFLP解析法

pseudo T-RF（偽断片）を生ずる[29]，という現象も知られており，クローン解析を併用しているときは，主要なphylotypeのクローンを使ってピーク位置を確認した方がよい場合もある。

　データが得られたならば，クローン解析結果やデータベース配列を利用した検出断片の同定や，統計学的手法を用いた複数サンプルの比較が可能である。前者については，DNA配列解析ソフトの制限酵素切断サイト予測機能を使えばよいが，実データとの不一致という前述の問題のほか，いくつかの細菌分類群が共通の断片長（ピーク）を生じてしまうことが多く，データの解釈には注意が必要である[30]。また複数サンプルを比較する場合，サンプル間でPCRなどの条件を揃えることと再現性をとることは当然だが，同一サンプルを使って同条件で注意深く実験しても，蛍光強度（ピークの大きさ）合計が1.5倍程度も違ってしまうことがある。そのため，ピーク高または面積（どちらを使うべきかについては議論がある[31]）の総計から，各サンプルを標準化して比べた方がよい[30]。サンプル間での比較法はいくつかあるが，ピーク位置とピーク高（あるいは面積）の両方の要素を用いたいのであれば，Morisita similarity index[32]か Morisita-Horn similarity index[33]を使う。前者は実データをそのまま用いる場合のみだが，後者は％値も使える。いずれも，両サンプルがまったく異なるときに0になり，同一のときに1となる。前者はEcostat（http://www.trinitysoftware.com/lifesci2/ecostat1.html），後者はEstimateSなどで計算できる。また，Hiraishiらのdissimilarity indexを使ってNJ系統樹で表す方法もある[34]。Morisitaあるいは Morisita-Horn similarity index の方が，後者の方法よりも，大きいピークの値（高さあるいは面積）の差に非常に敏感であることに留意して使用する。

　本項では，現時点で汎用されている手法と明らかにされている問題点を記してきたが，実験手法もデータ解析法も未熟な部分が多く，各自で情報のアップデートを行っていくことが必要である。

文　　　献

1) F. Martin-Laurent *et al.*, *Appl. Environ. Microbiol.*, **67**, 2354–9 (2001)
2) P. Hugenholtz *et al.*, *J. Bacteriol.*, **180**, 4765–74 (1998)
3) M. T. Suzuki and S. J. Giovannoni, *Appl. Environ. Microbiol.*, **62**, 625–30 (1996)
4) M. F. Polz and C. M. Cavanaugh, *Appl. Environ. Microbiol.*, **64**, 3724–30 (1998)
5) X. Qiu *et al.*, *Appl. Environ. Microbiol.*, **67**, 880–7 (2001)
6) K. Ishii and M. Fukui, *Appl. Environ. Microbiol.*, **67**, 3753–5 (2001)
7) Y. Hongoh *et al.*, *FEMS Microbiol. Lett.*, **221**, 299–304 (2003)

8) G. C. Wang and Y. Wang, *Appl. Environ. Microbiol.*, **63**, 4645-50 (1997)
9) P. Hugenholtz and T. Huber, *Int. J. Syst. Evol. Microbiol.*, **53**, 289-93 (2003)
10) T. G. Lilburn *et al.*, *Environ. Microbiol.*, **1**, 331-45 (1999)
11) P. F. Kemp and J. Y. Aller, *FEMS Microbiol. Ecol.*, **47**, 161-77 (2004)
12) D. R. Singleton *et al.*, *Appl. Environ. Microbiol.*, **67**, 4374-6 (2001)
13) T. D. Leser *et al.*, *Appl. Environ. Microbiol.*, **68**, 673-90 (2002)
14) J. B. Hughes *et al.*, *Appl. Environ. Microbiol.*, **67**, 4399-406 (2001)
15) T. P. Curtis *et al.*, *Proc. Natl. Acad. Sci. USA*, **99**, 10494-9 (2002)
16) B. J. Bohannan and J. Hughes, *Curr. Opin. Microbiol.*, **6**, 282-7 (2003)
17) A. Chao, *Biometrics*, **43**, 783-91 (1987)
18) Y. Hongoh *et al.*, *FEMS Microbiol. Ecol.*, **44**, 231-42 (2003)
19) A. P. Martin, *Appl. Environ. Microbiol.*, **68**, 3673-82 (2002)
20) P. Hugenholtz, *Genome Biol.*, **3**, REVIEWS0003 (2002)
21) M. Suzuki *et al.*, *Appl. Environ. Microbiol.*, **64**, 4522-9 (1998)
22) T. Bouvier and A. d. G. Paul, *FEMS Microbiol. Ecol.*, **44**, 3-15 (2003)
23) R. I. Griffiths *et al.*, *Appl. Environ. Microbiol.*, **66**, 5488-91 (2000)
24) B. Nogales *et al.*, *Appl. Environ. Microbiol.*, **67**, 1874-84 (2001)
25) G. Muyzer, *Curr. Opin. Microbiol.*, **2**, 317-22 (1999)
26) B. Diez *et al.*, *Appl. Environ. Microbiol.*, **67**, 2942-51 (2001)
27) M. M. Moeseneder *et al.*, *Appl. Environ. Microbiol.*, **65**, 3518-25 (1999)
28) A. M. Osborn *et al.*, *Environ. Microbiol.*, **2**, 39-50 (2000)
29) M. Egert and M. W. Friedrich, *Appl. Environ. Microbiol.*, **69**, 2555-62 (2003)
30) J. Dunbar *et al.*, *Appl. Environ. Microbiol.*, **67**, 190-7 (2001)
31) T. Lueders and M. W. Friedrich, *Appl. Environ. Microbiol.*, **69**, 320-6 (2003)
32) S. L. Dollhopf *et al.*, *Microb. Ecol.*, **42**, 495-505 (2001)
33) J. Green, *The Journal of Arachnology*, **27**, 176-82 (1999)
34) A. Hiraishi *et al.*, *J. Biosci. Bioeng.*, **90**, 148-56 (2000)

第5章　キノンをバイオマーカーとして用いる環境微生物群集の解析

平石　明*

1　はじめに

　自然環境中に存在する微生物の多くは現行の技術では培養困難である。たとえば細菌の場合，通常，非選択的寒天平板法で得られる生菌数は総菌数の1%以下[1]であることが多く，比較的高い生菌数が得られる活性汚泥でも，その割合は1〜18%[2]である。したがって，環境微生物群集の構造解析においては，主要構成員である培養困難な微生物や未知の微生物を含めて，いかにして定量的に検出するかが重要な課題となる。現在この目的のためには，培養を伴わない分子生物学的技法が常用されているが，群集構造全体の変化を簡便に把握する場合には，菌体構成成分を利用する化学的バイオマーカー法が有用と考えられる。

　化学的バイオマーカー法では，一般的に微生物の化学分類学で用いられる菌体構成脂質成分を用いることが多く，リン脂質脂肪酸（phopholipid ester-linked fatty acids = PLFA）やイソプレノイドキノン（以下キノン）などが代表的な指標である。微生物菌体を有機溶媒抽出して得られる脂質成分は極性脂質，中性脂質，およびグリコ脂質に大別されるが，PLFAは極性脂質画分，キノンは中性脂質画分に含まれる。これらのバイオマーカー法では，脂質抽出操作とガスクロマトグラフィーあるいは高速液体クロマトグラフィー（HPLC）などによる機器分析が中心となるので，分析は容易である。また，試料から直接脂質抽出を行なう化学分析であるので，核酸抽出や遺伝子増幅を伴う分子技法に比較して結果の偏りが少なく，定量性や再現性に優れている。一方，その性質上，検出感度や分類群の識別解像度は核酸情報を用いる技法には劣り，使用目的は多くの場合群集構造全体の解析に限られる。それゆえ，化学的バイオマーカー法は単独で用いるよりも，検出原理の異なる分子生物学的技法と併用した方が，より効果が高まることになろう。ここでは，データの系統・分類学的的解釈が比較的容易であるキノンをバイオマーカーとして利用する微生物群集解析法（キノンプロファイル法）[3,4]について紹介する。

---

*　Akira Hiraishi　豊橋技術科学大学　エコロジー工学系　教授

2 キノンの分布とバイオマーカーとしての意義

　キノンは呼吸鎖および光合成電子伝達鎖の必須脂質成分であるので，ほとんどすべての微生物種に存在する。微生物に含まれるキノンは化学構造上様々な分子種が存在し，またそれらは分類群に対応して分布していることから，化学分類の指標としてよく利用されている[4,5]。原核生物に見られるキノンの化学構造を図1に示す。キノンは構造上ナフトキノン型とベンゾキノン型に大別され，それぞれメナキノン（vitamin K$_2$, MK-n）とユビキノン（coenzyme Q, Q-n, UQ-n）に代表される。イソプレノイド側鎖の長さ（イソプレン単位n）や水素飽和度（H$_x$）は分類群（通常は属以上の分類群）ごとに異なり，キノン骨格型とともに重要な分類指標となっている。一般的に一つの微生物種は一つのキノン分子種を有している（あるいは一つの分子種が優占して

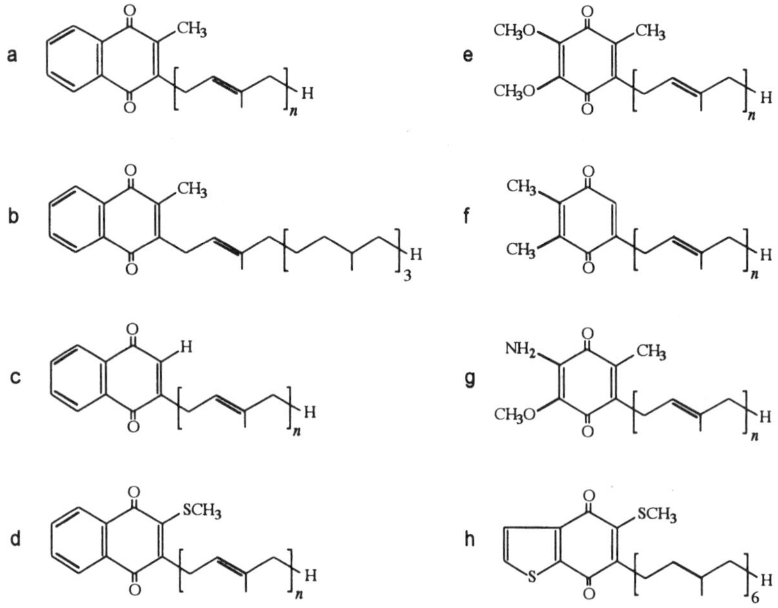

図1　微生物に存在する主なキノンの化学構造

キノン名と略称：a, メナキノン（menaquinone, MK-n）；b, フィロキノン（phylloquinone, K$_1$）；c, デメチルメナキノン（demethylmenaquinone, DMK-n）；d, メチオナキノン（methionaquinone, MTK-n）；e, ユビキノン（ubiquinone, Q-n, UQ-n）；f, プラストキノン（plastoquinone, PQ-n）；g, ロドキノン（rhodoquinone, RQ-n）；h, カルダリエラキノン（cardariellaquinone）。

第5章 キノンをバイオマーカーとして用いる環境微生物群集の解析

表1 アーキア，バクテリア，およびユーカリヤドメインの微生物におけるキノンの分布
(キノン名に付したアルファベットは図1に対応)*

キノン	アーキア	バクテリア	ユーカリヤ	
			酵母・カビ	微細藻類
ナフトキノン				
a メナキノン	+	+	−	−
b フィロキノン	−	(+)	−	+
c デメチルメナキノン	(+)	(+)	−	−
d メチオナキノン	(+)	(+)	−	−
ベンゾキノン				
e ユビキノン	−	+	+	+
f プラストキノン	−	(+)	−	+
g ロドキノン	−	(+)	−	(+)
h カルダリエラキノン	(+)	−	−	−

*シンボル：+，多くの菌種に存在；(+)，一部の菌種に存在；−，存在しない。アーキアの一部（メタン生成菌など）や発酵のみで生育する菌にはキノンは見つかっていない。

いる）が，二つ以上のキノン骨格型を生合成する菌種も一部存在する。

　生物界の3ドメインの微生物に存在するキノン型を表1に示す。アーキアドメイン (domain Archaea) の菌種では一般的にメナキノンおよびその誘導体が含まれ，ユビキノンは存在しない（メタン生成菌などはキノンを欠く）。バクテリアドメイン (domain *Bacteria*) には，メナキノンやユビキノンを含む様々なキノン骨格型と分子種が存在する。ユーカリヤドメイン (domain *Eukarya*) である真核微生物の場合は，ミトコンドリアにユビキノンが，クロロプラストにプラストキノン（PQ）およびフィロキノン（vitamin K_1, K_1）が存在する。

　表2に，バクテリアドメインにおける系統群別のキノン型，分子種の分布を示す。このドメインにおいて分子系統樹上最も分岐年代が古いと考えられるアクイフィケ門 (phylum *Aquificae*) では，これまでキノン系が報告されている菌種は全てメチオナキノン（MTK-*n*）を唯一のキノン成分としてもつ。この系統に次いで古い系統群は，原則としてメナキノンかその誘導体を唯一のキノンとしてもつ。プラストキノンとフィロキノンは，特異的に藍色細菌門 (phylum *Cyanobacteria*) のみに含まれる。また，ユビキノンはプロテオバクテリア門 (phylum *Proteobacteria*) の中の，アルファプロテオバクテリア綱 (class *Alphaproteobacteria*)，ベータプロテオバクテリア綱 (class *Betaproteobacteria*)，およびガンマプロテオバクテリア綱 (class *Gammaproteobacteria*) の菌種のみに存在する。このように微生物系統群とキノン骨格型の分布には密接な関係があり，キノン骨格型が系統的意義をもつことがわかる。またイソプレノイド側鎖の長さや水素飽和度なども系統群によって特定の傾向がみられる。たとえば，ユビキノンの場合，Q-8はベータプロテオ

表2 バクテリアドメインの高次分類群におけるキノンの分布

門 (phylum) および綱 (class)	MTK	MK-n n≤8	MK-n n≥9	MK-n(Hx)	PQ +K₁	Q-n n=8	Q-n n=9	Q-n n=10	Q-n n≤11	RQ
Aquificae	++	-	-	-	-	-	-	-	-	-
Chloroflexi	-	+	+	-	-	-	-	-	-	-
Thermus-Deinococcus	-	++	-	-	-	-	-	-	-	-
Chlorobi	-	++	-	-	-	-	-	-	-	-
Bacteroidetes	-	++	(+)	-	-	-	-	-	-	-
Planctomycetes	-	++	-	-	-	-	-	-	-	-
Acidobacteria	-	++	-	-	-	-	-	-	-	-
Firmicutes	-	++	(+)	-	-	-	-	-	-	-
Actinobacteria	-	(+)	+	+	-	-	-	-	-	-
Cyanobacteria	-	-	-	-	++	-	-	-	-	-
Proteobacteria										
Alphaproteobacteria	-	-	(+)	-	-	(+)	(+)	++	(+)	(+)
Betaproteobacteria	-	(+)	-	-	-	++	+	-	-	(+)
Gammaproteobacteria	-	(+)	-	-	-	+	+	-	(+)	-
Deltaproteobacteria	-	++	-	(+)	-	-	-	-	-	-
Epsilonproteobacteria	-	++	-	-	-	-	-	-	-	-

++, 全てあるいはほとんど (<90%) の菌種に存在；+, 10～90%の菌種に存在；(+), 小数 (<10%) の菌種に存在；-, 存在しない。

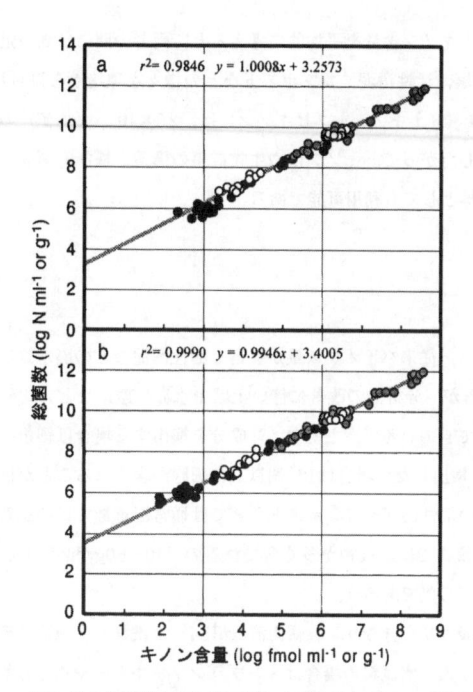

第5章 キノンをバイオマーカーとして用いる環境微生物群集の解析

図2 様々な環境中における総キノン量（a）あるいは呼吸鎖キノン
（メナキノン＋ユビキノン）量（b）と総菌数との関係[7]

バクテリア綱やガンマプロテオバクテリア綱に，Q-9はガンマプロテオバクテリア綱に，Q-10はアルファプロテオバクテリア綱の菌種に多く存在する。メナキノンの場合，部分飽和型の分子種は，アクチノバクテリア門（phylum *Actinobacteria*）とデルタプロテオバクテリア綱（class *Deltaproteobacteria*）の一部の菌群（硫酸還元細菌，粘液細菌）に存在する。

　キノンの化学構造は，機能的にも重要な意味を持つ。メナキノンは低い酸化還元電位を有するキノンであり，低電位の末端電子受容体が関与する嫌気呼吸および好気呼吸の両方の中間電子運搬体として機能している。一方，ユビキノンは高い酸化還元電位を有し，好気呼吸の他，脱窒などの高い電位の嫌気呼吸に関わっている。同じベンゾキノンでも，ユビキノンのメトキシ基の一つがアミノ基に置換されたロドキノンは低酸化還元電位のキノンであり，フマール酸還元系などの電子運搬体として機能していることが知られている[6]。プラストキノンとフィロキノンは特異的に酸素発生型光合成の電子伝達で働いている。

　細胞中のキノン含有量は，菌種によっても培養条件によっても異なることが知られているが，

自然環境中の微生物群集のキノン含量を平均的に考えると,両者の間には高い定量的相関関係がある(図2)[7]。水界,土壌,活性汚泥,コンポストなどの様々な環境から得られたデータから,1 nmol の呼吸鎖キノン量(メナキノン+ユビキノン)は,2.5×10^9(平均値)の細菌数に相当することがわかっている。したがって,キノンは微生物群集の構造,機能的側面のみならず,バイオマスあるいは菌数の指標としても利用可能である。

3 キノン分析法

キノンプロファイル法は,従来バイオマス量が豊富な活性汚泥などの廃水処理系を中心に開発されてきた技法[8,9]であるが,分析法の改善に伴い土壌や水界生態系などの比較的菌数が少ない環境でも適用可能になってきている[10]。主要キノン成分を検出する場合は細菌の絶対量として最低10^9個,主要成分以外も検出したい場合は10^{10}個以上の細胞が含まれることが供試量の目安である。バイオマス含量が高い活性汚泥やコンポストなどでは通常湿重量で1gの試料量があれば十分であるが,土壌や水界堆積物では無機物が多く含まれるので10～50gが必要となる。湖沼,海洋水では数～数十リットルが必要であろう。

試料は,フェリシアン酸カリを含むリン酸緩衝液(pH 7)で洗浄し,遠心分離でペレット状にした後,有機溶媒で抽出する。水試料の場合はメンブランフィルターや遠心分離で集めたバイオマスを上記のリン酸緩衝液に懸濁し,同様に有機溶媒で抽出する。抽出物はエバポレーターで減圧濃縮し,市販の簡易カラム(Waters Sep-Pak Vac 3cc カートリッジ)を使って,メナキノンとユビキノン画分の分別回収を行なう。得られたメナキノン,ユビキノン画分中の分子種は逆相HPLCで分離し,標準キノンとの溶出時間の比較から同定・定量する。一つのキノン骨格型の分子種のHPLC溶出時間を対数値に変換し,イソプレン単位に対してプロットすると直線関係が得られ,この関係からイソプレン単位相当値(ENIU, equivalent number of isoprene units)[11]を算出することができる。カラムによる分画試料には,一般的に不純物質が多量含まれているので,キノン成分の検出にあたっては,紫外部スペクトル検定が可能なフォトダイオードアレイ検出器が必要である[9]。共存物質の影響が大きい場合には,回収したメナキノンとユビキノン画分をさらに薄層クロマトグラフィーにかけて精製した後,HPLCで確認することも必要になろう。また,共存物質が多い試料の分析においては,質量分析計を検出器として備えたHPLC装置が威力を発揮する[12]。

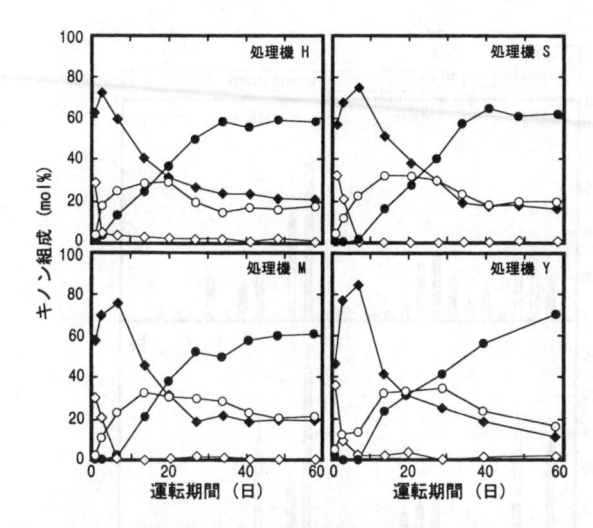

第5章　キノンをバイオマーカーとして用いる環境微生物群集の解析

図3　市販生ゴミ処理機を用いた反復回分生ゴミ処理過程（起ち上げから2ヶ月間）における微生物群集のキノン組成の変化[17]
不飽和型メナキノン（○），部分飽和型メナキノン（●），ユビキノン（◆），およびプラストキノン+K_1（◇）のモル比率の変化を表す。

4　キノン分析の応用

キノンプロファイル法はこれまで主に廃水処理系[8〜10, 13]，廃棄物処理系[14〜17]，水界底土[18, 19]，微生物被膜[20]などの微生物群集の構造解析に利用されている。紙面の都合上，各々の例について詳しく説明することができないので，ここでは生物系廃棄物処理におけるキノン分析の結果について一部紹介する。個々の分析例については引用した文献を参照していただきたい。

生ゴミなどの生物系廃棄物処理過程においては総菌数が多く，培養法で得られる生菌数の割合（culturability）も自然環境に比べて圧倒的に高い[15]。そのため，培養困難な微生物を捉える技法の応用例としては必ずしも相応しくないかもしれないが，キノン分析結果が効果的に現れる系として挙げることができる。図3は，市販の電動生ゴミ処理機（4機種）を使って家庭生ゴミを反復回分（fed-batch）処理した場合の，起ち上げ時からの処理機内キノンプロファイルの変化を示している[17]。いずれの場合も，初期にユビキノンが優占するが，時間経過とともにその割合は減少し，一ヶ月を越えると替わりに部分飽和型メナキノンが増加し，処理系群集構造が安定する。この結果は，運転初期でユビキノン含有のプロテオバクテリアが優占し，安定期においてアクチノバクテリアが優占することを示している。プロテオバクテリアは生ゴミを供給源として毎日系

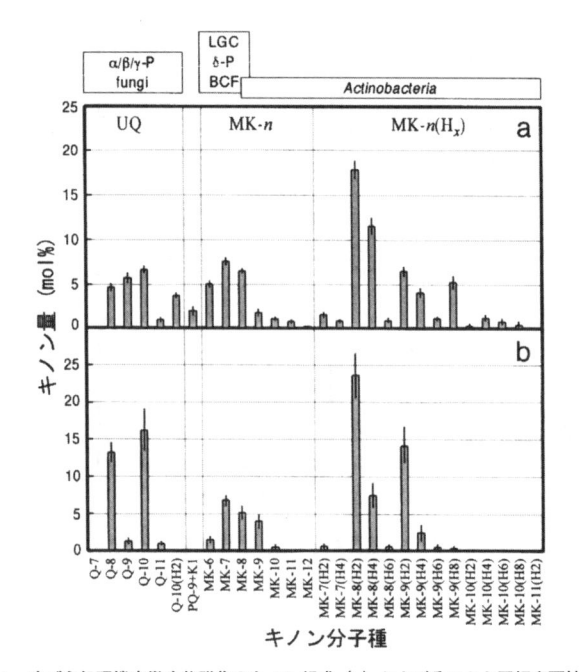

図4 生ゴミ処理機内微生物群集のキノン組成(a)およびそこから平板寒天培地で定量的に分離されたコロニー(1平板上の全コロニー)のキノン組成(b)の比較[15]
図上にキノンの推定起源(系統群)を示す:$\alpha/\beta/\gamma$-P, α-, β-, γ-Proteobacteria; δ-P, δ-Proteobacteria; LGC, low G+C gram-positive bacteria; BCF, *Bacteroides-Cytophaga-Flavobacterium* (*Bacteroidetes*) phylum.

内に投入されていると考えられるが,アクチノバクテリアを主体とする群集構造が構築されると,もはや系内で優占的に定着できなくなるのであろう。また,運転開始時において光合成キノン(プラストキノン+K_1)が比較的高い割合で見られ,すぐにほとんど検出されなくなるが,これは野菜くずなど由来するキノンが現れたものであり,起ち上げから直ぐに生ゴミ分解活性が発揮されることで光合成キノンが見られなくなると推察される。

図4は,安定期にある生ゴミ処理機内微生物群集とそこから寒天平板法で定量的に検出されたコロニー全体のキノン組成を比較したものである[15]。非選択的寒天培地に現れたコロニーでは,元の系に比べてQ-9,Q-10(H_2),MK-9(H_8),MK-10(H_x)などの分子種の検出割合が極端に少ないか,あるいは全く検出されていないことが分かる。用いた培地では,これらのユビキノン含有微生物(おそらくカビ)や部分飽和型メナキノン含有微生物(放線菌)が捕捉できていないことが推察できる。このようなキノン分析法(コロニーキノンプロファイル法と呼んでいる)は,

第5章 キノンをバイオマーカーとして用いる環境微生物群集の解析

培養法で定量的に微生物を検出した際の偏向性の程度を検証する方法として有効であり，廃棄物処理系のみならずあらゆる系に適用できると考えられる。

5 データの解釈および数量解析

キノンプロファイルのデータは，分子種組成と化学分類学的情報に基づいて群集構造の推定に用いることができる。キノン骨格型の分布が系統学的意味をもつこと，および通常一つの分類群に一つのキノン分子種が存在していることなどから，各系統群の変動のみならず，特徴的な分子種に基づく特定分類群の変動の解析にも用いることができる（前述，図3，4参照）。この面では，キノンプロファイル法はPLFA法よりもデータの定量的解釈が容易である。

キノンプロファイル法の特徴・利点は，一般的に化学的バイオマーカー法がそうであるように，データの数量解析によって，時間的，空間的に異なる系の群集構造の変遷や多様性を定量的に評価する[10]ことにあろう。キノンプロファイルは，試料間の相関係数や非類似度 (D)[8]などのパラメータを用いて時空間の変化や相違度を定量的に表すことができる。試料i, j間の非類似度は以下の式で求められる。

$$D(i,j) = \frac{1}{2}\sum_{k=1}^{n}|x_{ik}-x_{jk}|$$

ここでx_{ik}, x_{jk}はそれぞれ試料i, jにおける分子種kのモル％を示す。D値は試料間のプロファイルの違いの度合いである。すなわち，群集構造の違いを表すパラメータとして用いることができる。

試料間で得られるすべての非類似度を行列化し，この非類似度行列に基づいて類別化（クラスター）分析を行い，デンドログラムを描くことができる。この方法は，キノンプロファイルに基づく群集構造変化の定量的視覚化に利用されている。バイオマーカー分析の研究においては，従来から群平均連結（UPGMA）法で単にクラスターを階層的に描くことが主流であるが，この場合クラスター間の真の距離を2次元的に把握することが難しい。これをより正確に表す方法として近隣結合法[21]がある。この方法は，とくに時間軸に対する群集構造の変化を定量的に視覚化するのに有効である。

検出された分子種の多様性（すなわち微生物群集の多様性）を表すパラメータとしては，微生物多様性指数（キノンに基づく場合はMD_q）を使うことができる。これは以下の式で求められる。

$$MD_q = \left(\sum_{k=1}^{n}\sqrt{x_k}\right)^2$$

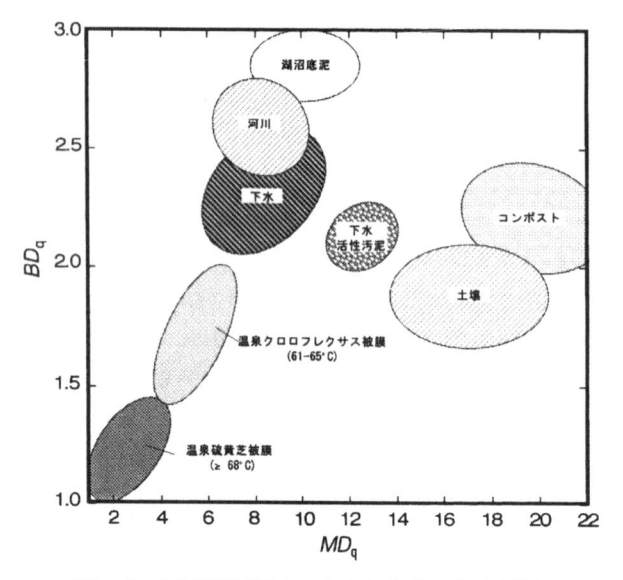

図5 キノンの多様性指数（MD_q）およびエネルギー多様性指数（BD_q）の2次元プロットによる種々の環境微生物群集の群別化

　ここでx_kは総キノン量を1としたときのキノン分子種kのモル比（$x_k \geq 0.001$）である。検出された分子種がすべて同じ割合で存在すると，MD_qは検出分子種の総数と同じ値を与える。この平衡からズレが大きいとMD_q値は小さくなる。

　キノンプロファイルに特有のパラメータとしては，エネルギー代謝多様性指数（BD_q）がある。これは以下の式で求められる。

$$BD_q = (\sqrt{UQ} + \sqrt{PQ + K_1} + \sqrt{MK})^2$$

　ここでUQ，$PQ+K_1$，MKは，それぞれ総キノン量を1としたときのユビキノン，プラストキノン＋フィロキノン，メナキノン総量のモル比を表す。式からわかるようにBD_qは上記3群のキノン型の分布のバランスを示すパラメータで，これらのキノンに関わる系統群やエネルギー代謝様式の多様性を示すことができる。ユビキノンはプロテオバクテリアやミトコンドリアの好気呼吸，プラストキノンとフィロキノンは酸素発生型光合成，メナキノンは嫌気呼吸およびプロテオバクテリア型以外の好気呼吸の電子伝達系に関わっている。図5は，様々な環境におけるキノンの多

第5章　キノンをバイオマーカーとして用いる環境微生物群集の解析

様性指数，エネルギー多様性指数をプロットした図を示す。

6　おわりに

　キノンプロファイル法は，核酸情報に基づく技法に比較して分類群の識別・解像度が劣るという欠点があるが，定量性や再現性の面では優れている。とくに，バイオマス量およびその群集構造という量・質の両面から評価ができる利点を有する。PCRを利用してDGGEやクローンライブラリー解析を行う場合，得られたデータの偏向性や信頼性についてそのままでは検証することが難しいが，キノンプロファイル法を併用することにより，分子技法による"取りこぼし"についてある程度考察することができる。たとえば，活性汚泥処理[22]や生ゴミ処理の反復回分処理過程[17]においては，一般的に部分飽和型メナキノンが主要キノンとして検出され，アクチノバクテリアの存在が示唆される一方，16S rDNA を標的とするT-RFLPやDGGEではそれは検出されにくいというデータが得られている。

文　献

1) Amann, R., Ludwig, W., and Schleifer, K.-H.: *Microbiol. Rev.*, **59**, 143-169（1995）.
2) Yoshida, N. and Hiraishi A.: *Microbes Environ.*, **19**, 61-70（2004）.
3) 平石明：用水と廃水, **32**, 1059-1070（1990）.
4) Hiraishi, A.: *J. Biosci. Bioeng.*, **88**, 449-460（1999）.
5) Collins, M. D. and Jones, D.: *Microbiol. Rev.*, **45**, 316-354（1981）.
6) Miyadera, H., Hiraishi, A., Miyoshi, H., Sakamoto, K., Mineki, R., Murayama, K., Nagashima, K. V., Matsuura, K., Kojima, S., and Kita, K.: *Eur. J. Biochem.*, **270**, 1863-1874（2003）.
7) Hiraishi, A., Iwasaki, M., Kawagishi, T., Yoshida, N., Narihiro, T., and Kato, K.: *Microbes Environ.*, **18**, 89-93（2003）.
8) Hiraishi A., Morishima, Y., and Takeuchi, J.: *J. Gen. Appl. Microbiol.*, **37**, 57-70（1991）.
9) Hiraishi, A., Ueda, Y., Ishihara, J., and Mori, T.: *J. Gen. Appl. Microbiol.*, **42**, 457-469（1996）.
10) Iwasaki, M. and Hiraishi, A.: *Microbes Environ.*, **13**, 67-76（1998）.
11) Tamaoka, J.: *Methods Enzymol.* **123**, 251-256（1986）.
12) Nishijima, M., Araki-Sakai, M., and Sano, H.: *J. Microbiol. Methods*, **28**, 113-122（1997）.
13) Hiraishi, A., Ueda, Y. and Ishihara, J.: *Appl. Environ. Microbiol.*, **64**, 992-998（1998）.
14) Hiraishi, A., Yamanaka, Y., and Narihiro, T.: *J. Gen. Appl. Microbiol.*, **46**, 133-146（2000）.
15) Narihiro, T., Yamanaka, Y., and Hiraishi, A.: *Microbes Environ.*, **18**, 94-99（2003）.
16) Hiraishi, A., Narihiro, T., and Yamanaka, Y.: *Environ. Microbiol.*, **5**, 765-776（2003）.

17) Narihiro, T., Abe, T., Yamanaka, Y., and Hiraishi, A.: *Appl. Microbiol. Biotechnol.*, in press
18) Hiraishi, A. and Kato, K.: *J. Gen. Appl. Microbiol.*, **45**, 221-227 (1999).
19) Urakawa H, Yoshida T, Nishimura M, and Ohwada K.: *Environ. Microbiol.*, **2**, 542-554 (2000).
20) Hiraishi, A., Umezawa, T., Yamamoto, H., Kato, K. and Y. Maki, Y.: *Appl. Environ. Microbiol.*, **65**, 198-205 (1999).
21) Satiou, N. and Nei, M.: *Mol. Biol. Evol.*, **4**, 406-425 (1987).
22) Hiraishi, A., Iwasaki, M., and Shinjo, H.: *J. Biosci. Bioeng.*, **90**, 148-156 (2000).

第6章　定量的PCR法を用いた難培養微生物の
　　　　　モニタリング

金川貴博[*1]，蔵田信也[*2]

1　定量的PCR法の概要

　定量的PCR法（定量PCR法ともいう）を使うと，測定対象の試料から抽出したDNA中に，目的とするDNAがいくつあるのかを測定することができる。したがって，純粋培養が不可能な微生物であっても，その微生物に特有なDNAの塩基配列がわかれば，試料中にそのDNAがいくつあるかを定量的PCR法で測定でき，もしも微生物1個につき，そのDNAが1個なら，この測定値から，元の試料中にその微生物が何個存在しているかを算出できることになる。ただし，実際の操作では，DNAの抽出効率やDNAの精製段階でのロスなどがあるので，何個という換算が難しいケースが多いと思われるが，いずれにしても，その微生物の増減を把握することは可能である。
　定量的PCR法には，リアルタイム法[1]，内部標準法[2]，競合法[3]，限界希釈法（MPN法）[4]など，測定原理が異なる数種類の手法がある。これらのうちで，最も簡便で，しかも信頼性が高いのがリアルタイム法である[5]。しかし，専用の機械が必要であり，機械も試薬もかなり高価である。内部標準法，競合法，およびMPN法は，機械としてはサーマルサイクラーと電気泳動装置があれば可能で安いが，手順が複雑である。最近は，リアルタイム法が広く普及してきているので，ここではリアルタイム法を詳述することにし，他の手法は簡単な紹介にとどめる。

2　リアルタイム定量的PCR法

　本手法は，1993年にHiguchiら[1]によって最初に報告され，最近，急速に普及してきている。微生物の定量にも高頻度に利用されるようになってきた。
　PCRは，その反応初期段階において，反応産物が指数関数的に増加するが，反応効率が①プライマーなどの枯渇，②DNAポリメラーゼの失活，③反応の副産物であるピロリン酸の蓄積によ

---

*　Takahiro Kanagawa　　（独）産業技術総合研究所　生物機能工学研究部門　複合微生物
　　　　　　　　　　　　研究グループ長
*　Shinya Kurata　　環境エンジニアリング㈱　事業企画部　技術研究室　ゲノムビジネス
　　　　　　　　　　グループ　グループリーダー

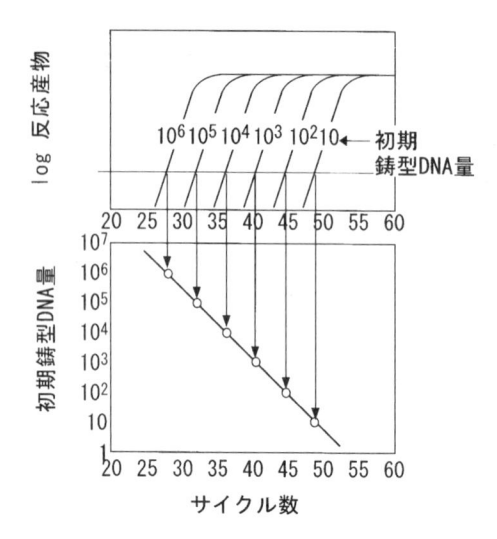

図1　リアルタイム定量的PCR法の概念図

る阻害，など様々な要因により次第に低下し，最終的にはほとんど反応産物の増加が見られなくなる。通常は，プライマーの枯渇により増幅が止まるので，最終的な反応産物の量は，プライマーの量で決まり，初期鋳型DNA量を反映しない。しかしながら，反応産物の増加が指数関数的に進行している段階では，反応効率は初期鋳型DNA量に関わらず一定であり，反応産物量は初期鋳型DNA量を反映する。そこで，リアルタイム法では，反応産物量をPCRの1サイクル毎に測定し，指数関数的な増幅領域において，反応産物が所定の量に達するのに必要なサイクル数を求め，このサイクル数から初期鋳型DNA量を算出する。このサイクル数をCt（Cycle of threshold）値と呼ぶ。具体的な手順としては，既知濃度の鋳型DNAの10倍ごとの段階希釈系列と，測定したい試料とについて同時にリアルタイムPCRを実施してそれぞれのCt値を求め，段階希釈系列からのCt値から初期鋳型DNA量とCt値の関係式を出して，この関係式から試料の定量値を算出する（図1）。この計算は，リアルタイムPCR装置が自動的に行うので，PCRの終了と同時に定量値は表示される。

　リアルタイム法は，他の定量的PCR法と比較して，①定量可能範囲が非常に大きい（少なくとも5乗オーダー），②迅速である（30分〜2時間で定量可能），③PCR終了と同時に定量値が出て，そのあとの工程が不要であり簡便である，④反応チューブを開ける必要がないため反応産物による汚染がない，⑤一度に多くの試料を測定できる，といった優れた特長を有している。これらの

第6章　定量的PCR法を用いた難培養微生物のモニタリング

写真1　ABI PRISM® 7000（Applied Biosystems）

写真2　LightCycler™（Roche）

特長が，リアルタイム法を急速に普及させる原動力となっていると思われる。

一方，欠点として，①標的とする部分が増幅されたかどうかを産物のサイズで確認することができない（PCR後に電気泳動をすれば可能だが，それでは前記の長所が消えてしまう），②装置が高価である，といった点を挙げることができる。

反応産物量の測定には蛍光色素を利用するため，装置としては，サーマルサイクラーに分光蛍光光度計を組み込んだものを使う。現在市販されている装置としては，Applied Biosystems社のPRISM®7000（写真1）と7900，Roche社のLightCycler™（写真2），Cepheid社のSmart Cycler®，BioRad社のi-Cycler™などがある。最近，国内メーカー（Bioflax社）より定価が400万円を切るリアルタイムPCR装置（LineGene）が発売され，リアルタイムPCR装置の低価格化が急速に進んでいるので，「装置が高価」という点は改善が進んでいる。

リアルタイム定量的PCR法は，どのような蛍光色素を，どのように使うかで，さらに3種類に分別される[6]。

2.1 DNA結合性蛍光色素を用いる手法

本手法では，二本鎖DNAと結合して蛍光を発する色素を利用する。用いる色素は，Ethidium bromide[1]，YO-PRO-1[7]，SYBR®green I[8]などであり，SYBR®green Iがもっともよく用いられている。二本鎖DNAに結合したこれらの色素を励起すると蛍光が出る。蛍光の強さは二本鎖DNAの量と相関するので，これらの色素を添加してPCRを行い，各サイクルの伸長反応終了時に励起光を当てて蛍光強度を測定して記録し，蛍光強度が所定の値に達したサイクル数，すなわち，反応産物量が所定の値に達したサイクル数（Ct値）を求めることで，簡単に定量ができる。他のリアルタイム法に比べて簡単で安価である。なお，本手法では，反応産物の長さを300bp以下にする事が推奨されている。

本手法では，PCRにおいて目的外の産物ができてしまった場合も蛍光値が増加するため，後述の蛍光標識プローブ法と比較して，感度や精度が落ちる。目的外の産物の生成を抑えて精度を上げる方法としては，①ホットスタート法を採用する，②プライマー濃度を低くする，③アニーリング温度を高くする，などが有効である。目的外の産物として一般的に生成するプライマー・ダイマー[9]については，通常の場合，目的とする産物よりも鎖長が短くて解離温度が低いため，このことを利用して影響をある程度排除することができる。すなわち，蛍光を測定する際の温度条件として，プライマー・ダイマーが一本鎖に解離していて，目的とする産物が二本鎖を形成するようなな温度を選べば，プライマー・ダイマーの影響をある程度排除することができる[10]。しかしながら，これらの工夫によっても，目的外の産物の影響を完全に除去することができないため[8]，本手法においては，目的外の産物の生成が少ないプライマーを設計できるかどうかが，感度と精

第6章 定量的PCR法を用いた難培養微生物のモニタリング

度を高める上で重要な鍵となる。なお，本手法ではPCR終了後に産物の解離曲線解析を実施することが可能であり，目的外の産物の有無を確認することができる。

本手法で，初期添加DNA量が多い場合は，PCRの最初から蛍光が高い強度で発生してCt値の計測に支障があるため，後述のプローブ法と比較して，初期添加DNA量を低く抑える必要性があり，このため，夾雑のDNAが多い試料では感度が1桁程度低くなるという問題が生じる場合もある。また，本手法では一反応系内で2種以上の遺伝子を同時に定量すること（マルチプレックス検出）は，原理的に不可能である。

2.2 蛍光標識プローブを用いる手法

蛍光標識プローブ（20～40塩基のオリゴヌクレオチドに蛍光色素を結合したもの）を添加してPCRを行い，各サイクルごとに蛍光値を測定し，Ct値を求めて定量する手法である。蛍光強度の変化の原理が異なる様々な方式の蛍光標識プローブが，これまでに使用されてきている[5]。いずれの蛍光標識プローブも，目的の産物に特異的にハイブリダイズするように設計されていて，目的の産物のみを検出するため，蛍光標識プローブ法は，DNA結合性蛍光色素を用いる手法よりも高精度・高感度である。また，初期添加DNA量が多くても蛍光に影響しないため，DNA結合性蛍光色素を用いた手法よりも多くのDNAを反応チューブに添加することができ，定量範囲が広い。多数の蛍光色素を使用することで，マルチプレックス検出ができるという特長も有する[11]。しかしながら，本手法は，①高価な蛍光標識プローブが必要である，②蛍光標識プローブを設計するための知識が必要である，③蛍光標識プローブの設計にトライ＆エラーが必要な場合がある，といった欠点を有しており，本手法のランニングコストは，DNA結合性蛍光色素を用いる手法よりも一般的に高額である。なお，プローブ設計上の注意事項として，①長さが20～40塩基である，②GC含量が40～60%である，③一種類の塩基が連続していない（特にG），④リピート配列がない，⑤ハイブリダイズする領域がプライマーの領域と重複しない，⑥プライマーとハイブリダイズしない，⑦解離温度（Tm値）がプライマーよりも5℃以上高い，といった点がある[12]。

2.2.1 FRETを利用する蛍光標識プローブ

リアルタイム法に用いる蛍光標識プローブには，FRET（fluorescence resonance energy transfer）と呼ばれる2種類の蛍光色素間の相互作用を利用するものが多い。FRETは，①2種類の色素が10～100Åの距離（色素の組み合わせによって最適な距離は異なる）にあることと，②一方の色素（ドナー色素）の蛍光波長と他方の色素（アクセプター色素）の励起波長が重なっていること，の二条件が満たされた場合に観察される[5]。この場合に，ドナー色素を励起する波長の光を当てると，励起されたドナー色素のエネルギーがアクセプター色素に転移して，アクセプター色素が蛍光を発し，ドナー色素は光らない（図2）。FRET現象の効率は色素間距離の6

A. 色素間距離が広い場合、FRETは起こらず、ドナー色素が光る。

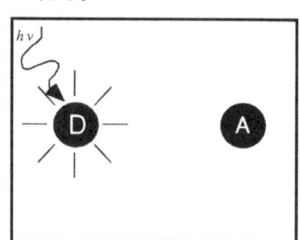

B. 色素間距離が狭い場合、FRETが起こり、アクセプター色素が光る。

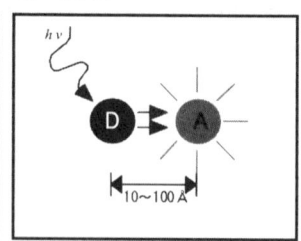

図2　FRETの概念図

乗の逆数に比例するため[13]，2つの色素の位置関係のわずかな違いがFRETの効率に大きく影響する。このため，設計したプローブが必ずしも十分なFRETを起こすとは限らず，設計にトライ&エラーが必要あるという面倒な点があるが，すでに様々な種類のものが開発され，リアルタイムPCR法に広く利用されている[5]。この内で，現在最も汎用されているのがTaqMan®プローブであり，その次がHybProbesである。

① **TaqMan®プローブ**

本プローブは，2つの蛍光色素で標識されており，一方の色素は5'末端のヌクレオチドに，他方の色素は3'末端又はプローブ内のヌクレオチドに結合している[14]。プローブ単独では，2種類の蛍光色素の位置が近いためにFRET現象が起こり，ドナー色素（FAMを用いる）を励起してもドナーからは蛍光が出ず，アクセプター色素（TAMRAを使用することが多い）から蛍光が出る（図3）。このTaqMan®プローブを入れてPCRを行うと，アニーリング過程においてTaqMan®プローブが標的DNAにハイブリダイズし，伸長過程において*Taq* DNAポリメラーゼがプライマーを伸長する際に，このポリメラーゼが有する5'→3'エキソヌクレアーゼ活性によりTaqMan®プローブが加水分解される。この加水分解により，ドナー色素とアクセプター色素とが離ればなれになり，ドナー色素を励起すると自ら蛍光を発するようになる（図3）。TaqMan®プローブを添加してPCRを行い，PCRの各サイクルの伸長反応終了時にドナー色素を励起する波長の光を当てて，ドナー色素からの蛍光を測定することで，Ct値を求めて定量することができる。TaqMan®プローブの設計は，市販のソフト（Primer Express oligo design，アプライドバイオシステムズ社）で簡便に行うことができるが，設計したものがFRETを十分起こすとは限らず，トライ&エラーが必要である。

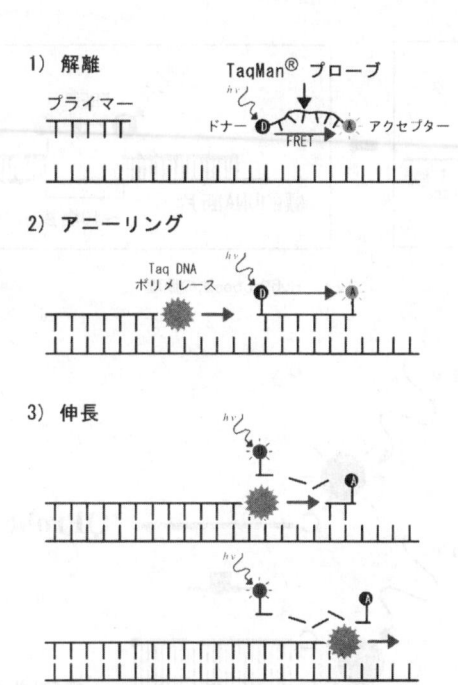

第6章　定量的PCR法を用いた難培養微生物のモニタリング

図3　TaqMan® プローブ法の原理

② **HybProbes**

本プローブは，一端を標識した2種類の蛍光標識プローブからなり，一方を上流プローブ（upstream probe），他方を下流プローブ（downstream probe）と呼ぶ。上流プローブの3'末端は，ドナー色素（FAMを用いる）にて標識し，下流プローブの5'末端はアクセプター色素（Red 640または Red 705 を用いる）にて標識する[15]。なお，下流プローブは，3'末端をリン酸化して，これがプライマーとして機能しないようにしておく。両プローブは，標的DNA断片上で10塩基以内の距離に結合するよう設計し，両方が結合するとFRET現象が起こって，ドナー色素の蛍光が著しく減少し，アクセプター色素が蛍光を発するようにしておく（図4）。このプローブを加えてPCRを行い，PCRの各サイクルのアニーリング段階でドナー色素を励起する波長の光を当ててアクセプター色素からの蛍光を測定することで，Ct値を求めて定量する。

2.2.2　蛍光色素と塩基との相互作用による蛍光消光を利用するプローブ

ある種の蛍光色素で標識したシトシンを末端に持つプローブが，標的DNA断片にハイブリダイズすると，標的DNA断片中のグアニンの作用により，プローブの蛍光が著しく減少する（図

難培養微生物研究の最新技術

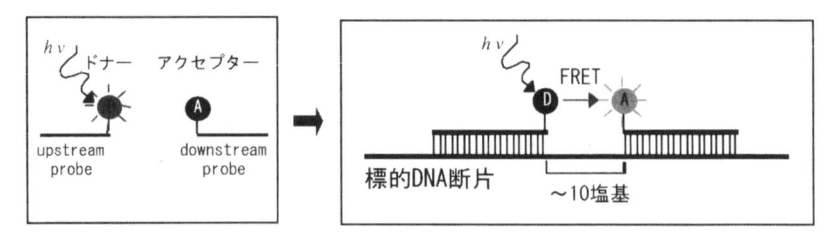

図4　HybProbes法の原理

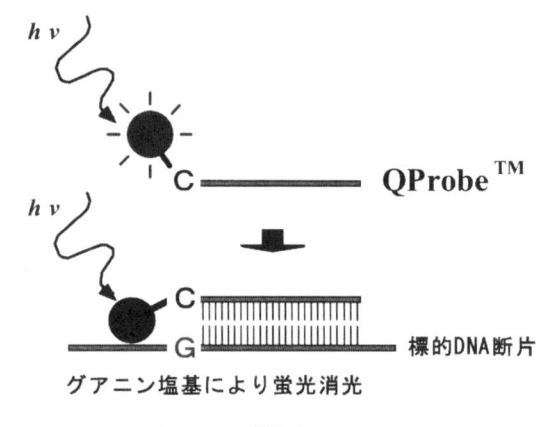

図5　QProbe™法の原理

5)[16]。蛍光の減少は，グアニンと蛍光色素間の可逆的な電子移動によって生じると推察されている[17]。この現象を利用したプローブがQProbe™（Quenching probe）であり，定量的PCRに用いる場合は，QProbe™を添加してPCRを行い，各サイクルのアニーリング段階で励起光を当てて蛍光を測定することでCt値を求めて定量する[18]。蛍光色素の標識位置が3'末端ならそのまま使えるが，そのほかの位置なら，3'末端をリン酸化して，このプローブがプライマーとして働かないようにしておく。使用するDNAポリメラーゼには，5'→3'エキソヌクレアーゼ活性のないもの，つまりプローブを分解する性質を持たないものを使用する。これまでに合成された数百種に及ぶQProbe™は，相補鎖とハイブリダイズした際の蛍光の減少が例外なく観察され，ある1種類の特定の塩基配列以外では蛍光消光率が60%以上で，定量的PCR法に使用可能であったことから，QProbe™は，プローブ設計にトライ＆エラーが不要であり，また，色素が1種類であるから，プローブのコストが他のものよりも安価である。この手法に利用可能な蛍光色素として蛍光の波

第6章　定量的PCR法を用いた難培養微生物のモニタリング

長の異なる4種類の色素があるので，同一反応溶液中に存在する4種の異なる遺伝子を同時に検出することが原理的に可能である。なお，この手法は蛍光消光を利用して定量するために，他の手法とはデータの解析方法が異なる。市販の装置のうち，LightCyclerTMだけはこれに対応可能な解析ソフトが入っているが，他の機種には入っていないため，ABI PRISM®7700，7900，iCyclerのユーザーについては，QProbe™を購入した際に請求すると，無料の解析ソフトがもらえる。

2.3　蛍光標識プライマー法

5'末端を標識したQProbe™をプライマーとして利用する方法である（QPrimer-PCR法）。すなわち，1組のプライマーの内の一方の5'末端をシトシンとし，これに蛍光色素を結合して用いる[16]。もしも，プライマーを設計した際に，5'末端がシトシンでなかった場合は，シトシンを1個付加して，これに蛍光色素を付ければよい[16]。PCRで相補鎖が合成された際には，相補鎖の3'末端がグアニンになり，このグアニンで蛍光消光が起こる（図6）。このプライマーを用いてPCRを行い，伸長反応の終了時に蛍光を測定してCt値を求めて定量する。この手法では，目的外の産物が生成した場合も蛍光消光が起こる場合があり，プローブ法に比べると精度が落ちる。特に，蛍光標識したプライマーのダイマーができると消光して定量に影響するが，本手法ではPCR

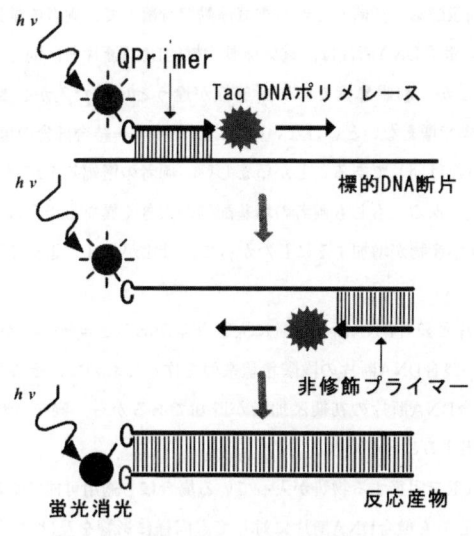

図6　QPrimer-PCR法の原理

終了後に産物の解離曲線解析を実施することが可能であり，目的外の産物の有無を確認することができる。この手法は，プローブを設計する必要がなくて簡便である。また，反応産物の1分子ごとに1分子の蛍光色素が付いているため，T-RFLPなどで産物の解析が可能である。

3　内部標準PCR法

2組のプライマーを使用し，1組は，試料に内在して定量の標準となるDNAを増幅し，もう1組は，標的DNAを増幅する[2]。指数関数的な増幅が行われている適切なサイクルでPCRを止めて，電気泳動で反応産物を分離し，その量比を測定して，初期鋳型DNA量を算出する。この手法は，両者の増幅効率が同じでないと成立しない。また，プライマーを使い果たすまで増幅させると，反応産物中の両者の量比が初期の量比を反映しなくなるため，増幅を適切なサイクルで止めることが必要であり，使い勝手がよくない。

4　競合的PCR法

広く使用されている方法である。試料に人工合成のDNA断片（競合DNA断片と呼ぶ）を加え，1組のプライマーで，標的DNA断片と競合DNA断片とを同時に増幅する[3]。そして，反応産物をそのまま，もしくは制限酵素で切断してから電気泳動で分離して，両者の量比を測定し，初期標的DNA量を算出する。競合DNA断片は，電気泳動で標的DNA断片と区別できることが必要であるので，長さが違うとか，制限酵素での切断部位が違うといった差が必要であるが，標的DNA断片と同じ増幅効率で増えないといけないので，プライマー結合部分の塩基配列が同一で，そのほかの部分もできるだけ同じであることが望ましい。両者の増幅効率が同じなら，どのサイクルでもその量比は一定である。もしも両者の塩基配列が大きく異なる場合は，両者の増幅効率に次第に差が出てきて反応産物が増加するにしたがって，量比が1:1に近づくという偏りを生じることがある[19]。

試料中の標的DNA断片と競合DNA断片の量に大きな差があると定量誤差が大きくなるので，実際の定量に際しては，競合DNA断片の段階希釈系列を作っておいて，そこへ一定量の試料を加えてPCRを行う。競合DNA断片の初期添加量が既知であるから，測定された量比から標的DNA断片の初期量を算出することができる。

この方法は，試料にPCRを阻害する物質が入っている場合にも適用可能である。つまり，阻害物は標的DNA断片に対しても競合DNA断片に対しても同様に影響を及ぼすと考えられるため，定量値が阻害物の影響を受けないという特長がある。

5 MPN-PCR法

MPN (Most probable number) 法とPCR法を組み合わせた方法である。MPN法は，培養可能な微生物を定量する方法の1つであり，微生物試料を段階的に希釈して，希釈液の一定量を培地入りの試験管にいれていき，何倍まで希釈したら，培養しても増殖が起こらなくなるかを見ることで，元の試料中の微生物量を計算するものである。この原理をPCRと組み合わせたのがMPN-PCR法で，DNA試料の3倍ずつの段階希釈系列を3本ずつ作り，PCRで増幅後に電気泳動を行い，染色によって目的の産物ができているかどうかを確認する。PCRで目的の産物が得られなくなる希釈倍率から，元の試料中の標的DNA量を計算する[4]。

原理的には，1つのチューブに1個の標的DNAが入っていればPCR産物が生じるはずであるが，実際には，プライマーダイマーが生じたり，目的外のDNAの増幅でプライマーが消費されたりして，増えないことがある。これを回避するため，まず，プライマー濃度の低い液 (1nM) で10サイクルのPCRを行ってからプライマー濃度を$0.1\mu M$に増やしてPCRを続行するというbooster PCR法も提案されている[4]。

6 定量的PCR法の難培養微生物定量への応用

定量的PCR法を用いた微生物定量は，純粋に分離された菌株を対象にする場合がほとんどであるが，難培養微生物の定量にも応用されている。

競合的PCR法を利用した研究例としては，①土壌試料を対象として，多環芳香族の分解活性を有すると予想される細菌由来の新規遺伝子*phnAc*の定量[20]，②原油貯蔵用地下空洞内の未分離古細菌由来の 16S rRNA 遺伝子の定量[21]，③*Tuber borchii*（カビの一種）に共生する未培養細菌（*Cytophaga-Flexibacter-Bacteroides*グループに属する）由来の 16S rRNA 遺伝子の定量[22]，などがある。また，リアルタイム定量的PCR法を利用した研究例（いずれもDNA結合性蛍光色素のSYBR® Green Iを使用している）としては，①1,2-ジクロロプロパンを連続的に脱塩素化する嫌気バイオリアクター内の*Dehalobacter restrictus*に近縁と思われる未培養細菌由来の16S rRNA遺伝子の定量[23]，②土壌試料中の未分離のメタン酸化細菌群が有するメタンモノオキシゲナーゼ（*pmoA*）の定量[24]，③土壌および河川の底泥中の細菌由来の硝酸還元酵素遺伝子*narG*の定量[25]，などがある。なお，*narG*を定量した研究[25]においては，同一の試料について 16S rRNA 遺伝子を細菌用ユニバーサルプライマーを用いて定量し，*narG*の定量値と比較している。

定量的PCR法を難培養微生物の定量に利用した研究例は，今のところ少ないが，定量的PCR法は，他の分子生物学的な手法と比較して，迅速性，簡便性，感度の面で優れており，今後は難培

養性微生物に対してもさらに利用されてゆくものと予想される。

文　献

1) R. Higuchi *et al.*, *Biotechnology* (N Y), **11**, 1026 (1993)
2) A. M. Wang *et al.*, *Proc. Natl. Acad. Sci. USA*, **86**, 9717 (1989)
3) G. Gilliland *et al.*, *Proc. Natl. Acad. Sci. U S A*, **87**, 2725 (1990)
4) C. Picard *et al.*, *Appl. Environ. Microbiol.*, **58**, 2717 (1992)
5) I. M. Mackay *et al.*, *Nucleic Acids Res.*, **30**, 1292 (2002)
6) T. Kanagawa, *J. Biosci. Bioeng.*, **96**, 317 (2003)
7) T. Ishiguro *et al.*, *Anal. Biochem.*, **229**, 207 (1995)
8) C. T. Wittwer *et al.*, *Biotechniques*, **22**, 130 (1997)
9) Q. Chou et *al.*, *Nucleic Acids Res.*, **20**, 1717 (1992)
10) M. Pfaffl, "Rapid cycle real-time PCR: methods and applications." p.281, Springer, Berlin (2001)
11) S. A. Weller *et al.*, *Appl. Environ. Microbiol.*, **66**, 2853 (2000)
12) O. Landt, "Rapid cycle real-time PCR: methods and applications." p.35, Springer, Berlin (2001)
13) L. Stryer *et al.*, *Proc. Natl. Acad. Sci. U S A*, **58**, 719 (1967)
14) P. M. Holland *et al.*, *Proc. Natl. Acad. Sci. U S A*, **88**, 7276 (1991)
15) R. A. Cardullo *et al.*, *Proc. Natl. Acad. Sci. U S A*, **85**, 8790 (1988)
16) S. Kurata *et al.*, *Nucleic Acids Res.*, **29**, e34 (2001)
17) M. Torimura *et al.*, *Anal. Sci.*, **17**, 155 (2001)
18) A. O. Crockett *et al.*, *Anal. Biochem.*, **290**, 89 (2001)
19) M. T. Suzuki *et al.*, *Appl. Environ. Microbiol.*, **62**, 625 (1996)
20) A. D. Laurie *et al.*, *Appl. Environ. Microbiol.*, **66**, 1814 (2000)
21) K. Watanabe *et al.*, *Appl. Environ. Microbiol.*, **68**, 3899 (2002)
22) E. Barbieri *et al.*, *Appl. Environ. Microbiol.*, **68**, 6421 (2002)
23) C. Schlötelburg *et al.*, *FEMS Microbiol. Ecol.*, **39**, 229 (2002)
24) S. Kolb *et al.*, *Appl. Environ. Microbiol.*, **69**, 2423 (2003)
25) J.C. Lopez-Gutierrez *et al.*, *J. Microbiol. Methods*, **57**, 399 (2004)

第7章　難培養微生物の *in situ* 検出法

山口進康*¹，那須正夫*²

1 はじめに

1970年代末に微生物細胞を蛍光色素で標識し，蛍光顕微鏡下で直接観察する全菌数直接計測法が開発されて以来，我々の身の周りには通常の培養方法では検出が困難な微生物が数多く存在していることが明らかになってきた。例えば河川水中の90％以上の細菌は，大腸菌等の標準菌株の培養に用いられる培地ではコロニーを形成しない。したがって，これらの細菌は場合によっては「存在しない」ものとして扱われてきた。しかしながら，これらの培養困難な細菌の多くは生理活性を有し，生態系において重要な役割を担っていることが次第に明らかになってきている。

そこで，培養に依存しない微生物の現存量測定法，生理活性評価法，同定法や群集構造解析法が積極的に検討され，その一部は急速に普及しつつある。これらの手法には大きく分けて，細胞レベルで行うものと群集レベルで行うものがあり，培養に依存した方法に比べて，より迅速かつ精度の高い微生物の定量や属種の同定が可能となる。

ここでは，培養困難な微生物を細胞レベルで検出・定量するための手法を中心に，その原理を説明するとともに，それらの手法を用いた研究の現状について概説する。

2 微生物の現存量測定法

微生物を培養することなく迅速・簡便に定量するには，微生物を蛍光試薬で染色し検出する方法，すなわち蛍光染色法が有効である。

微生物を蛍光染色法により検出する利点としては，①操作が容易であり，かつ短時間であること，②核酸やタンパク質など目的に応じて様々な細胞内成分を標的にできることが挙げられる。本方法は通常，試料に染色液を添加するのみであり，染色時間は約10分から30分である。したがって，検出までに要する時間は1時間以内であり，培養法と比較して，非常に短時間のうちに微

---

*1 Nobuyasu Yamaguchi　大阪大学　大学院薬学研究科　遺伝情報解析学分野（衛生化学）助手

*2 Masao Nasu　大阪大学　大学院薬学研究科　遺伝情報解析学分野（衛生化学）教授

生物数を測定することができる。

表1に微生物の検出によく用いられている蛍光染色剤とその特性を示した。この表からも明らかなようにタンパク質や核酸など，様々な細胞内成分あるいは代謝反応を指標にでき，また励起波長・蛍光波長の異なる染色剤を併用することにより，後述のように試料中に存在する「生きている特定属種の微生物」のみを計数することもできる。ただし，蛍光染色剤はその性質上，変異原性や細胞毒性を持つものが多いので，その取り扱いには注意が必要である。またDAPIやSYBR Greenのようにほとんどの属種の細菌を染めることが可能な染色剤がある一方，菌種によって染色性の大きく変化するものもある。したがって蛍光染色剤を用いる場合には，その染色特性にも十分注意しなければならず，検出対象となる微生物が染色されることをあらかじめ確認しておかなければならない。

3 生きている微生物の検出・定量

微生物を検出するにあたっては，その数のみではなく生理状態，すなわち生死の判別が重要となることが多い。ここでは「生きている」微生物（生菌）を個々の細胞レベルで検出・定量するための手法について述べる。

3.1 蛍光活性染色法

試料中の個々の微生物の生理状態を把握するための蛍光染色剤として，CTC（5-cyano-2,3-ditolyl tetrazolium chloride）などの蛍光性テトラゾリウム塩やFDA（fluorescein diacetate）系試薬が用いられる。

CTCは細胞の呼吸により蛍光性の結晶物に還元されるため，呼吸している細菌はCTC染色後に波長488nm付近の青色励起光を照射すると赤色の蛍光を発する。生きている微生物を1，2時間以内で簡便に検出できることから，水環境中の細菌の検出に広く用いられている[1,2]が，グラム陽性菌をはじめとして染色が難しい細菌種がある。またXTT（2,3-bis(2-methoxy-4-nitro-5-sulphophenyl)-5-[(phenylamino)carbamyl]-2H-tetrazolium hydroxyde）は微生物の呼吸により水溶性の蛍光物質を生じるので，蛍光顕微鏡を使うことなく蛍光分光光度計により，呼吸している細菌の存在を確認できる[3]。

FDA系試薬は細胞内に普遍的に存在する酵素であるエステラーゼによって蛍光物質に加水分解されるため，エステラーゼ活性を持つ微生物をFDAにより染色し青色励起光を照射すると緑色の蛍光を発する。なおFDAはグラム陰性菌に対する染色性が低いため，6CFDA（6-carboxyfluorescein diacetate）[2]やSFDA（5-(and 6-)sulfofluorescein diacetate）[4]が開発され，

第7章 難培養微生物の in situ 検出法

表1 微生物学で利用される主な蛍光染色剤

蛍光染色剤	励起波長(nm)	蛍光波長(nm)	染色対象	主な用途
Fluorescein-isothiocyanate (FITC)	494	518	タンパク質 (α-アミノ基)	細胞内タンパク質の定量、蛍光抗体の標識
Rhodamine 123	505	533	細胞膜	細胞膜の活性の評価
Acridine orange	460/500	526/650	一本鎖・二本鎖核酸	核酸の染色、RNA/DNA比の測定
Chromomycin A3	450	570	G-C領域	DNAの定量、GC含量の測定
Mithramycin	395	570	G-C領域	DNAの定量、GC含量の測定
4',6-diamidino-2-phenylindole (DAPI)	359	461	A-T領域	DNAの定量、全菌数測定
Hoechst 33258	352	461	A-T領域	DNAの定量
Hoechst 33342	350	461	A-T領域	DNAの定量
Ethidium bromide	518	605	二本鎖核酸	DNAの定量、死細胞の検出
Propidium iodide	535	617	二本鎖核酸	DNAの定量、死細胞の検出
Ethidium homodimer	518	605	二本鎖核酸	DNAの定量、死細胞の検出
SYTOX Green	502	523	DNA	DNAの定量
POPO-1	434	456	DNA	DNAの定量
BOBO-1	462	481	DNA	DNAの定量
YOYO-1	491	509	DNA	DNAの定量
TOTO-1	514	533	DNA	DNAの定量
TO-PRO-1	515	531	二本鎖核酸	DNAの定量、死細胞の検出
TO-PRO-3	642	661	DNA,RNA	死細胞の検出
SYTO 61	628	645	DNA	全菌数測定
SYBR Green I	290, 497	520	二本鎖核酸	全菌数測定
SYBR Green II	254, 497	520	RNA	ウイルスの計数
Carboxyfluorescein diacetate (CFDA)	495	520	esteraseにより加水分解される	生細胞の検出
Fluorescein diacetate (FDA)	495	520	esteraseにより加水分解される	生細胞の検出
Carboxyfluorescein diacetate-acetoxymethylester (CFDA-AM)	495	520	esteraseにより加水分解される	生細胞の検出
Calcein-AM	490	515	esteraseにより加水分解される	生細胞の検出
5-cyano-2,3-ditolyl tetrazolium chloride (CTC)	488	602	呼吸にともない還元される	生菌数測定
Tetramethylrhodamine isothiocyanate (TRITC)	542	572		FISH用プローブの標識
Texas Red	596	615		FISH用プローブの標識
Cy3	550	565		FISH用プローブの標識
Cy5	650	670		FISH用プローブの標識
2-hydroxy-3-naphtoic acid-2'-phenylanilide phosphate (HNPP)	350/550	562		FISH用プローブの標識
5(6)-carboxyfluorescein-N-hydroxysuccinimide-ester (FLUOS)	494	518		FISH用プローブの標識
5(6)-carboxytetramethyl-rhodamine-N-hydroxysuccinimide-ester (CT)	546	576		FISH用プローブの標識
Alexa 488	495	519		蛍光抗体・PCR産物の標識
Alexa 546	556	575		蛍光抗体・PCR産物の標識

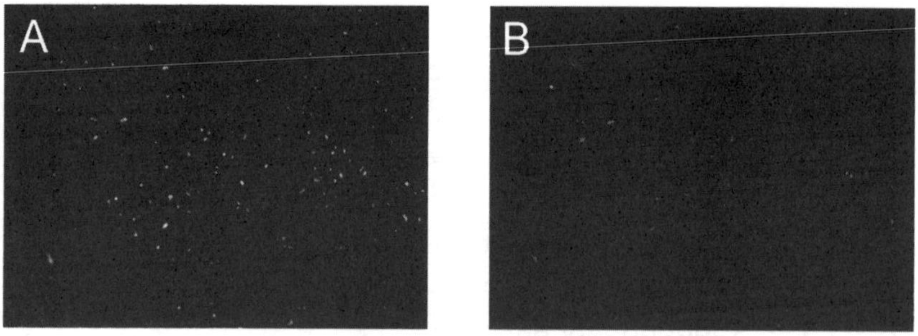

図1 CFDA–DAPI二重染色法による地下水中の細菌の生理状態の評価

(A) と (B) は蛍光顕微鏡の同一視野を励起光を変えて観察した結果。
(A) 紫外線励起光下での観察結果。すべての細菌がDNA結合性蛍光染色剤である DAPI由来の蛍光を発している。
(B) 青色励起光下での観察結果。エステラーゼ活性をもつ細菌のみが蛍光染色剤 CFDA由来の蛍光を発している。

利用されている。計数までに要する時間は数分から30分であり，河川水[2]や地下水[5]，医薬品製造用水[6]，病院内の手洗い用水[7]，さらにコショウ[8]や生薬[9]などの食品中に存在する生菌数の迅速・簡便な測定に応用されている。図1は地下水中の細菌をCFDAとDAPIで二重染色し，蛍光顕微鏡下で観察した結果である。紫外線励起光下ではすべての細菌がDAPI由来の蛍光を発するのに対し（図1(A)），青色励起光下ではエステラーゼ活性を持つ細菌のみが蛍光を発する（図1(B)）。したがって，両画像を比較することにより，個々の細菌の持つ生理活性を評価できる。さらに，死細胞のみを染める propidium iodide と6CFDAを併用することにより，生菌と死菌を染め分けることも可能である[10]。

3.2 DVC（Direct viable count）法

DVC法は，試料に培地成分と細胞分裂阻害作用をもつ抗菌剤（ナリジクス酸など）を添加し短時間反応させる方法で，増殖能力を持つ細菌は抗菌剤によって細胞分裂が阻害されるため伸長・肥大する。この伸長・肥大した細菌数を蛍光染色後，蛍光顕微鏡下で計測する[11]（図2(A)）。細菌の生死を評価する上で増殖能力は大きな指標となるため，環境微生物学分野で用いられている。特に後述のFISH法と組み合わせることによって，特定属種の微生物の増殖能力を評価できる[12]。しかし，抗菌剤に耐性を持つ細菌は伸長・肥大化を起こすことなく細胞分裂をしてしまうため，DVC法ではそのような細菌を増殖していないと判断してしまう。そこでJouxらは複数の抗菌剤を組み合わせた改良法を報告している[13]。また大きさの異なる細菌が混在する試料では，細胞の

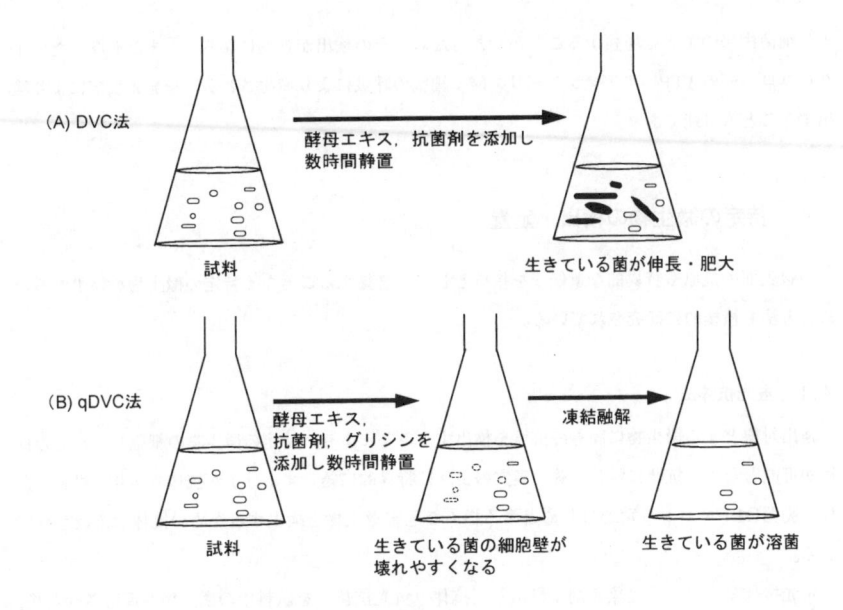

第7章　難培養微生物の*in situ*検出法

図2　Direct viable count (DVC) 法およびqDVC法の原理

(A) DVC法：試料にキノロン系抗菌剤と酵母エキスを添加し，数時間静置する。
　増殖能を持つ細菌は細胞分裂が阻害されるために伸長・肥大するので，増殖能を持たない細菌と区別できる。

(B) qDVC法：試料にキノロン系抗菌剤と酵母エキス，グリシンを添加し，数時間静置する。
　増殖能を持つ細菌はグリシンを取り込むことにより細胞壁が壊れやすくなる。そこで凍結融解処理などにより増殖能を持つ細菌を選択的に壊し，元の菌数と比較することにより，生きている細菌数を算出する。

伸長・肥大を判別することが難しくなる。そこでYokomakuらは，増殖能力を持つ微生物を選択的に溶菌させることにより生きている微生物数を測定するqDVC法を開発している[14]。従来のDVC法においては観察者の主観により生菌・死菌の判別がされていたが，qDVC法では客観的に増殖能を持つ微生物を計数可能である（図2(B)）。

3.3　マイクロコロニー法

　コロニー計数法は細菌学における基本操作であるが，細菌には①目に見える大きさのコロニーを形成するのに長時間を要する，②周囲の菌の影響によりコロニーを生じにくい，③数回の分裂で増殖を停止するものが存在する。このような細菌の計数には，微小なコロニーを蛍光染色し蛍光顕微鏡下で計数するマイクロコロニー法が有効である。マイクロコロニーを形成させることに

より細菌由来の蛍光を増強することができるため，その検出が容易になる[6]。また形成したマイクロコロニーのATP（アデノシン三リン酸；細胞の呼吸により産生される）を発光反応により検出することも可能である。

4 特定の微生物の検出・定量

細胞表面の抗原や特異的な遺伝子を指標として，培養することなく特定の微生物を検出するための方法も積極的に研究されている。

4.1 蛍光抗体法

検出対象とする微生物に固有の抗原を検出することにより，特定の微生物の細胞レベルでの検出が可能となる。抗原に対して鍵と鍵穴のように特異的に結合する分子が抗体であり，腸管出血性大腸菌O157やコレラ菌をはじめとする様々な危害微生物を検出するための抗体が市販されている。

蛍光抗体法とは，蛍光染色剤で標識した抗体（蛍光抗体）を試料中の微生物と反応させた後，抗体由来の蛍光を検出することによって，対象とする微生物を直接検出する方法である。本方法は操作が簡便であり，1, 2時間での迅速な検出が可能であるために危害微生物の検出によく用いられている[15]。また蛍光抗体法と先述の6CFDA染色法，CTC染色法やDVC法を併用することによって，検出対象とする細菌の生理状態を明らかにすることが可能である[16, 17]。なお抗体にはポリクローナル抗体とモノクローナル抗体がある。前者はモノクローナル抗体に比べて安価であるものの，特異性が低いために擬陽性が生じる可能性がある。したがって，その使い分けを十分に考慮する必要がある。

4.2 蛍光 in situ ハイブリダイゼーション（Fluorescence in situ hybridization；FISH）法

リボソームRNA（rRNA）は細胞内でタンパク質を合成するリボソームを構成するRNAである。rRNA上にはすべての生物に共通な配列，すべての細菌に共通な配列と，微生物の属や種に特異的な配列が存在している。FISH法は検出対象とする微生物が持つ特異的なrRNA配列に相補的な配列（プローブ）を蛍光標識し，微生物細胞内のrRNAを標的としてハイブリダイゼーションを行うことにより特定の微生物を個々の細胞レベルで検出する方法である[18, 19]（図3）。本方法の概略は以下の通りである。まず試料中の微生物をエタノールまたはパラホルムアルデヒドで処理し，プローブや試薬を細胞内に入りやすくする。次に処理した細胞をゼラチン等でコーティングしたスライドガラス上に滴下し，乾燥させる。検出対象に対して特異的な蛍光遺伝子プロ

第7章 難培養微生物の in situ 検出法

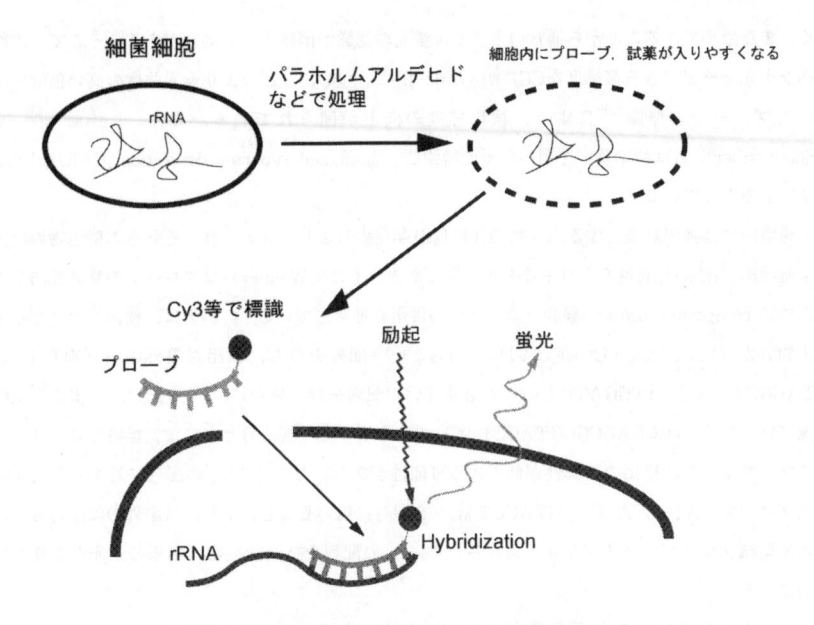

図3 蛍光 in situ ハイブリダイゼーション(FISH)法の原理

検出対象となる微生物のみが持つ特徴的なリボソームRNA（rRNA）配列に相補的な配列をプローブとし，その末端をCy3等の蛍光染色剤で標識する。この蛍光プローブを用いて菌体内でハイブリダイゼーションを行い，検出対象とする微生物のみが発する蛍光を検出する。

ーブを含むバッファーを用いて，スライドガラス上の細胞に対するハイブリダイゼーションを行った後，洗浄操作により非特異的に吸着・結合したプローブを除く。最後に対比染色を行い，観察する。対象とする微生物を培養することなく，その属種レベルで数時間から1日以内に検出できることが特徴である。

微生物濃度の低い試料に対してはポリカーボネートフィルター上に一旦微生物を捕集した後，前述のFISHの操作を行う。Maruyamaらは0.01%のポリ-L-リジンで前処理したフィルター上に微生物を捕集しFISHを行うFISH-DC法を報告している[20]。その利点として，①フィルター上の微生物が操作中に剥落しにくくなるために定量性が向上すること，②微生物を捕集したフィルターを-30℃で凍結することにより1年以上試料を保存できることを挙げている。

FISH法では微生物細胞由来の蛍光強度が細胞内のrRNA量に依存する。対数増殖期などの生理活性の高い状態にある細菌ではrRNAは数千コピー存在するため，FISH法により容易に検出できる。しかしながら，環境中の微生物の多くは生理活性の低い状態にあることからrRNA含量が低

く，また微小であることから通常の方法では蛍光の認識が困難である場合がある。そこで，①微弱な蛍光を検出できる高感度なCCDカメラの利用[21]，②Cy3などのより蛍光強度の高い色素を用いたプローブの標識[22]により，検出感度の向上が図られている。また，Lebaron[23]やSchonhuber[24]らは酵素反応を用いた蛍光増強法（Catalyzed reporter deposition [CARD]-FISH法）を報告している。

環境中には検出対象とする微生物の近縁種が存在することが考えられ，それらの微生物の検出を避けFISH法の特異性を上げることが重要である。そこでWallnerらはプローブの特異性向上のために competitor probe（競合プローブ）の併用を推奨している[25]。例えば，検出対象となる微生物Aが i）TAGGCTGGCCCATGGATGという配列を持ち，検出対象外の微生物Bが ii）TAGGCTGGCTCATGGATGという1塩基違いの配列を持つ場合に，i）の配列に対する蛍光標識プローブ（ATCCGACCGGGTACCTAC）のみを用いるとA，Bともに蛍光標識プローブとハイブリダイズし，検出の特異性が低下する可能性がある。ここで，ii）の配列に対する非蛍光標識プローブ（ATCCGACCGAGTACCTAC）を同時に用いることにより，対象外の微生物Bは非蛍光標識プローブとハイブリダイズするため，i）の配列を持つ微生物A由来の蛍光がより特異的になる。

またFISHの効率の向上も精度を上げるために重要である。そこでFuchsらはhelper oligonucleotide の使用を試みている[26]。helper oligonucleotide は使用する蛍光プローブの隣接領域にハイブリダイズする非蛍光標識プローブであり，helper oligonucleotide がハイブリダイズすることによりrRNAの立体構造が変わり，蛍光プローブが標的配列に対して接近しやすくなる。その結果，FISHの効率が向上する。

FISH法を用いて微生物群集構造を解析するにあたっては，通常は試料を小分けし，各々のサブサンプルに対して異なるプローブを用いてFISHを行い，得られた結果を併せて考察する方法がとられる。しかしながら，プローブの配列とFISHの条件を検討することにより，一つの試料に対して複数の蛍光プローブを同時に使用するマルチカラーFISHが可能である。

FISH法は微生物細胞内のrRNAを指標とする検出法であるため，微生物の生理状態を本方法のみでは正確には評価しにくい。そこで「生理活性を有する特定微生物」を検出するためのFISH法も検討されている。活性を有する微生物の検出法としては，①放射性同位元素で標識した基質を取り込んだ微生物をオートラジオグラフィーで検出するマイクロオートラジオグラフィー法，②前述のDVC法[11]，③生理活性を有する微生物を特異的に染色する蛍光活性染色法[2]等が挙げられる。そこで，これらの手法をFISH法に併用した手法が考案されている。Leeらはマイクロオートラジオグラフィー法とFISH法を組み合わせた方法を報告している[27]。また，DVC処理をした細胞に対してFISHを行うDVC-FISH法[12]により増殖能を持つ細菌のモニタリングが可能であ

第7章 難培養微生物の*in situ*検出法

る。CTC（5-cyano-2,3-ditolyl tetrazolium chloride）は呼吸している微生物細胞内で還元され，赤色蛍光性の結晶であるCTC-formazanに変化する。したがって，CTCにより染色した試料に対してFISHを行うCTC-FISH法により，呼吸能を持つ特定属種の細菌を検出できる[28]。

4.3 *in situ* PCR法

FISH法は細菌細胞内のrRNAをターゲットとして検出する手法であるが，数コピーしか存在しない遺伝子の検出は困難である。そこでこのような細胞内にわずかしかない遺伝子を標的に特定の微生物を個々の細胞レベルで検出する方法として，細胞内で特定のDNA配列を増幅する *in situ* PCR法[29〜33]がある。

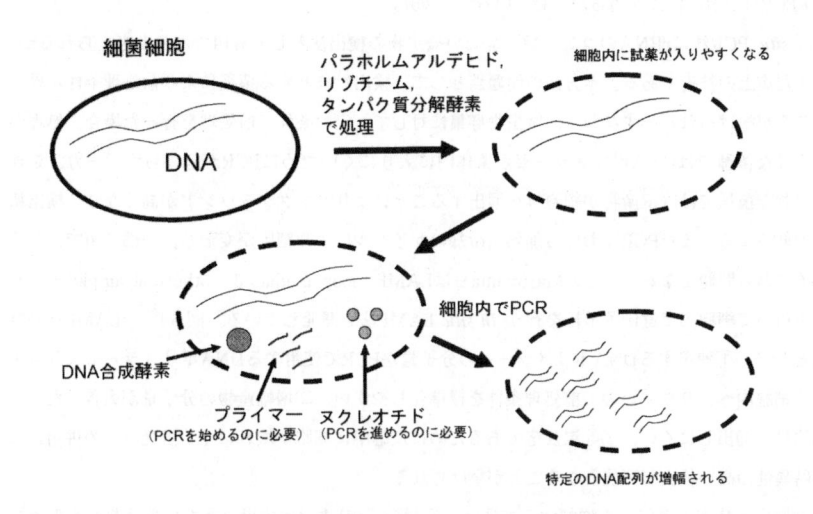

in situ PCR法の原理を図4に示した。本方法においては微生物細胞内にDNA合成酵素（DNAポリメラーゼ）が入り，かつPCRにより増幅されたDNA（PCR産物）が細胞外に漏れ出さないように試料を前処理する必要がある。そのためにはリゾチームやタンパク質分解酵素などが用いられる。標的とする細胞の検出には細胞内に蓄積されたPCR産物に対してFISHを行う，あるいはPCR中にPCR産物を直接蛍光標識する方法が用いられる。黒川らは *in situ* PCR法により，ベロ毒素遺伝子を標的として腸管出血性大腸菌O157を検出している[30〜32]。またTaniらはバイオレ

図4 *in situ* PCR法の原理

細胞壁の透過性を上げる処理を行った後，菌体内でPCRを行う。菌体内で増幅した標的DNAを蛍光標識することにより，特定の遺伝子を持つ微生物の高精度な検出を行う。

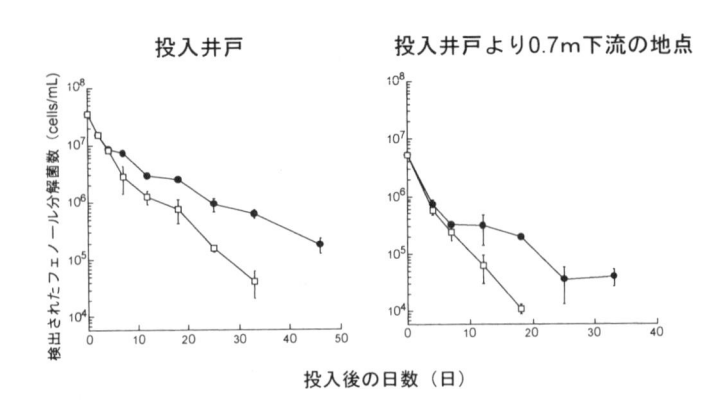

図5 Bioaugmentationにおけるフェノール分解菌の動態（文献33）より抜粋）
●：in situ PCR法での計数結果。□：FISH法での計数結果。
FISH法では検出できない菌を in situ PCR法では検出できていることがわかる

　メディエーションの現場実証試験において，地下水中におけるフェノール分解細菌の消長を in situ PCR-FISH法により明らかにしている[33]（図5）。

　in situ PCR法はrRNAのコピー数の少ない微生物の検出法として有用であると考えられるが，いまだ途上の技術である。本方法の問題点として，検出対象とする菌種により前処理条件が異なることが挙げられる。すなわち，微生物群集に対して一定の条件で前処理を行った場合，処理が不十分な菌種ではDNAポリメラーゼが菌体内に入りにくいためにPCRが起こらず，一方，処理が過剰な菌種ではPCR産物が細胞外へ漏出することによりバックグラウンドが高くなり，検出精度が低くなる。またPCRにおける加熱・冷却のサイクルにより細胞が変形し，一部の菌では溶菌することも問題となる。そこでMaruyamaらはLAMP（loop-mediated isothermal amplification）法を用いて細胞内で遺伝子増幅を行う in situ LAMP法を開発している（図6）[34]。LAMP法の特徴として，①使用するDNAポリメラーゼの分子量がPCRで使用するDNAポリメラーゼよりも小さく細胞内へ入りやすいので前処理条件を標準化しやすい，②増幅産物の分子量が大きいために細胞外へ漏出しにくい，③等温反応であるために反応中に細胞が壊れにくく蛍光抗体の併用により特異性の高い検出が可能となることが挙げられる。

　細胞内で特定の遺伝子を増幅する方法は，通常のFISH法では検出できない微生物をも個々の細胞レベルで検出できる方法として有用であり，今後の発展が期待される技術である。

第7章　難培養微生物のin situ検出法

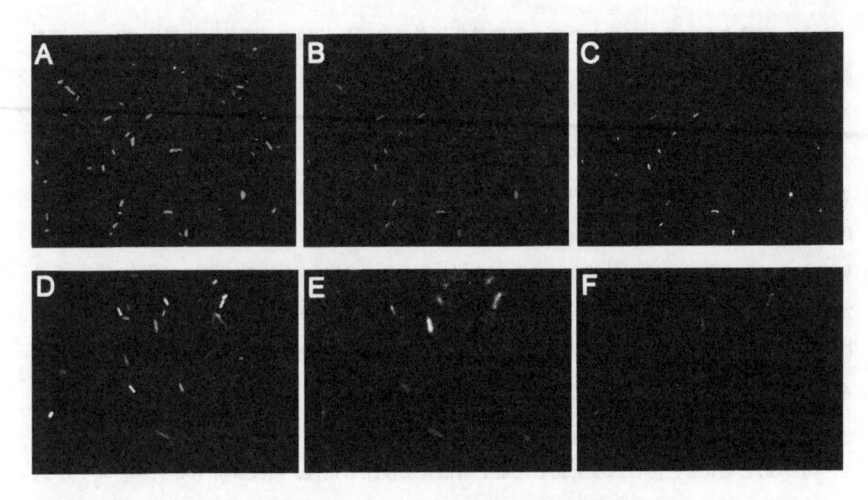

図6　in situ PCR法および in situ LAMP法による大腸菌O157の特異的検出（文献34）より抜粋）

大腸菌O157および大腸菌K-12の混合試料に対し，in situ LAMP（A, B, C）および in situ PCR（D, E, F）により，菌体内のベロ毒素遺伝子を増幅した。さらにFITC標識抗大腸菌O157抗体で染色後，DAPIにより対比染色を行った。A〜CおよびD〜Fは蛍光顕微鏡の同一視野を励起光を変えて撮影。紫外線励起光下では全ての菌が蛍光を発している（A, D）のに対し，緑色励起光下ではベロ毒素遺伝子を保有する大腸菌O157のみが蛍光を発している（C, F）。また in situ PCR法では反応中に菌体が損傷を受け，抗大腸菌O157蛍光抗体と反応しにくくなっている（E）のに対し，in situ LAMP法では蛍光抗体の併用が可能である（B）。

5　省力化・自動化

　これまでに述べた手法を普及させ，有効に利用していくためには，その迅速化・省力化，さらには自動化が重要である。

　蛍光染色を行った試料の観察には蛍光顕微鏡が一般的に用いられる。蛍光顕微鏡は操作が比較的容易であり，後述のレーザー顕微鏡やフローサイトメーターと比べて，機器本体，メンテナンス費用が安価である。しかしながら，蛍光顕微鏡を用いて目視により試料を観察するには，熟練者であっても一試料につき15〜30分を要し，研究室以外での日常的な利用には限界がある。したがって，微生物計数の省力化と定量性の向上，測定者間に生じる計数誤差の軽減のために，画像解析システムの利用が検討されている。Ogawaらは低倍率で画像を撮り込み，各粒子の色情報をもとに微生物細胞と夾雑物を区別し計数する画像解析ソフトウェア「BACS（Bacteria auto-counting system）」をC言語で作成している[35]。顕微鏡画像の取得には一般的には100倍の対物レンズが使用されるが，BACSでは40倍の対物レンズを使用するため，一視野あたりの細胞数が多

くなり，高精度な定量が可能となる。画像撮り込み後は，粒子抽出，菌体と夾雑物の判別，菌数測定までの一連の操作を自動的に行うため，顕微鏡観察にともなう時間と労力の軽減が可能である。

蛍光顕微鏡画像の自動撮り込みのための検討も行われている。Pernthelarらは既存の顕微鏡ステージ操作システムを独自のプログラミングで制御し，海洋試料中の特定細菌のモニタリングに応用している[36]。またsolid-phaseレーザースキャナーを用いることにより，微生物数の少ない試料であっても定量性の高い計数が可能となる[37]。しかしながら，本装置は価格が数千万円であるため，普及には至っていない。そこで当研究室では，より安価な簡易蛍光画像解析システムを共同研究により開発している。本装置は試料をセットした後，画像の撮り込みから計数までの操作を全自動かつ短時間（数分間）で行うことが可能である。

レーザー顕微鏡は水銀ランプを光源とする通常の蛍光顕微鏡とは異なり，蛍光染色した細胞にレーザー光を走査し，得られる蛍光を光電子増倍管で検出した後，画像解析するシステムである。試料由来の蛍光をピンホールを通して検出することにより，共焦点像が得られる点が特徴である。この共焦点像は焦点面以外の蛍光を含まないために，光軸（Z軸）方向の解像度が高い。したがって，共焦点像を複数枚重ね合わせることにより，観察像の立体構築が可能となる。すなわち，バイオフィルムなどの厚みのある試料を破壊することなく，その内部構造を三次元的に観察することが可能となる[38, 39]。

フローサイトメトリー（FCM）は液中を移動する個々の細胞にレーザー光を照射し，得られる散乱光や蛍光を解析する装置である。その特長としては，①数分間で数万個の細胞を測定できるので，既存の方法と比較してはるかに多数の細胞についての情報が短時間に得られる，②客観性ならびに定量性が高い，③個々の細胞が持つ複数の生物学的特徴（細胞のサイズ，核酸含量，タンパク質含量など）を同時に測定できることが挙げられる。また，機種によっては特定のシグナルを発する細胞のみを分取（ソーティング）できるため，生理活性を持つ微生物や特定の属種の細菌のみを分取し解析することも可能である。これらの特長を生かし，都市河川水中の細菌群集の生理活性の評価[40]や生理活性を有する特定種の細菌のモニタリング[16, 17]が可能である。FCMを用いた微生物の検出・解析は現在も盛んに検討されており，微生物学分野における強力なツールとして注目されている[41, 42]。これにともない，より高感度，小型，また安価な機器の開発も行われ，微生物専用の機種も市販されている。またバイオチップを用いたフローサイトメトリーによる細菌の自動計数（On-chip flow cytometry）も有望な手法として期待されている[13]。

6 おわりに

以上述べたように，蛍光染色法や遺伝子検出法，遺伝子増幅法の開発と改良，また検出機器や画像解析技術の進歩により，これまで難しかった培養困難な微生物の検出・定量・同定が可能になりつつある。これらの手法を適切に用いることにより，目的に応じた感度，精度での検出が実現できる。

本稿で紹介した手法の現状での応用は，環境微生物学分野のみならず，食品・医薬品製造業，医療，廃水処理と広がりつつある。今後，手法のさらなる迅速化，簡便化（自動化），低コスト化，そして標準化を目指すことにより，さらに普及していくものと考えられる。

文　献

1) G. G. Rodriguez et al., Appl. Environ. Microbiol., **58**, 1801 (1992)
2) N. Yamaguchi et al., Microb. Environ., **12**, 1 (1997)
3) P. Roslev et al., Appl. Environ. Microbiol., **59**, 2891 (1993)
4) T. Tsuji et al., Appl. Environ. Microbiol., **61**, 3415 (1995)
5) 邑瀬章文ほか，防菌防黴，**27**, 785 (1999)
6) M. Kawai et al., J. Appl. Microbiol., **86**, 496 (1999)
7) 仲島道子ほか，防菌防黴，**26**, 245 (1998)
8) 谷佳津治ほか，防菌防黴，**26**, 415 (1998)
9) K. Nakajima et al., submitted.
10) 山口進康ほか，防菌防黴，**22**, 65 (1994)
11) K. Kogure et al., Can. J. Microbiol., **25**, 415 (1979)
12) T. Kenzaka et al., J. Health Sci., **47**, 353 (2001)
13) F. Joux et al., Appl. Environ. Microbiol., **63**, 3643 (1997)
14) D. Yokomaku et al., Appl. Environ. Miclobiol., **66**, 5544 (2000)
15) Y. Tanaka et al., Microb. Environ., **13**, 77 (1998)
16) Y. Tanaka et al., J. Appl. Microbiol., **88**, 228 (2000)
17) N. Yamaguchi et al., Cytometry, **54A**, 27 (2003)
18) E. F. DeLong et al., Science, **243**, 1360 (1989)
19) R. I. Amann et al., J. Bacteriol., **172**, 762 (1990)
20) A. Maruyama et al., Appl. Environ. Microbiol., **66**, 2211 (2000)
21) N. B. Ramsing et al., Appl. Environ. Microbiol., **62**, 1391 (1996)
22) A. Alfreider et al., Appl. Environ. Microbiol., **62**, 2138 (1996)
23) P. Lebaron et al., Appl. Environ. Microbiol., **63**, 3274 (1997)

24) W. Schonhuber *et al., Appl. Environ. Microbiol.,* **63**, 3268 (1997)
25) G. Wallner *et al., Appl. Environ. Microbiol.,* **61**, 1859 (1995)
26) B. M. Fuchs *et al., Appl. Environ. Microbiol.,* **66**, 3603-3607.
27) N. Lee *et al., Appl. Environ. Microbiol.,* **65**, 1289 (1999)
28) A. Kitaguchi *et al.,* submitted.
29) R. E. Hodson et *al., Appl. Environ. Microbiol.,* **61**, 4074 (1995)
30) 黒川顕ほか, 日本細菌学会誌, **52**, 513 (1997)
31) K. Tani *et al., Appl. Environ. Microbiol.,* **64**, 1536 (1998)
32) K. Kurokawa *et al., Lett. Appl. Microbiol.,* **28**, 405 (1999)
33) K. Tani *et al., Appl. Environ. Microbiol.,* **68**, 412 (2002)
34) F. Maruyama *et al., Appl. Environ. Miclobiol.,* **69**, 5023 (2003)
35) M. Ogawa *et al., J. Appl. Microbiol.,* **95**, 120 (2003)
36) J. Pernthaler *et al., Appl. Environ. Miclobiol.,* **69**, 2631 (2003)
37) K. Lemarchand *et al., Aquat. Microb. Ecol.,* **25**, 301 (2001)
38) M. Wagner, *et al., J. Microsc.,* **176**, 181 (1994)
39) J. M. Bloem, *et al., Appl. Environ. Microbiol.,* **61**, 926 (1995)
40) N. Yamaguchi *et al., J. Appl. Microbiol.,* **83**, 43 (1997)
41) H. M. Davey *et al., Microbiol Rev.,* **60**, 641 (1996)
42) J. Vives-Rego *et al., FEMS Microbiol.Rev.,* **24**, 429 (2000)
43) C. Sakamoto *et al.,* submitted.

第8章　機能遺伝子による解析とそのmRNAの検出

野田悟子[*1]，大熊盛也[*2]

1　はじめに

　分子微生物生態学で，微生物群集構造解析に最も頻繁に用いられているのは，小サブユニットリボソームRNA（原核生物で 16S rRNA，真核生物で 18S rRNA）遺伝子である。その理由として，全生物が持っている，微生物の系統解析に最もよく用いられており，データベースが充実している，保存領域からPCRのためのプライマーが設計し易いなどが挙げられる。このようなrRNA遺伝子の解析を通じて，自然環境中の微生物群集を単離・培養というバイアスをかけないで研究することができるようになった。しかし環境中に存在する微生物の分子系統学的位置からは，検出された微生物がその環境で何をしているかという機能に関する情報は，直接には得られない。メタン生成古細菌等一部の生物群の場合，rRNA遺伝子の情報からメタン生成といった機能を推測することができるが，rRNA遺伝子の配列情報だけから機能を推定できる生物種は限られている。そのため，ある特定の機能に関わる機能遺伝子をrRNAの代わりに用いて微生物群集を解析することで，当該機能に関わる微生物群を解析することが可能であると考えられる。以下，環境中の機能遺伝子の解析とそのmRNAの検出について解説し，筆者らの研究例と合わせて，自然環境中の機能集団の解析例について紹介する。

2　環境中の機能集団の検出

　自然環境中から分子生物学的手法によって検出される多様な微生物種のうち，同じ環境から単離・培養される微生物はごく限られた種であることが指摘されている。これは特定の培地には特定の微生物が選択的に生育してくるという培養法のバイアスに起因する。自然環境中の微生物の生態を解析する場合，このようなバイアスの結果，環境に対する寄与が小さな微生物を解析することになりかねない。そこで，環境中の特定の機能を持つ微生物を把握することが必要となって

[*1]　Satoko Noda　科学技術振興機構　さきがけ　研究員
[*2]　Moriya Ohkuma　(独)理化学研究所　工藤環境分子生物学研究室　副主任研究員；
　　　科学技術振興機構　さきがけ　研究員

くる。特定の機能遺伝子の検出や定量により，環境中の微生物の持つ潜在能力を知ることができ，さらに自然環境中での微生物の働きや環境の持つ自浄能力等を見積もる上での基礎的なデータが得られる。このような解析に既に用いられている機能遺伝子としては，窒素固定遺伝子[17, 18, 29, 30]，アンモニア酸化酵素遺伝子[25, 26]，メタン酸化酵素遺伝子[2]，芳香族化合物の分解酵素遺伝子[3, 24]等が挙げられる。機能遺伝子も，DGGE（Denaturing gradient gel electrophoresis）やT-RFLPといった多型解析，及びクローン解析等，rRNA遺伝子の解析と同様の手法で解析が行われている。

　PCRを利用することで，環境中から特定の遺伝子断片を容易に回収することが可能であるが，環境中の特定機能遺伝子の多様性を解析しようとする場合には，できる限り多くの微生物の持つ遺伝子に共通の配列をプライマーとして用いる必要がある。そのため，データベースに数多く登録されている機能遺伝子，その中でもプライマーを設計できるような共通配列を見いだせる遺伝子のみを研究対象にせざるを得ないといった制約がある。また，データベースに登録されている配列の多くは，元々過去に単離された微生物から解析された情報であるため，新規の遺伝子配列は検出できない可能性があることを考えておかなければならない。しかしながら，これまでに単離・培養された微生物よりもはるかに多様な当該機能を持つ微生物が環境中に存在していることが明らかにされ，分子生物学的手法の有用性が示されつつある。表1に環境中のサンプルに適用された機能遺伝子を検出するプライマーの例を示す。機能遺伝子を検出するためのプライマーをアミノ酸配列の保存領域から設計する場合，1種類のアミノ酸に対して複数のコドンが対応しているため，縮重プライマーを用いなければならない。筆者らの経験からプライマーの縮重度がなるべく小さくなるように設計した方がよいと思われる。縮重度が高くなると，プライマー溶液中に多くの配列が混在するため，1種類あたりの含有量が減ることになるからである。そうすると，PCR増幅中にプライマーの不足が起き，増幅効率が悪くなる。そうかと言って，系に添加するプライマーを増やすと，非特異的な増幅が起こる可能性もある。どうしても配列の縮重度が高くなった場合には全ての塩基に対して積極的に結合もしないが，2本鎖形成を阻害することもないイノシン（I）を用いる場合がある。縮重プライマーのアニーリング温度は，取りあえずプライマーに含まれる配列のうち最も低いTmを基準に考えるが，イノシンはTm計算の上では存在しないものとして計算するため注意が必要である。縮重プライマーを用いたPCRでは，いかに非特異的増幅を軽減するかが重要なポイントとなる。そのためには，アニーリングの温度の検討や，nested PCR も有効な方法であろう。

第8章　機能遺伝子による解析とそのmRNAの検出

表1　PCRプライマーの配列例

Primer	Target	配列	文献
窒素固定酵素遺伝子			
IGK	nifH /F	5'-ataggatccAARGGNGGNATHGGNAA-3'	17
YAA	nifH /R	5'-gacctgcagATRTTRTTNGCNGCRTA-3'	17
nifH1	nifH/F	5'-TGYGAYCCNAARGCNGA-3'	28
nifH2	nifH/R	5'-ANDGCCATCATYTCNCC-3'	28
nifH3	nifH/R,	5'-ATRTTRTTNGCNGCRTA-3'	28
nifH4	nifH/F	5'-TTYTAYGGNAARGGNGG-3'	28
アンモニア酸化酵素遺伝子			
AMO-F	amoA/F	5'-gggaattcAGAAATCCTGAAAGCGGC-3'	21
AMO-R	amoA/R	5'-ggggatccGATACGAACGCAGAGAAG-3'	21
amoA-1F	amoA/F	5'-GGGGTTTCTACTGGTGGT-3'	20
amoA-2R	amoA/R	5'-CCCCTCKGSAAAGCCTTCTTC-3'	20
硝酸還元酵素遺伝子			
nirK 1F	nirK/F	5'-GGMATGGTKCCSTGGCA-3'	6
nirK 5R	nirK/R	5'-GCCTCGATCAGRTTRTGG-3'	6
nirS 1F	nirS/F	5'-CCTAYTGGCCGCCRCART-3'	6
nirS 6R	nirS/R	5'-CGTTGAACTTRCCGGT-3'	6
メタン酸化酵素遺伝子			
mmoX f882	mmoX/F	5'-GGCTCCAAGTTCAAGGTCGAGC-3'	15
mmoX r1403	mmoX/R	5'-TGGCACTCGTAGCGCRCCGGCTCG-3'	15
mmoC f542	mmoC/F	5'-GGTTCTGCTGTGCCGCACC-3'	15
mmoC r986	mmoC/R	5'-AGAGTTTGATCMTGGCTCAG-3'	15
フェノール分解酵素遺伝子			
pheUf	LmPH/F	5'-CCAGGSBGARAARGAGARGAARCT-3'	13
pheUr	LmPH/R	5'-CGGWARCCGCGCCAGAACCA-3	13

注；配列の小文字の部分はプライマーに付与した制限酵素の認識配列を表す．
混合塩基はIUPACの表記法で表した．

3　環境中の機能遺伝子のmRNAの検出

　分子生物学的な手法を用いることで，今までに知られていなかった多様な微生物が環境中に存在することが明らかにされつつある．機能遺伝子を解析することで，機能集団の存在や環境中での変動をも解析できるようになった．しかし，一般に微生物は様々な環境要因，微生物間の相互作用を受けながら生存していると考えられるため，環境中から得られる機能遺伝子の全てが，その環境で実際に機能を発揮しているとは限らない．例えば窒素固定遺伝子は，窒素固定反応がエネルギー的に非常に不利であるためその発現が厳密な制御を受けており，窒素源や酸素の存在等により発現が抑制される[10]．そのため，窒素固定遺伝子の存在が窒素固定活性の存在を直接は意味していないと考えられる．このことからも，環境中の他の機能遺伝子を用いた研究に対しても，その遺伝子が機能を発現しているか解析することも必要と考えられる．

　環境中から取得した遺伝子が機能を発現しているかどうかは，発現産物（mRNA）を検出する

ことで確認できる。環境サンプルからRNAを抽出し，逆転写酵素（Reverse Transcriptase RTase）でmRNAからcDNAを合成する。その後，cDNAを鋳型としてPCRを行うことで，発現している遺伝子を検出することができる。RT-PCR法でmRNAを増幅して解析する方法は特定機能をもつ微生物の現場環境への寄与をより明確にするための有用なツールとなり得る。さらに，機能遺伝子の発現と種々の環境因子との関係を解析することで，より詳細な環境への寄与を明らかにすることが可能であると考えられる。

RNAの抽出には様々な方法があるが，各社からDNAとRNAが同じサンプルから抽出できるものや，共雑物が比較的よく除けるものなど様々な試薬・キットが市販されているので，サンプルに応じて最適な方法を探すことが望ましい。RTaseについても，最近では高温で逆転写反応が行えるタイプのものや，PCRまでが同じチューブ内でできるもの，RT反応後にRNA由来のcDNAのみを増幅することができるキット等が各社から購入可能である。RNAは高次構造を形成するため，RTaseの反応が妨げられてcDNAの合成が困難になる。反応温度を上げることにより鋳型RNAの高次構造が緩和され，RTaseによるcDNA合成反応が促進されることが期待できる。同一チューブでPCRまで行えるものは，コンタミの可能性が最小限に抑えられることや，取り扱いが簡便であるという利点があげられる。RNA由来のcDNAのみを増幅することができるキットは，dNTPのアナログを取り込ませることでTm値の低いcDNAを合成し，その後，PCR反応を低い変性温度で行うことにより低い変性温度での解離ができないゲノムDNAは増幅されず，cDNAのみを増幅するというものである。増幅させる長さやサンプルの状態などによって，選択するとよい。

4 モニタリングと single cell level での検出

rRNA遺伝子による群集構造解析とともに，機能遺伝子に基づいた群集構造の解析，機能の自然環境中での発現を明らかにすることで，環境中の微生物の役割をより明確にすることができる。さらに，特定の機能を持つ微生物の動態や，機能遺伝子の発現量をモニタリングすることで，環境の修復の状態や微生物生態系の変化を予想することも可能だろう。既に，rRNA遺伝子を用いた解析と同様に，定量PCR法で機能遺伝子の存在量や発現量の変化等を解析した例が報告されている[9, 16, 19]。

環境中の微生物細胞の特定と検出を single cell level で行う方法として，*in situ* hybridization 法がある（1編7章参照）。蛍光を検出するFISH（fluorescent *in situ* hybridization）法では検出感度の問題から，細胞内に多コピー存在するrRNAが標的とされていた。一般に機能遺伝子のmRNAの細胞内でのコピー数はrRNAのコピー数に比べて非常に少ないため，特定機能を発現している細胞を検出することは困難であった。近年，感度の高い検出機器が開発されたことや，蛍

光シグナルを増感させるような試薬の普及等により，自然環境中の特定機能を発現している細胞を検出することも可能になりつつある[4]。フローサイトメータ[8]などを用いることで環境中の特定機能を発現している細胞を，濃縮・回収することができれば，ゲノム科学的なアプローチも可能になるかもしれない。

最近では，自然環境中の機能集団の解析にもマイクロアレーが適用されている[5, 14, 22, 32]。自然環境由来の機能遺伝子のクローンライブラリーから得られた配列や，既知の微生物の持つ配列からアレーを作成して，様々な環境中の機能遺伝子の多様性やその構成及び，発現[11]等が調べられている。多検体の処理が容易であること，シグナル強度等から定量が可能であることから，今後ますます応用されていくと思われる（詳細は1編9章参照）。

5 窒素固定細菌の検出と解析例

大気中の分子状窒素（N_2）のアンモニアへの固定は，窒素固定酵素（ニトロゲナーゼ）によって触媒される。固定された窒素源は生物の成長・増殖に利用され，自然界では窒素源の獲得がその環境中での生物の成長・増殖速度に大きな影響を与える。そのため，環境中の窒素固定細菌の生態を解析することは，自然環境中の生物活性を知る上でも重要な意味を持つ。しかし，窒素固定細菌は広い系統の細菌群に分散して存在しているため，16S rRNA 遺伝子の系統からは窒素固定に働く微生物を特定することができない。そこで，窒素固定反応に働く酵素遺伝子をrRNAの代わりに用いて解析が行われている。ニトロゲナーゼに還元力を与えるニトロゲナーゼレダクターゼをコードしている*nifH*遺伝子の配列に基づく系統関係は，特に互いに近縁の種がクラスターを形成するという点で，16S rRNA 遺伝子配列に基づく系統関係によく一致していることが報告されている。また，比較的配列の保存性が高く，PCRのプライマーを設計しやすいことからも，昆虫の消化管[17, 18]や稲の根圏[23]，海洋[7, 27, 29]等の様々な環境の窒素固定細菌群の多様性が調べられてきた。一般に窒素固定はエネルギーを多く消費する反応で，窒素分子を2分子のアンモニアに変換するのに16個のATPが必要とされる。そのため，窒素固定遺伝子の発現は厳密に制御されている。そこで，窒素固定を行う微生物の環境への寄与を，より明確にするためには発現産物の解析も必要であると考える。

5.1 シロアリ共生系の窒素固定に関わる微生物の解析

筆者らは，食材性昆虫であるシロアリの腸内共生系を対象として，窒素固定細菌の構成を*nifH*遺伝子を用いて解析した[18]。シロアリは熱帯地域で繁栄している昆虫であり，植物枯死体のバイオリサイクルを通して，地球上の物質循環を支えるために欠くことのできない重要な生物である。

表2 各種シロアリの腸内微生物由来のnifHクローンの種類と窒素固定活性

シロアリ名	クローン数				窒素固定活性	食性
	Proteo-Cyano	Anf	Anaerobe	Pseudo-nif		
オオシロアリ科						
H. sjoestedti	0	22	1	0	34	湿材
レイビシロアリ科						
N. koshunensis	3	10	5	4	210	乾材
C. domesticus	0	10	8	4	33	乾材
G. fuscus	0	2	12	6	31	乾材
ミゾガシラシロアリ科						
R. speratus	1	0	18	3	16	材・半地中性
C. formosanus	0	0	23	1	79	材・半地中性
シロアリ科						
O. formosanus	0	1	0	23	ND	キノコを栽培
P. nitobei	0	0	2	20	2.5	土・ヒューマス

窒素固定活性はアセチレン還元法で測定（nmolC$_2$H$_4$ formed /hr/g wet weight ）

植物枯死体はセルロース等を主成分とし，炭素源は豊富だが，窒素源は極端に少ない。そのため，シロアリは腸内に棲息している窒素固定細菌が固定した窒素源を利用している。しかしながら，これまでシロアリ共生系から単離された窒素固定細菌は*Enterobacter*属や*Citrobacter*属のグループの細菌のみであり，単離菌株の示す活性とそれらのシロアリ腸内での棲息数から見積もった値が，シロアリ共生系全体が示す活性に比べ極端に低かった。そこで，窒素固定に働く共生微生物を明らかにするため，数種類のシロアリの腸内共生微生物について*nifH*遺伝子による解析を行った。シロアリ腸内から共生微生物のDNAを抽出し，*nifH*遺伝子の保存配列から設計したプライマーで共生微生物の*nifH*遺伝子をPCR増幅した。共生系から得られた*nifH*遺伝子の配列は，*Clostridium*属や硫酸還元菌などの嫌気性細菌に由来するAnaerobeグループ，金属補因子の異なる代替（Alternative）ニトロゲナーゼAnfのグループ，Proteobacteriaのグループ等，多様なグループのものであった（表2）。また，窒素固定には機能しない（他の機能があると思われる）Pseudo-nifグループのものも取得された。シロアリ共生系から得られた*nifH*遺伝子の多くのものは，これまでに報告されている窒素固定菌の配列とは異なり新規の窒素固定細菌の存在が推定された。この結果は，単離・培養された窒素固定細菌より，はるかに多様な窒素固定細菌がシロアリ腸内に棲息していることを示唆している。

　シロアリの種類と腸内から得られる窒素固定遺伝子との関係を見てみると，一般に窒素固定活

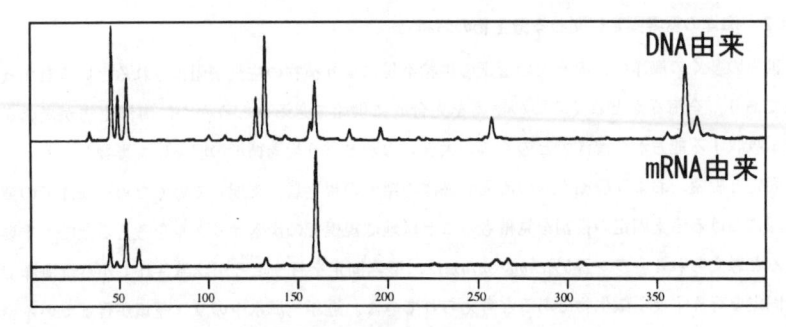

第8章　機能遺伝子による解析とそのmRNAの検出

図1　シロアリ腸内微生物の*nifH*遺伝子のT-RFLP解析

制限酵素*Hha* Iを使用した。シロアリ腸内では多様な*nifH*遺伝子が存在しているが，発現しているものは限られている。

性の低い，キノコを巣で育てるシロアリや土食いなどの食性をもつシロアリ科では，窒素固定には機能しないPseudo-*nif*グループの遺伝子が主に取得された。食材性のシロアリの中でも，Anfグループが多く取得されるもの（オオシロアリ科），Anaerobeグループだけを有しているもの（ミゾガシラシロアリ科）両方のグループを有しているもの（レイビシロアリ科）というように，シロアリの種類によって腸内から得られる窒素固定遺伝子のグループに傾向が見られた（表2）。このような解析の結果，シロアリの生活様式の多様化に伴い，共生微生物が適応・進化した，またはシロアリに都合のよい共生微生物が選択されていったという考察が可能になる。

次に，シロアリ腸内共生微生物から取得した多様な*nifH*遺伝子が，腸内で本当に機能しているかどうか，コウシュンシロアリ（*N. koshunensis*）を用いて*nifH*遺伝子の転写産物（mRNA）を検出・解析した。シロアリ腸内からRNAを抽出し，RT-PCRで *nifH* mRNA を逆転写した後，PCRで増幅してDNA由来の産物とT-RFLP法で比較した（図1）。その結果，腸内共生系から検出される多様な*nifH*遺伝子のうち，mRNAとして検出されるものは限られており，ほとんどはAnfグループのものであった。コウシュンシロアリからは他にも潜在的には機能を果たし得る窒素固定遺伝子が検出されるにも関わらず，このグループの遺伝子を持つ窒素固定細菌が優先的に働いており，共生系の窒素固定に寄与していたのである。このような結果は，機能遺伝子による解析，及びmRNAを検出することにより初めて得られるものであり，腸内微生物が共生系に果たす役割を明らかにする上で非常に重要な知見である。

5.2 海洋の窒素固定に関わる微生物の解析

　世界の多くの海洋は，海水中の窒素の供給不足により植物の生長が阻害されるという貧栄養海域であり，全海洋がどれくらいの窒素を光合成に供給できるかどうかが，海洋生物が炭素を固定・吸収する能力が全海洋でどのくらい大きいのかと言う炭素循環の収支にも影響してくる。窒素固定と脱窒，および陸圏からの流入が海洋の窒素の現存量を支配しているため，海洋での窒素循環における窒素固定の役割を見積もることは地球規模での炭素サイクルを考える上でも重要であると考えられる。ラン藻 *Trichodesmium* は，窒素固定を行うことが認識されてからは海洋で窒素固定を行う主要な微生物であると考えられてきた。近年，海水中のラン藻類が行っている窒素固定で海に供給される窒素量が，従来考えられていたより大きい可能性が指摘されている。そうすると，実際にみられる *Trichodesmium* の個体数があまりにも少なく，つじつまが合わないことになる。*nifH* 遺伝子を用いて，海洋の窒素固定微生物の構成が解析され，海洋環境にもこれまでに知られていたよりも多様な窒素固定微生物が存在していることが報告された。そこでいくつかの研究グループは，これらの微生物が現場環境で実際に窒素固定能を発揮しているか，全RNAを抽出して *nifH* 遺伝子の転写産物（mRNA）をRT-PCR法で検出した[12, 31]。その結果，proteobacteria の *nifH* は時間に関わらず発現していること，ラン藻は光合成をするためサーカディアンリズムによって窒素固定遺伝子の発現が変化すること，硝酸濃度の高くなる深度150mでは昼，夜間とも窒素固定遺伝子の発現がほとんどみられないことが分かった。また，*Trichodesmium* 以外の新規のラン藻も窒素固定遺伝子を発現しており，それらが海洋の窒素循環に大きく貢献していることが推測されている。

6　硝化と脱窒に関わる微生物の解析例

　家庭や工場からの排水の生物学的処理過程でアンモニア態窒素が十分に除去されず，河川や湖沼などに排出されるとアオコなどの植物プランクトンの異常増殖を引き起こし，新たな環境汚染の原因となる。廃水からの窒素除去は，好気的な硝化反応（アンモニアからの亜硝酸，硝酸への酸化反応）とそれに続く嫌気的な脱窒反応（硝酸の窒素ガスへの変換）からなるが，硝化反応が律速になると考えられている。硝化細菌は増殖速度が非常に小さく，硝化細菌に起因する窒素除去能力の低下が処理槽におきると回復に時間がかかるため，処理プラントの適切な管理をする上で，リアクター内の硝化細菌の生態を解析することが重要になる。しかし，一般に硝化細菌は増殖が遅いため，単離・培養といった方法で解析することは困難である。硝化細菌の培養には数ヶ月を要することもあるため，迅速な解析のために分子生態学的手法を適用することは有用であると考えられる。土壌，または海洋などの水環境においても，アンモニア酸化細菌や脱窒細菌は窒

第8章 機能遺伝子による解析とそのmRNAの検出

素循環に関わる重要な生物群として認識されているが、培養法での存在量の推定が困難なことから、より高感度で迅速な検出方法が必要とされている。そこで、アンモニア酸化細菌が持つ、アンモニア酸化経路の酵素 ammonia monooxigenase (*amoA*) 遺伝子や、脱窒に関わる nitrite reductase (*nirS, nirK*) 遺伝子を用いて硝化や脱窒に関わる細菌の解析が行われている。*nirS*と*nirK*は構造的には別であるが、機能的には同じ遺伝子であり、両方のタイプの酵素遺伝子が同種の別々の株に存在する。real-time PCR で*amoA*遺伝子を定量することで[1]、土壌に施肥後のアンモニアや硝酸の濃度とアンモニア酸化細菌の動態の関係が解析されている。これにより、長期間にわたってアンモニア施肥が、アンモニア酸化細菌の存在量に影響を与えることが明らかにされている。また、メンブレンエアレーション型バイオフィルムリアクターを利用した廃水処理過程での*amoA*遺伝子と*nirK, S*遺伝子を定量することで、アンモニア酸化細菌と脱窒細菌の局在が解析されている[9]。*amoA*遺伝子は酸素濃度の高いメンブレン付近のみから検出され、一方*nirS*や*nirK*遺伝子は嫌気的なバイオフィルムの外側付近から多く検出された。このことから、好気的な反応であるアンモニア酸化を行う細菌とそれに続く嫌気的な脱窒を行う細菌が、それぞれの反応に適したバイオフィルムを構成し、窒素除去に機能し得ることが明らかにされた。廃水処理に関わる微生物の生態を明らかにし、さらには微生物間の相互作用を推定することは廃水処理リアクターの処理効率の最適化や新たな技術の開発にも有用な情報となると考えられる。

7 おわりに

ここまで、自然環境中の難培養微生物を機能遺伝子を用いて解析する意義、その機能遺伝子のmRNAを検出することの重要性について概説した。単離・培養できる微生物から得られる多くの生理学的、遺伝学的情報は有益で、難培養微生物の研究においても、それらの情報をもとにしている。しかしながら、実験室内での表現型と、それらの微生物が環境中に棲息している場合での表現型が同じとは限らない。自然環境中での微生物の働きを解析する場合には、例え機能を有する微生物が単離・培養できるとしても、この本で紹介されているような難培養微生物と同様な手法で解析することが重要であると考える。また、このような解析で得られた情報は、自然環境中の多くの未知微生物の利用技術や、難培養微生物を培養可能にする技術の手掛かりにもなるだろう。

環境中の個々の微生物の機能のみでなく、群集内の微生物の相互作用を知るためには、single cell level での解析や、機能の変動をモニタリングすることが重要となる。single cell level での解析のためには、発現量の少ない機能遺伝子にも適用できるような、蛍光強度の高い蛍光色素や検出機器の開発、*in situ* PCR 法などの改良も必要だろう。より多くの機能遺伝子を使って、そ

れらの機能の自然環境中での発現調節等を明らかにすることも必要になる。

　環境中の難培養微生物の生態を明らかにするため，多くの手法が開発，研究されてきた。今後，これまでに開発された手法の改良や，新しい技術の進展により環境中の微生物の機能がより明確にされることが期待される。

文　　献

1) Y. Aoi et al., Water. Sci. Technol. **46**, 439（2002）
2) A. J. Auman, M. E. Lidstrom, Environ Microbiol. **4**, 517（2002）
3) B. R. Baldwin et al., Appl. Environ. MIicrobiol. **69**, 3350（2003）
4) C. Barkermans, E. L. Madsen, J. Microbiological Methods **50**, 75（2002）
5) L. Bodrossy et al., Environ. Microbiol. **5**, 566（2003）
6) G. Braker et al., Appl Environ Microbiol. **64**, 3769（1998）
7) S. T. Braun et al., FEMS Microbiol. Ecol **28**, 273（1999）
8) F. Chen et al., FEMS Microbiol. Lett. **184**, 291（2000）
9) A. C. Cole et al., Appl. Environ. Microbiol. **70**, 1982（2004）
10) D. R. Dean, M. R. Jacobson, in Biological nitrogen fixation G. Stacey et al., Eds. (Chapman and Hall, London, 1992) pp. 763.
11) P. Dennis et al., Appl. Environ. MIicrobiol. **69**, 769（2003）
12) L. I. Falcon et al., Appl. Environ. MIicrobiol. **70**, 765（2004）
13) H. Futamata et al., Appl. Environ. MIicrobiol. **67**, 4671（2001）
14) B. Jenkins et al., Appl. Environ. Microbiol. **70**, 1767（2004）
15) I. R. McDonald et al., App.l Environ. Microbiol. **61**, 116（1995）
16) S. Noda et al., Appl. Environ. MIicrobiol. **65**, 4935（1999）
17) M. Ohkuma et al., Appl. Environ. MIicrobiol. **62**, 2747（1996）
18) M. Ohkuma et al., Appl. Environ. MIicrobiol. **65**, 4926（1999）
19) Y. Okano et al., Appl. Environ. MIicrobiol. **70**, 1008（2004）
20) J.-H. Rotthauwe et al., Appl. Environ. Microbiol. **63**, 4704（1997）
21) C. Sinigalliano et al., Appl. Environ. MIicrobiol. **61**, 2702（1995）
22) G. F. Steward et al., Appl. Environ. MIicrobiol. **70**, 1455（2004）
23) T. Ueda et al., J Bacteriol. **177**, 1414（1995）
24) K. Watanabe et al., Appl. Environ. MIicrobiol. **64**, 4696（1998）
25) G. Webster et al., Appl. Environ. Microbiol. **68**, 20（2002）
26) E. M. Wellington et al., Curr. Opin. Microbiol. **6**, 295（2003）
27) F. Widmer et al., Appl. Environ. Microbiol. **65**, 374（1999）
28) S. Zani et al., Appl. Environ. Microbiol. **66**, 3119（2000）

第 8 章　機能遺伝子による解析とそのmRNAの検出

29) J. Zehr *et al., Appl. Environ. Microbiol.* **61**, 2527 (1995)
30) J. P. Zehr *et al., Appl. Environ. MIicrobiol.* **64**, 3444 (1998)
31) J. P. Zehr *et al., nature* **412**, 635 (2001)
32) J. Zhou, *Curr. Opin. Microbiol.* **6**, 288 (2003)

第9章　DNAマイクロアレイを用いた
環境サンプル中の微生物群集の解析

江崎孝行[*1], 大楠清文[*2], 河村好章[*3]

　環境中のサンプルの微生物を解析する際，細菌だけを取り上げても数百万種といわれる未知の生物をどのように捕捉して解析するかは難しい課題である。そのうち特定の微生物に限定した解析は現在では遺伝子を検出する手法を使えば比較的容易にできる。しかし採取した環境にどのような微生物が生息するかを予測できない場合，網羅的に解析する必要が出てくる。すべての系統の微生物を培養方法で解析することは実質的に不可能なので我々は，16S rDNAで系統分類が整理されてきた細菌を網羅的に検出するための方法の開発を行っている。まだ十分な環境の解析データが蓄積していないが汚染土壌の修復課程で修復前後の菌数の変動をモニターした例を使ってこの方法の利用方法を紹介する。

1　系統マイクロアレイの作成

　細菌は分類学的には 約6,000種が正式に記載されており，約30のphylaに分布している。しかし環境中には数百万の未分類の細菌が生息しているといわれており，その多くは通常の培養では培養困難なため，配列の記載だけに留まっている。しかし数万件登録におよぶ未分類の菌種の16S rDNAのデータを見ても，未分類の菌株の多くは既存の分類群のどこかに所属し，新しいphylumを形成する菌株はきわめて少ない。

　そこで我々は既存の6,000種が所属する約950属の主な構成菌種の16Sr DNA配列を比較し，その属の菌種に比較的保存されている領域から40〜50塩基長の配列を選択したoligoDNAを合成し

* 　Takayuki Ezaki　岐阜大学大学院　医学研究科　再生分子統御学講座　病原体制御学分野　教授
* 　Kiyofumi Ohkusu　岐阜大学大学院　医学研究科　再生分子統御学講座　病原体制御学分野　助手
* 　Yoshiaki Kawamura　岐阜大学大学院　医学研究科　再生分子統御学講座　病原体制御学分野　助教授

第 9 章　DNAマイクロアレイを用いた環境サンプル中の微生物群集の解析

表1　アレイに固定した配列の系統と属の数

	系統	Oligo DNAを作成した属の数
1	Archaea	66
2	Actinobacteria	134
3	Firmicutes	190
4	Chlamydia	8
5	Cyanobacteria	39
6	CFB group	42
7	Alfa Proeobacteria	121
8	Beta Proteobacteria	57
9	Gamma Proteobacteria	119
10	Delta proteobacteria	49
11	Epsilon proteobacteria	12
12	Spiral bacteria	19
13	Fusobacteria	12
14	Deferribactera	5
15	Acidobacteria	3
16	Fibrobacter	1
17	Nitrospira	2
18	Nitrosomonad	1
19	Planctomyceta	4
20	Thermodesulfobacteria	1
21	Thermomicrobia	1
22	Verrucomicrobia	2
23	Aquifica	5
24	Thermotoga	5
25	Chlorobia	4
26	Deinococci	3
27	Chrysiogena	1
28	Chloroflexa	5
29	Dictyogloma	1
	Total	912

マイクロアレイに固定した（表1）[1]。

2　土壌のDNAの抽出

　菌相の解析には様々な微生物のDNAを均等な条件で抽出する方法が必要になる。我々はこの目的のためにグラム陽性菌，菌類の細胞壁を破砕するために従来汎用されてきたガラスビーズを密度がガラスの2倍高い giriconia beads を使用して効率に破砕する方法を採用した[1]。土壌4gを36mlの50mM EDTA pH8.0に懸濁し，撹拌後，上澄み2 mlをとり，微量の卓上遠心器12000gで5分間遠心した。上澄みを捨てた後1％SDS, 4Mのgunanidiumが入った溶菌液200 μl を加え，さらに1 gの giriconia beads を加え Multibeads Shocker（安井機器，大阪）で破砕した。

表2　土壌汚染が予測されるレベル3の病原体と検出遺伝子

菌名	遺伝子	増幅塩基（bp）
Bacillus anthracis group	16S rDNA	329
Bacillus antracis	Capsular gene:CapA	408
Bacillus antracis	Proteoctive antigen ;pag	390
Bacillus antracis	S-layer	555
Brucella melitensis	16S rDNA	319
Burkholderia mallei-pseudomallei	16S rDNA	307
Chlamydophila /Chlamydia spp.	16S rDNA	272
Chlamydophila psittaci	16S rDNA	413
Coxiella burnetii	Surface antigen	552
Coxiella burnetii	16S rDNA	351
Francisella tularensis	17kD major OMP	350
Francisella tularensis group	16S rDNA	307
Mycobacterium tuberculosis	DnaJ	302
Mycobacterium tuberculosis group	16S rDNA	323
Orientia tsutsugamushi	16S rDNA	285
Orientia tsutsugamushi	OMP	331
Rickettsia spp.	16S rDNA	416
Salmonella spp.	invA	422
Salmonella typhi	vipR	409
Yersinia pestis	virulence:pesticin	363
Yersinia pestis	Pla:plasminogen activator	346
Yersinia pseudotuberculosis/pestis	16S rDNA	308

300μlの溶菌液を追加し，90Cで10分間加熱処理したのち，Phenol-chloroform-isoamylalcohol（25：24：1）の混合液を500μl加え，一分間 vortexした。その後12,000gで3分間遠心し，上澄みを新しいチューブに移しphenol混合液の抽出をもう一度繰り返した。上澄みは99%ethanol, 70%ethanolで沈殿，洗浄後200μlのTE bufferにとかし，遺伝子増幅反応に使用した。

3　遺伝子増幅

土壌から抽出したDNAは次の3つのprimersで増幅した。一つは土壌中の優位な菌群の解析のために真正細菌に共通なuniversal primer，菌類に共通な18S rDNAのuniversal primerおよび古細菌に共通なuniversal primerを使用した。この増幅産物をCy3で標識後，系統アレイおよび病原性アレイと反応させ，優位な菌相の系統分布を計測した。

一方，特定の病原細菌を検出するためのprimer setとして，表2に示したレベル3の病原体のprimer set，及びレベル2以下の人・動物の細菌性病原体のprimer set（表3）を使用し，realtime PCR法で増幅をモニターした。

第9章 DNAマイクロアレイを用いた環境サンプル中の微生物群集の解析

表3 検出のためにPrimerを作成した土壌生息病原体

菌種	レベル	系統	標準的遺伝子	汚染土	黒土	修復後土
Acholeplasma spp.	1	alfa-proteobacteria	16S rDNA	-	-	-
Achromobacter xylosoxydans	2	Beta-proteobacteria	16S rDNA	-	-	-
Acidovorax avenae group	1	Beta-proteobacteria	16S rDNA	-	-	-
Acinetobacter group	2	Gamma-proteobacteria	16S rDNA	-	-	-
Actinomadura madurae group	2	Actinobacteria	16S rDNA	-	-	-
Actinomyces bovis group	2	Actinobacteria	16S rDNA	-	-	-
Aeromonas spp.	1	Gamma-proteobacteria	16S rDNA	-	-	-
Afipia_felis group	1	alfa-proteobacteria	16S rDNA	-	-	-
Alcaligenes group	2	Beta-proteobacteria	16S rDNA	-	-	-
Anaplasma marginalis group	2	alfa-proteobacteria	16S rDNA	-	-	-
Arcanobacterium haemolyticum	2	Actinobacteria	16S rDNA	-	-	-
Arthrobacter group	1	Actinobacteria	16S rDNA	-	-	-
Bacillus cereus-thuringensis group	1	Firmicutes	16S rDNA	-	-	-
Bacteroides vulgatus group	1	CFB group	16S rDNA	-	-	-
Bartonella spp.	2,1	alfa-proteobacteria	16S rDNA	-	-	-
Bilophila-Lawsonia group	2	Delta-proteobacteria	16S rDNA	-	-	-
Bordetella pertussis	2	Beta-proteobacteria	16S rDNA	-	-	-
Borrelia group	2,1	Spiral	16S rDNA	-	-	-
Brachyspira hyodysenteriae	2	Spiral	16S rDNA	-	-	-
Branhamella catarrhalis	2	Gamma-proteobacteria	16S rDNA	-	-	-
Brenneria alni group	1	Gamma-proteobacteria	16S rDNA	-	-	-
Burkholderia cepacia group	2,1	Beta-proteobacteria	16S rDNA	-	-	-
Burkholderia group	1	Beta-proteobacteria	16S rDNA	-	-	-
C.perfringens -tetani-botulinum group	2	Firmicutes	16S rDNA	-	+	-
Campylobacter spp.	2,1	Epsilon-proteo	16S rDNA	-	-	-
Cardiobacterium hominis group	2	Gamma-proteobacteria	16S rDNA	-	-	-
Chromobacterium violaceum	2	Gamma-proteobacteria	16S rDNA	-	-	-
Chryseobacterium -Flavobacterium group	2	CFB group	16S rDNA	-	-	-
Citrobacter group	1	Gamma-proteobacteria	16S rDNA	-	-	-
Clavibacter michiganensis	1	Actinobacteria	16S rDNA	-	-	-
Clostridium coccoides group	2	Firmicutes	16S rDNA	-	-	-
Clostridium bifermentans group	2	Firmicutes	16S rDNA	-	-	-
Clostridium difficile group	2,1	Firmicutes	16S rDNA	-	-	-
Clostridium perfringens	2	Firmicutes	16S rDNA	-	+	-
Clostridium tetani	2	Firmicutes	Tetanospasmin	-	-	-
Corynebacterium group	1	Actinobacteria	16S rDNA	-	-	-
Cowdria_ruminantium	1	alfa-proteobacteria	16S rDNA	-	-	-
Edwardsiella group	2	Gamma-proteobacteria	16S rDNA	-	-	-
Ehrlichia-Anaplasma spp.	2,1	alfa-proteobacteria	16S rDNA	-	-	-
Enterobacter group	2	Gamma-proteobacteria	16S rDNA	-	-	-
Enterobacteriaceae (major)	2,1	Gamma-proteobacteria	16S rDNA	-	-	-
Enterococcus spp	2,1	Firmicutes	16S rDNA	-	-	-
Eperythrozoon group	1	Firmicutes	16S rDNA	-	-	-
Erwinia group	1	Gamma-proteobacteria	16S rDNA	-	-	-
Erysipelothrix group	2,1	Firmicutes	16S rDNA	-	-	-
Escherichia group	2,1	Gamma-proteobacteria	16S rDNA	-	-	-
Haemobartonella canis group	2,1	Firmicutes	16S rDNA	-	-	-
Haemophilus influenzae	2	Gamma-proteobacteria	16S rDNA	-	-	-
Haemophilus-Pasteurella-Actinobacillus group	2,1	Gamma-proteobacteria	16S rDNA	-	-	-
Hafnia alvei group	2,1	Gamma-proteobacteria	16S rDNA	-	-	-
Helicobacter pylori	2	Gamma-proteobacteria	16S rDNA	-	-	-
Kingella denitrificans	1	Beta-proteobacteria	16S rDNA	-	-	-
Klebsiella pneumoniae group	2	Gamma-proteobacteria	16S rDNA	-	-	-
Kluyvera ascorbata	1	Gamma-proteobacteria	16S rDNA	-	-	-
Legionella group	2	Gamma-proteobacteria	16S rDNA	-	-	-
Leptospira interrogans group	2	Spiral	16S rDNA	-	-	-
Listeria group	2	Firmicutes	16S rDNA	-	-	-
Listeria monocytogenes	1	Firmicutes	16S rDNA	-	-	-
Melissococcus pultonis group	1	Firmicutes	16S rDNA	-	-	-
Morganella group	2	Gamma-proteobacteria	16S rDNA	-	-	-
Mycobacterium spp.	3,2,1	Actinobacteria	16S rDNA	+	+	+
Mycoplasma mycoides-pneumoniae group	2,1	Firmicutes	16S rDNA	-	-	-
Mycoplasma pneumoniae group	2	Firmicutes	16S rDNA	-	-	-
Neisseria meningitidis	2	Beta-proteobacteria	16S rDNA	-	-	-
Neorickettsia-E.sennetsu	2,1	alfa-proteobacteria	16S rDNA	-	-	-
Nocardia group	2,1	Actinobacteria	16S rDNA	-	-	-
Paenibacillus larvae group	1	Firmicutes	16S rDNA	-	-	-
Pectobacterium group	1	Gamma-proteobacteria	16S rDNA	-	-	-
Photobacterium_phosphor	2,1	Gamma-proteobacteria	16S rDNA	-	-	-
Plesiomonas shigelloides	2	Gamma-proteobacteria	16S rDNA	-	-	-
Plesiomonas shigelloides	2	Gamma-proteobacteria	16S rDNA	-	-	-
Proteus -providencia group	2	Gamma-proteobacteria	16S rDNA	-	-	-
Pseudomonas aeruginosa group	2,1	Gamma-proteobacteria	16S rDNA	+	-	-
Pseudomonas group	2,1	Gamma-proteobacteria	16S rDNA	-	-	-
Rathayibacter rathayi group	1	Actinobacteria	16S rDNA	-	-	-
Rhizobium group	1	alfa-proteobacteria	16S rDNA	-	-	-
Rhodococcus group	1	Actinobacteria	16S rDNA	-	-	-
Rochalimea quintana	2,1	alfa-proteobacteria	16S rDNA	-	-	-
Rothia dentocariosa	2	Actinobacteria	16S rDNA	-	-	-
Staphylococcus spp.	2,1	Firmicutes	16S rDNA	-	-	-
Stenotrophomonas maltophilia	2	Gamma-proteobacteria	16S rDNA	-	-	-
Streptobacillus moniliformis	2	Firmicutes	16S rDNA	-	-	-
Streptococcus spp.	2,1	Firmicutes	16S rDNA	-	-	-
Streptomyces group	2,1	Actinobacteria	16S rDNA	+	+	+
Suttonella indologenes	2	Gamma-proteobacteria	16S rDNA	-	-	-
Taylorella equigenitalis	1	Beta-proteobacteria	16S rDNA	-	-	-
Ureaplasma group	2,1	Firmicutes	16S rDNA	-	-	-
Vibrio cholerae/mimicus	2	Gamma-proteobacteria	16S rDNA	-	-	-
Vibrio fluvialis	2	Gamma-proteobacteria	16S rDNA	-	-	-
Vibrio group	2,1	Gamma-proteobacteria	16S rDNA	-	-	-
Xanthomonas group	1	Gamma-proteobacteria	16S rDNA	-	-	-
Yersinia pseudotuber/pestis	3,2	Gamma-proteobacteria	16S rDNA	-	-	-

4 マイクロアレイとの反応

Universal primerで増幅しCy3で標識したDNAを,マイクロアレイと55～60℃で4時間反応させた。反応後,Laser Scannerで蛍光シグナルを定量した。

4.1 結果の解析方法
4.1.1 病原体および特定の機能を持った菌群の Screening

土壌および環境水に含まれる病原体にはヒト,動物,植物,魚貝類があるがヒトと動物ではレベル2以上の細菌とカビに限定すると表4に示したように 200～220種程度であり,マイクロアレイを使用しなくともPCR法で対応できる。我々は市販の 96 wellに病原体を増幅する primer setを作成してscreeningを行っている。この際のprimer setは細菌では 16S rDNA,標的としたprimer setを作成してscreeningを行っている。16S rDNA で特異的と思われる配列を使用しても

表4 モニターが必要と考えられる病原体菌種数

	細菌	菌類	原虫
ヒト病原体	215	136	49
動物病原体	220	8	105
植物病原体	72	1700	/
魚貝類病原体	60	13	26

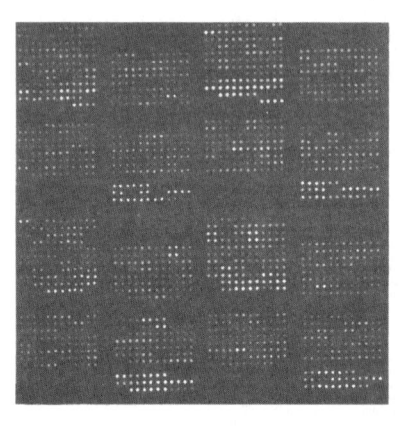

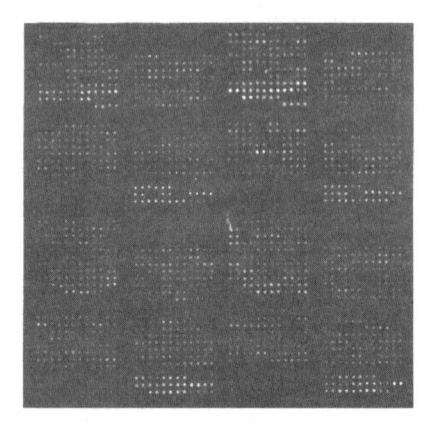

図1 石油汚染土壌の解析例

石油に汚染された土壌からDNAを抽出し,Universal primerを使った増幅したDNAを系統マイクロアレイと反応させた(左),浄化に利用する非汚染黒土壌のPCR産物をマイクロアレイで解析(右)して比較した。

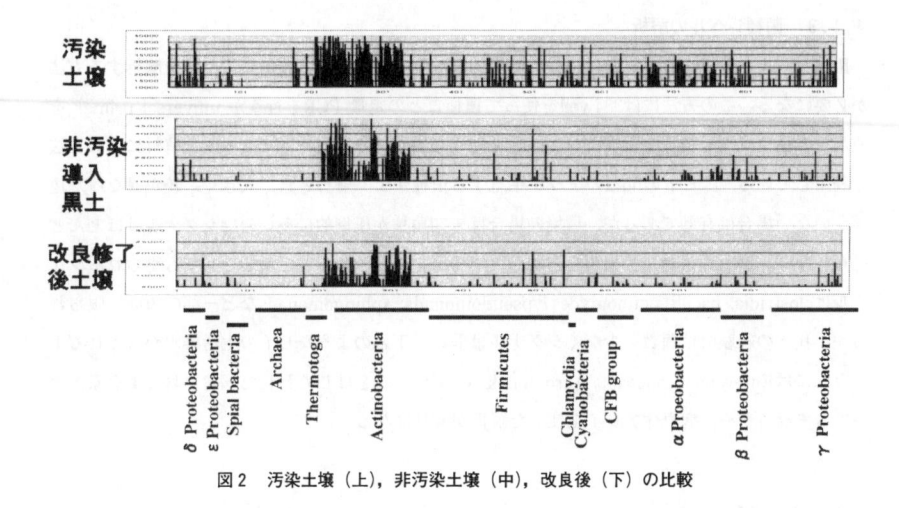

第9章　DNAマイクロアレイを用いた環境サンプル中の微生物群集の解析

汚染土壌

非汚染導入黒土

改良修了後土壌

δ Proteobacteria / ε Proteobacteria / Spial bacteria / Archaea / Thermotoga / Actinobacteria / Firmicutes / Chlamydia Cyanobacteria / CFB group / α Proeobacteria / β Proteobacteria / γ Proteobacteria

図2　汚染土壌（上），非汚染土壌（中），改良後（下）の比較

環境の材料に利用すると，まだ分類学的に記載されていない類縁の菌種が反応してくる場合があるのであくまでもscreening方法と理解している。

レベル2で病原性の強い菌種，およびLevel 3の病原体はscreeningで陽性になった場合，社会的に大きな影響をおよぼすので，病原因子を増幅する primer set を組み合わせて確認することでより的確な検出をおこなう方法をとっている。

表3には土壌に生息する病原体の 16S rDNA が汚染土壌，非汚染土壌，および土壌改良後の土壌から増幅されている。

4.1.2　優位な菌の系統解析

試料に含まれる環境中の菌数は系統ごとに異なる。土壌1g中に数百個しか存在しない菌から数億個と大きな開きがある。病原体のクリーニングのように特異的なprimerを用いれば菌数が低くても解析が可能であるが，universal primer を使用すれば優位な菌しか解析できないといった限界がある。優位な菌の系統解析に使用するマイクロアレイは属レベルで解析するので系統の分布を大まかに推測するには便利である。

解析に利用した土壌は石油汚染土壌で浄化を行う前，浄化のために外部から導入した土壌，および汚染作業を終了した時点の土壌の3つを使って比較した。

図1にはマイクロアレイの解析の画像，図2には画像処理後のデータをしめした。汚染土壌では*Actinobacteria*のsignalと*Proteobacteria*のsignalに特徴がみられる。修復後の土壌のパターンでは*Proteobacteria*のsignalが減少し，非汚染土壌のパターンに類似したシグナルが検出されている。

4.1.3 菌種レベルの解析

菌種レベルの解析を行う場合には種に特異的な配列を固定して網羅的に優位菌を解析する方法が必要になる。この方法には384wellを使って菌種ごとの定量PCRを行うかuniversal primerを使用して種レベルの識別を行うmicroarrayを使う必要がある。我々はヒトのflora解析にこの方法を利用している[2]。ヒトのfloraのように生息する菌種がよく解析され，大きく系統が異なった菌種がいない場合は有効であるが，環境の場合は未知菌種が圧倒的に多いのでシグナルはほとんど得られない。病原性菌種1012種類を搭載したマイクロアレイを土壌と反応させても得られるシグナルはclostridia, bacilli, actinomycesとpseudomonads, sphingomonadsなど一部の菌群に限られるが，我々の経験では菌数も少なくシグナルは弱い。下水のようなヒトの生活排水が含まれるような水にはEnterobacteriaceae, Aeromonas, Vibrioaceaeをはじめとした下痢をおこす病原体が多く含まれるため，病原体アレイを使った解析が有効になる。

5 おわりに

系統マイクロアレイ，および病原体マイクロアレイと遺伝子増幅方法を組み合わせて環境中の微生物相を網羅的解析する試みを行った。病原体の有無の測定には遺伝子増幅法，優位菌の解析にはuniversal Primerで増幅した産物を系統マイクロアレイで網羅的に解析する方法が未知の菌が多い土壌微生物の解析には適していた。今後は動物病原体，植物，魚介類などscreeningのための遺伝子増幅の系を増やす必要がある。また土壌中には植物病原体のカビが多く生息するため，カビの系統解析も重要な課題として残されているが，植物病原性菌類の遺伝子データはまだ十分には蓄積されておらず網羅的な菌類のマイクロアレイの作成には情報が不足している。

文　　献

1) 大楠清文他2003 細菌ゲノムの効率的な抽出方法の開発：糞便および喀痰からの効率的DNA/RNA精製方法の確立にむけて，日本感染症学会，東京
2) 江崎孝行2003 Realtime PCRと系統アレイを用いた微生物相の網羅的解析方法，バイオインフォマテイックスがわかる，105-111（羊土社）

第2編　自然環境中の難培養微生物

第1章 メタン生成古細菌と嫌気共生細菌
―嫌気性廃水処理プロセスを例に―

関口勇地[*1],鎌形洋一[*2]

1 はじめに

各種の無酸素環境は,難培養あるいは未培養微生物の宝庫であるという感がある。それは,まだ嫌気性微生物研究やその培養,分離の歴史そのものが比較的浅いという理由とともに,その扱いの煩雑さや,その煩雑さに対応するための技術,方法論の限界なども起因していると考えられる。しかし,近年の研究によって,それら研究レベルでの不足要素を考慮したとしても,まだあまりあるほど遺伝的に多様な未培養微生物群が無酸素環境下に存在することが明らかになってきている。またその一方で,無酸素環境下の微生物は地球科学上でもバイオテクノロジー分野においても無視できない,重要な要素を担う微生物群であることも示されている。本章では,メタン生成を伴う嫌気的環境下の難培養性微生物として主にメタン発酵型廃水処理プロセスの難培養性微生物を中心に,その解析のための方法論からそれら未培養微生物の現状に関して概説する。

2 嫌気環境下の微生物

地球上には10^{30}個レベルの原核生物を主体とした微生物細胞が存在するという概算があるが,これはその炭素量としては地球上の植物の総炭素量に匹敵するという推定がなされている[1]。この推定で重要な点は,その微生物細胞の大部分(9割以上)が,底泥や地殻中などの無酸素環境下(嫌気環境下)に存在しているということである。このことは,地球上の主要な生物圏の一つが嫌気的環境であるという可能性を示すと同時に,そこに住む微生物群の地球科学上での重要性を示している。また,その膨大な嫌気生物圏の存在は,その内部に遺伝的に多様な生物を内包していることを示唆していると考えられる。

そのような様々な嫌気微生物圏に対して,現在まで培養法あるいは分子遺伝学的なアプローチによってその群集構造とその機能を理解するための試みがなされてきた。嫌気的環境に限らず,

---

* 1　Yuji Sekiguchi　(独)産業技術総合研究所　生物機能工学研究部門　研究員
* 2　Yoichi Kamagata　(独)産業技術総合研究所　生物機能工学研究部門　グループリーダー

難培養微生物研究の最新技術

16S rRNA 遺伝子のクローンライブラリ解析などの手法が広く微生物群集構造解析に利用され，環境中に多様な未培養微生物が存在していることが明らかにされてきた[2,3]。現在，公共のDNAデータベース上にはそのような手法によって解読された配列を含む 16S rRNA 遺伝子配列が15万件近く登録されており，この数は年々大幅に増加している。これは現存する特定の遺伝子配列のデータベースとしてはもちろん最大のものであるが，その大部分は環境中から直接的に得られた，培養されていない原核生物由来のものである。一方（数字を直接比較することはもちろんできないが），現在まで分離・記載されている原核生物（細菌，及び古細菌）はせいぜい6,000

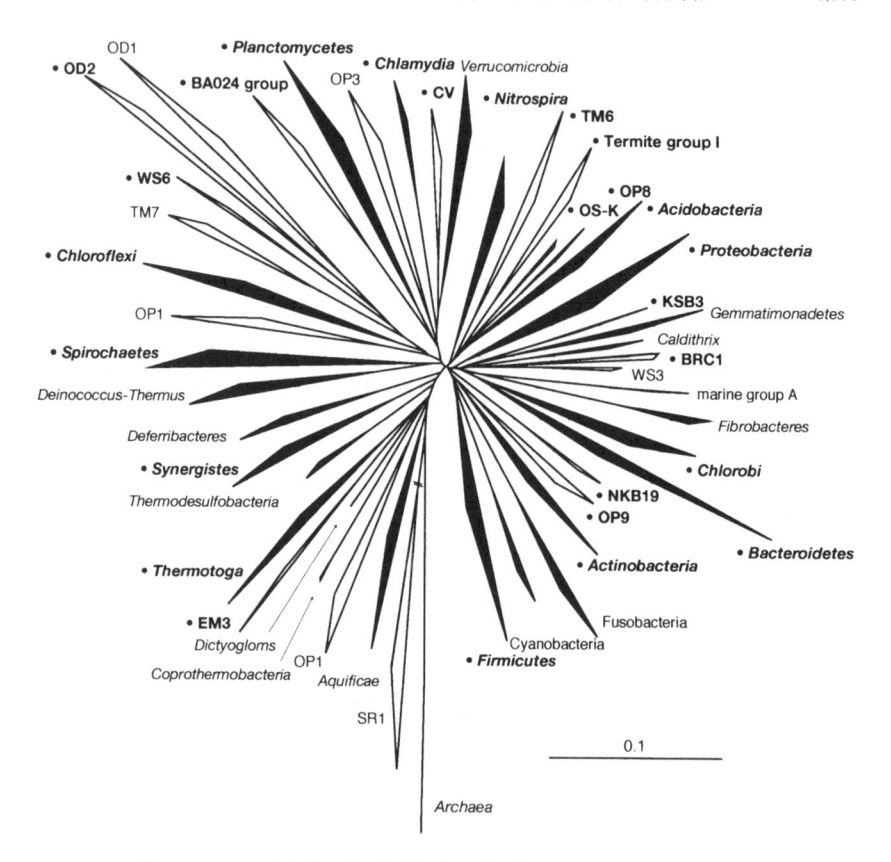

図1　16S rRNA 遺伝子に基づく（真正）細菌の門レベルの系統分類群の系統樹

Hugenholtz 1998, 2002を元に，現在までに確認できる主要な門レベル系統群を示している。白抜きの系統分類群（記号で示されている系統群）は培養された生物を含まない未培養系統群を示す。また，●でマークされた系統群は，嫌気性廃水処理プロセスで比較的高頻度で検出されることのある系統群を表している。

第1章　メタン生成古細菌と嫌気共生細菌—嫌気性廃水処理プロセスを例に—

種程度に過ぎない。

　そのような 16S rRNA 遺伝子配列に基づいて，細菌，古細菌の系統分類群を門（phylum/division）レベルで鳥瞰してみると，現時点では細菌において少なく見積もっても45以上の門レベルの系統分類群を確認することができる（図1）。この内，100種以上の既に培養，記載された生物を含む系統分類群は*Proteobacteria*や*Firmicutes*門などわずか6門程度である。また，1〜100種程度の培養された生物を含む分類群は，18門程度存在する。残りの20門以上はまったく培養されておらず，その 16S rRNA 遺伝子配列が環境中から多数検出されているのみで，その正体はほとんど分かっていない未培養クローンクラスタである。古細菌においても状況は同じであり，門もしくは綱や目に相当すると考えられる系統分類群の約半数は，培養された生物を含まない未培養系統群としてのみ認識が可能である（図2）。

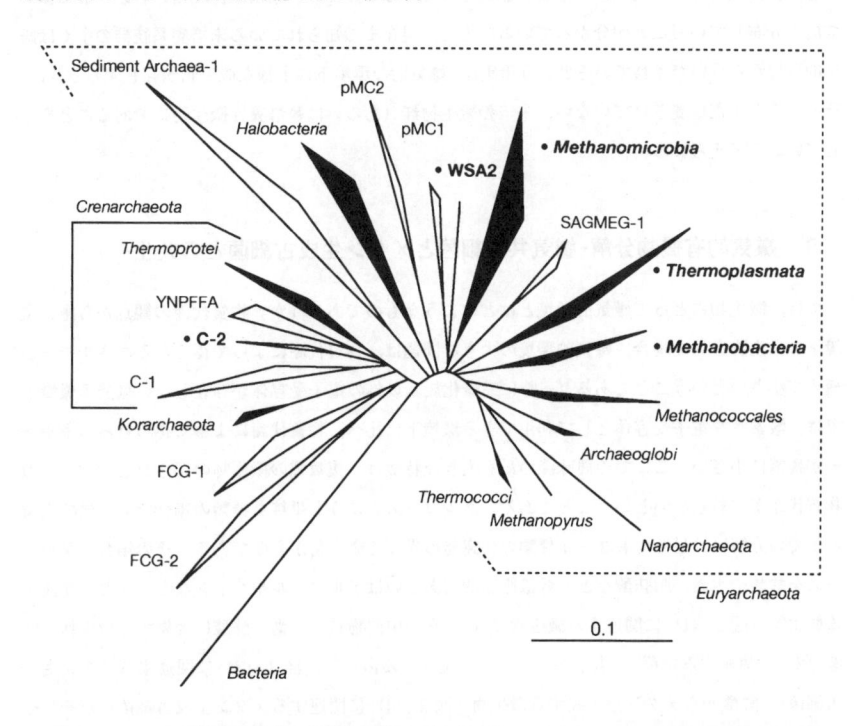

図2　16S rRNA 遺伝子に基づく古細菌の門もしくは綱（あるいは目）レベルの系統分類群の系統樹

Hugenholtz 1998, 2002を元に，現在までに確認できる主要な門もしくは綱レベル系統群を示している。白抜きの系統分類群（記号で示されている系統群）は培養された生物を含まない未培養系統群。また，●でマークされた系統群は，嫌気性廃水処理プロセスで比較的高頻度で検出されることのある系統群を表している。

ここで重要なことは，門レベルで鳥瞰してもこれだけの数の分類群が未だ培養されていないという事実と共に，これら細菌，古細菌の培養されていないクローンクラスタの多くが主に嫌気的な環境下から多数検出されているということである。細菌，古細菌の高次分類群で培養されていないグループの多くは，底泥や嫌気廃水処理汚泥など，嫌気的環境下から高頻度に検出されているものである。例えば，嫌気性廃水処理という限定された嫌気的環境一つとっても，多くの未培養系統群が検出されている（図1，図2参照）。また，門より下位の分類群をみても，極めて多くの未培養クローンクラスタに属する微生物が嫌気的環境に存在することが明らかにされている。それらの微生物群は，主に嫌気的な有機物分解において何らかの役割を担っていると考えられるが，その機能はもちろんほとんど分かっていない。

嫌気性微生物群は，現在まで培養，記載されているものでも，細菌，古細菌の各系統群に極めて広く分布していることが分かっている。また，現在まで知られている未培養系統群の多くは嫌気的環境から見いだされているという事実は，嫌気的な環境下に多様な微生物が存在すると共に，その多くが未だ培養されていない，未培養微生物群（あるいは難培養性微生物）であることを示していると考えられる。

3 嫌気的有機物分解-嫌気共生細菌とメタン生成古細菌との共生-

では，微生物にとって嫌気的環境とはどのようなものであろうか。物質代謝の観点から嫌気環境下の微生物を見た場合，嫌気的環境の大きな問題は，物質代謝によって得られるエネルギーが極めて小さいということである[4]。特に二酸化炭素以外の電子受容体が存在しない無酸素環境下では，酸素等を電子受容体として利用できる環境下に比べ，物質代謝によって得られるエネルギーが極端に小さい。ここでの興味深い最も大きな特徴は，複数種の微生物の関与なしでは一つの物質代謝が完結しないということである。グルコースのような単純な糖類の場合でも，無酸素環境下での分解には最低でも3～4種類の代謝能の異なる微生物が必要である。その場合，グルコースを酢酸や水素，脂肪酸などの低級脂肪酸（あるいはアルコールやケトンなど）などに変換する微生物（図3（1）に関連する微生物），これらの中間物質を水素と酢酸に変換する微生物（図3（2）に関連する細菌），水素からメタンを生成する微生物（図3（3）に関連するメタン生成古細菌），酢酸からメタンを生成する微生物（図3（4）に関連するメタン生成古細菌）がそれぞれ必要である[5]。このように，無酸素環境下では1つの代謝を完全に分業化し，少ないエネルギーをさらに数種の微生物でシェアしている。

第1章 メタン生成古細菌と嫌気共生細菌—嫌気性廃水処理プロセスを例に—

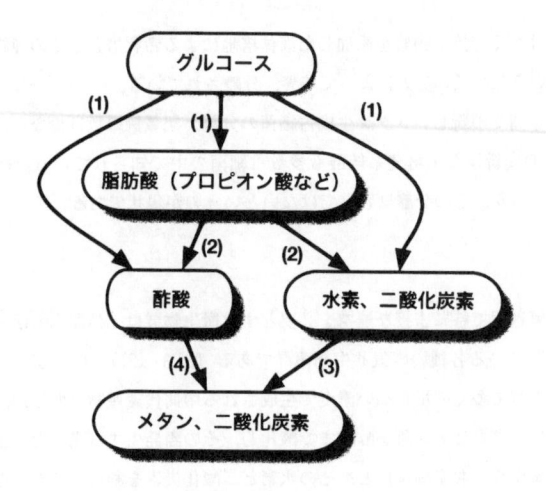

図3 メタン生成を伴う嫌気的な有機物分解経路

グルコースをモデル基質とした場合の物質分解の連携を示している。(1) はグルコースを直接分解し，酢酸やその他中間代謝産物を生成する微生物群，(2) は脂肪酸等の中間代謝産物を分解し，酢酸と水素を生成する嫌気共生細菌群，(3) は水素利用性メタン生成古細菌群，(4) は酢酸利用性メタン生成古細菌群が関与する分解パスを示している。

3.1 メタン生成古細菌

　メタン生成を伴う嫌気的な物質分解過程での最終段階を担う微生物群はメタン生成古細菌である。メタン生成を担う微生物は現在まで知られているものは分子系統的には全て古細菌のユーリアーキオタに属しており，絶対嫌気性の微生物である[6]。生理学的機能の点からは，主に水素と電子受容体として二酸化炭素を還元することによってメタンを生成する水素利用性メタン生成古細菌と，酢酸のメチル基とカルボキシル基を開裂し，それらの酸化還元反応からメタンを生成する酢酸利用性メタン生成古細菌に大別することが出来る。現在まで，メタン生成古細菌として分離，記載されているものはおよそ27属100種程度知られているが，その大部分は水素利用性のメタン生成古細菌である。一方，酢酸を利用できるメタン生成古細菌は，*Methanosaeta* ("*Methanothrix*") 属，及び*Methanosarcina*属古細菌のみである。特に*Methanosaeta*属古細菌は，酢酸のみを利用できるメタン生成菌であり，多くの嫌気的環境（特に廃水処理プロセス）において見いだされる微生物である[7~9]。*Methanosaeta*は，その環境中での重要度にかかわらず，現在まで中度好熱性及び好熱性の種がわずか2種知られているだけである。その理由は，酢酸による生育が非常に遅い（生育が確認されるのにおよそ0.5～1ヵ月程度）ということと共に，個体培地でのコロニー形成による分離がほとんど不可能であることによる。現在まで知られているこれらの分離株はどれも固

107

体培地での分離ではなく,抗生物質を添加した液体培地による希釈培養とその純粋度のチェックの繰り返し作業という気の長い努力によって培養,分離されている。

現在のところ,年間での新しいメタン生成古細菌の分離,記載例の数は少ないが,メタン生成菌と思われる遺伝的に新規な未培養系統群も多数古細菌の中で知られている。それらの培養も様々に試みられているが,その分離は容易ではないというのが現状である。

3.2 共生細菌

嫌気的な物質分解過程で特に密接な連携を必要とする微生物群は,種間水素伝達によりメタン生成古細菌と共生している各種の嫌気共生細菌群である(図3(2))。例えば,プロピオン酸は嫌気的有機物分解過程で多くの場合高い濃度で生成される中間代謝産物であるが,メタン生成を伴う嫌気的分解には,プロピオン酸を酢酸まで酸化し,その際発生する還元力を主に水素として菌体外に排出する微生物(共生細菌)と,その水素と二酸化炭素を利用しメタンを生成するメタン生成古細菌が非常に重要な役割を担っている。この反応のうち,プロピオン酸の酸化とプロトンの還元による水素の生成という酸化還元反応は,標準状態では熱力学的に進行しえない反応であるが,その生成物である水素分圧がおよそ10^{-4} atm程度まで低くなるとその反応は進行可能となる[4]。この極めて低い水素分圧を維持するには,メタン生成古細菌など,水素を低分圧下でも速やかに利用し,他の物質に変換可能な微生物が常に系内に共生していなければならない。従って,プロピオン酸の酸化を担う共生細菌は,単独培養条件下でプロピオン酸を酸化し生育することは全く不可能であるが,水素を利用できるメタン生成古細菌を添加した二者培養系では分解と生育が可能となる。ここでの共生関係を仲立ちするものは水素の授受であり,これを種間水素伝達と呼んでいる。このような現象は,細菌,古細菌間の原核生物同士の共生だけでなく,嫌気性原生動物とその細胞内共生古細菌との共生関係をつなぐものであることも明らかにされている[5]。

このような二者,あるいは三者培養系によって初めて最初の分解反応が進む物質は多岐にわたっている。また,多くの嫌気的分解過程での律速段階や重要な分解段階である場合が多いため,古くから調べられてきた現象でもある。古くは "*Methanobacillus omelianskii*" としてエタノールからメタンを生成するメタン生成菌として分離された培養系が,1967年にBryantらの研究グループにってS-organismと*Methanobacterium bryantii*による種間水素伝達を介した共生系であったという発見がなされたのをきっかけに[10],このような共生現象が知られるに至っている。しかしながら,今日までこの種の共生細菌の培養と分離,記載は極めて遅いペースで進められてきた。現在でも,プロピオン酸の分解を担う共生細菌は,*Syntrophobacter*属細菌や*Smithella*属細菌など3属6種程度しか知られていない[11,12]。比較的よく調べられている安息香酸などを分解する微生物に関しても2属4種といった状況であり[13],これは他の代謝段階を担う嫌気性微生物群に比べ極

第1章 メタン生成古細菌と嫌気共生細菌―嫌気性廃水処理プロセスを例に―

端に少ない数である。その理由は，この種の共生細菌群の培養，分離が極めて困難であるためであり，このような微生物は典型的な嫌気環境下の難培養性微生物と言ってよいであろう。

3.3 その他の微生物

また，図3の(1)に関わる微生物群に関しては，最も古くから調べられているにもかかわらず，まだその全容が全く分かっていない。様々な糖類やタンパク質，脂質を利用する嫌気性微生物はかなりの数の分離と記載がなされている。しかしながら，一般的にはこの種の細菌として*Clostridium*属細菌などがよく知られているものの，一般の嫌気的環境下でこのような微生物が優占菌種である例は極めて少ないといって良い。今後，実際の環境中で優占しているこの種の細菌（あるいは古細菌）の解析と培養，分離は大きな課題であろう。

4 嫌気性廃水処理プロセス

嫌気性廃水処理等，嫌気性廃水・廃棄物処理プロセスは，これらの多様な嫌気性微生物を活用し，高効率に廃水・廃棄物中の有機物を無機化あるいは減量化するプロセスである。本プロセスは省エネルギー・創エネルギー型の廃水，廃棄物処理プロセスとして工学上重要な地位を占めている[14,15]。また，そのプロセスにおいて形成される微生物群集（汚泥）は地球上の様々な環境下の嫌気的有機物分解プロセスを単純化したアクセスしやすいモデル生態系と位置づけることもできる。現在までに様々な種類の嫌気性廃水処理技術が開発されてきたが，中でも上昇流嫌気性スラッジブランケット（upflow anaerobic sludge blanket, UASB）法は特に単純かつ巧妙な原理に基づく高効率型嫌気性廃水処理プロセスであり，高濃度有機性廃水処理分野における中核的な技術である。主に食品製造過程で排出される廃水を中心として，現在世界で1,200基を超えるフルスケールUASBプラントが稼働している。また，その適用可能な廃水種や処理条件も拡大されてきており，様々な化学製造プラントからの廃水（例えばフタル酸類を高濃度で含有する廃水など）や，低温（<20℃）あるいは高温（50〜60℃）条件での処理への適応なども実現されている（通常の一般的な処理温度は30〜40℃）。以下，これらのプロセスにおいて形成される微生物群集構造と，その中に存在する難培養性微生物，未培養微生物の例をいくつか紹介する。

4.1 嫌気性廃水処理プロセスにおける各種共生細菌

嫌気性廃水処理プロセスでは，しばしば処理水中のプロピオン酸の蓄積が問題となる。プロピオン酸が処理水中に蓄積する場合，その分解を担う共生細菌群の働きにおいて何らかの現象（活性の低下など）が起こっていると考えられているが，その機構は十分に解明されていない。これ

ら，嫌気性廃水処理プロセス内での物資分解の鍵を握っているが培養が極めて困難な共生微生物群に焦点をあて，現在までいくつかの研究グループが共生微生物を培養・分離を試みてきている。私たちの研究グループでもさまざまな嫌気性共生細菌群を分離する試みを行っており，現在までにいくつかの細菌を分離している。

　高温処理（50～60℃）UASBプロセスでは，特に顕著なプロピオン酸の蓄積の問題が起こっているが，長い間，中度好熱性の嫌気性プロピオン酸酸化共生細菌の分離例は皆無であった。以前より，メタン生成古細菌との共生系による集積（主に優占しているのはプロピオン酸酸化共生細菌とメタン生成古細菌であるが，まだ他の微生物も多く共存している状態）は可能であったが，純粋な共培養系や，プロピオン酸酸化共生細菌の単独での分離までには至っていなかった。例によって，生育速度が非常に遅いということと（生育が確認できるのに通常1ヶ月を要する），生育が不安定であるという理由による。井町らは，本微生物を分離するため，いくつかの戦略を新たに取り入れ，中度好熱性プロピオン酸酸化共生細菌の分離に成功している[11, 16]。まず，はじめにプロピオン酸でプロピオン酸酸化共生細菌を集積培養し，希釈培養などでなるべく純粋な集積系を構築する（この際，プロピオン酸での集積系の倍加時間は6日程度，生育には通常1ヵ月程度を要する）。その後，rRNAアプローチを取り入れ，集積系に優占している細菌を分子遺伝学的に同定すると共に，その微生物に対して特異的な *in situ* hybridization 用の蛍光DNAプローブを作成する。その後，より速く対象とする共生細菌の生育を支える基質（かつ可能であればメタン生成古細菌との共生に依らずに単独で生育可能な基質）を探索するため，今度はプロピオン酸以外の様々な基質を含む培地にその集積系を植種，培養する。生育が確認できたものについては，菌体を固定後，作成したDNAプローブによって *in situ* hybridization を行い，標的とする共生細菌が培養系内に優占的に生育しているかどうかを確認する。しかし，ここでは集積培養系内にまだ存在する夾雑細菌ばかりが増殖する場合が多く，その場合は再度，プロピオン酸による集積培養系の純度を高める様々な工夫を行い，再度，異なる基質を含む培地での培養とDNAプローブによるスクリーニングを行う。このような作業を延々と繰り返し，最終的には共生細菌が単独で培養できる条件を見いだし共生細菌を"純粋分離"する。その後，メタン生成古細菌と再構成してプロピオン酸で培養し，共生細菌とメタン菌の生育が確認できるかどうか試すという，非常に手間と時間のかかる分離方法を採用している。しかし，こうまでしなければ分離できない微生物群が，共生細菌群であるといってよいであろう。

　もう一例をあげると，高濃度フタル酸含有廃水は，テレフタル酸製造過程で大量に排出されているが，この種の廃水を嫌気性的に処理する場合，しばしばその処理が不安定になり，フタル酸の分解が停止する問題があることが知られている。フタル酸のメタン生成を伴う分解に関しては，その分解に寄与する微生物の分離例は皆無であったが，最近この分解をメタン生成古細菌との共

第1章 メタン生成古細菌と嫌気共生細菌—嫌気性廃水処理プロセスを例に—

生系で行うことができる細菌が1株分離された[17]。この微生物は，フタル酸を基質としてメタン生成古細菌とともに培養した場合，生育が確認できるまで2～3ヶ月を要する非常に生育速度の遅い微生物群であり，培養時も何らかの要因で突然生育しなくなり，フタル酸の分解も停止することが頻繁に観察された。この微生物の分離にも上記と同様のアプローチが取られており，気の長い，根気強い努力が払われている（分離には約2年程度を要している）。しかし，これらの微生物の生理学的特徴をより詳細に検討することによって，廃水処理時の物質分解において起こる諸問題を解決する糸口が見つかるのではないかと考えている。

4.2 グラニュール汚泥の構造を決定する糸状性細菌

次は，グラニュール汚泥という構造を決定する上で重要な機能を果たしている難培養性微生物の例を示したい。UASBプロセスの大きな特徴は，反応槽内に顆粒状の汚泥（グラニュール汚泥）を形成することである。グラニュール汚泥は，嫌気的有機物分解に必要な多様な微生物を内包した球状の生物膜であり，その内部に特徴的な生態系を構築している[14, 18]。この汚泥は沈降性が極めてよく，廃水処理時の汚泥と処理水の固液分離において欠くことのできない重要な機能を果たしている。従って，グラニュール汚泥の形成とその形状の維持はUASBプロセスを安定的に運転する上で最も重要な項目の一つである。この汚泥の形成には様々な要素が影響を与えているが，その中でも最も大きな要素と考えられているのは，汚泥を構成するいくつかの微生物種の存在である。中温UASBグラニュール汚泥では，糸状性の*Methanosaeta*属古細菌の存在が極めて重視されており，良好な沈降性を示す汚泥ではほぼ例外なくこの種の微生物が汚泥の主要な構成微生物種として存在していることが観察されている。一方，高温（50～60℃）UASBプロセスでは，糸状性の*Methanosaeta*はほとんど観察されず，これらの微生物は通常短い桿菌として存在していることが知られている。しかしながら，良好な沈降性を示す高温グラニュール汚泥では，例外なく非常に細い糸状性の微生物がグラニュール表面を完全に覆っていることが観察されている（図4(A)）。従って，この種の微生物がネットのような働きをして，グラニュール構造の構築と維持において重要な役割を担っていると考えられている。この微生物がどのような微生物であるかは長らく謎であったが，高温グラニュール汚泥に対するフルサイクルrRNAアプローチを適用することによって，本微生物群が，細菌の網もしくは目レベルのクローンクラスタ（環境16S rRNA遺伝子配列が多数得られているが，全く培養されていない系統分類群）に属する難培養性微生物群であることが明らかになった。このクローンクラスタは，Green non-sulfur bacteria, subdivision I（*Chloroflexi*-1）として以前より認知されていた典型的なクローンクラスタであった[18]。

また興味深いことに，この種の微生物は場合によっては汚泥のバルキング化も引き起こすことも後に明らかとなった。油揚げ製造工程から排出される有機性廃水を高温UASBプロセスで処理

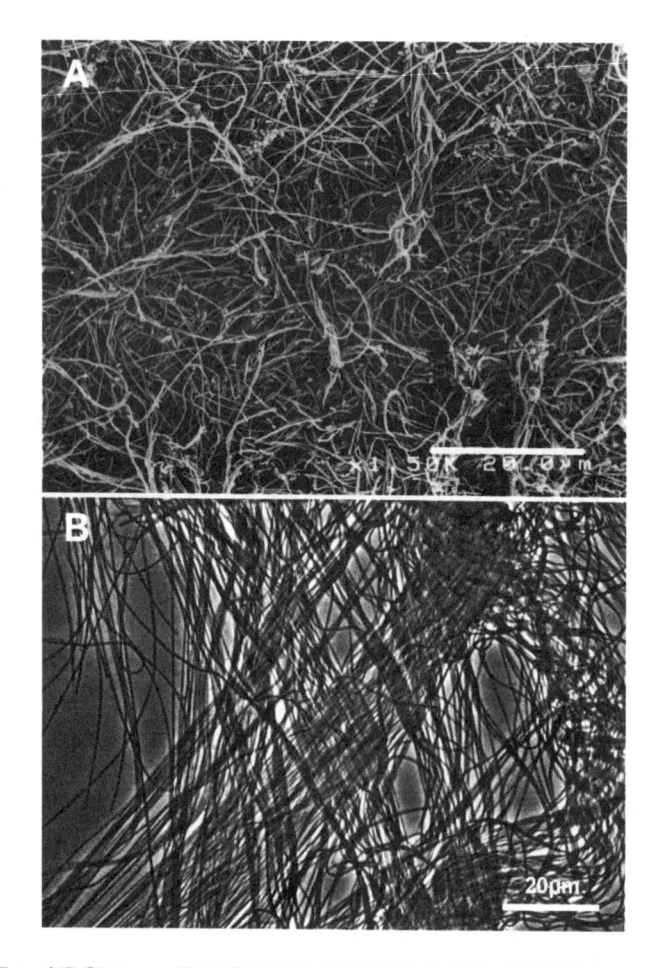

図4 高温グラニュール汚泥の表面を覆う糸状性細菌の走査型電子顕微鏡写真（A）と，
その分離培養株（*Anaerolinea thermophila* UNI-1株）（B）

している際，通常のグラニュール汚泥の形状が変化し，沈降性の悪いふわふわした汚泥（バルキング汚泥）が形成された。その要因を詳細に調査した結果，*Chloroflexi*-1目に属する糸状性細菌の異常増殖がバルキング現象を引き起こしていることが判明した[19]。また後に，様々な試みの末，目レベルの本クローンクラスタを代表する微生物が分離され，その生理学的特徴が明らかにされている（図4（B））[20]。この微生物は，いくつかの限られた糖類を基質として発酵的に生育する微生物であるが，この微生物で生理学上重要な点は，糖類を発酵的に利用する際，生成する還元

第1章 メタン生成古細菌と嫌気共生細菌―嫌気性廃水処理プロセスを例に―

力をほとんど全て水素として放出する上，その水素で自ら生育阻害を起こすことである。従って，通常，純粋培養系でこの細菌を生育させると，その生育速度は極めて遅く（倍加時間は3日程度），非常にわずかの菌体量しか生成しない。しかしながら，本細菌を水素利用性のメタン生成古細菌と共培養すると，生育速度が倍程度増加すると共に，菌体収量も非常に上昇する。従って，本微生物は，図3の(1)及び(2)の分解を包括する代謝能を持ち，かつグルコースのような基質において一般的な共生細菌と同じような生育特性を示す微生物であるということができる。このような微生物の存在が見いだされたのは珍しく，上述のような生理学的特徴が現在まで長く培養されてこなかった理由の一つであろうと思われる。

また，同じようなバルキング現象は，通常の中温性（30～40℃処理）UASB反応槽内でも観察されている。異性化糖製造過程で排出される廃水を処理するUASBプロセスでは，突発的なバルキング現象と汚泥の浮上，流出という問題が起こる場合がある。この原因を調査した結果，*Chloroflexi*-1細菌とは明らかに異なる，新しい種類の糸状性細菌の異常増殖がそのバルキング化を誘発していることが明らかとなった[21]。16S rRNA 遺伝子を特定した結果，本微生物は細菌の門レベルのクローンクラスタに属する細菌（KSB3という門レベルの未培養系統群，図1）であり，現在までそれに近縁な微生物は全く培養されていない。本微生物も*Chloroflexi*-1細菌の場合と同様，通常はグラニュール汚泥表面に存在しているが，何らかの要因で異常増殖し，その汚泥をバルキング化することが分かっている。しかしながら，今のところ何がその異常増殖を誘発しているか全く分かっていない。また，本微生物群を現在まで様々な方法で培養を試みているが，全く培養できていない。このように，処理現場においては多数存在し，非常に重要な役割を担っているにもかかわらず，何らかの要因で人為的には簡単に培養できない微生物が，まだまだ多く存在しているのである。

4.3　他の未培養微生物群とそれらを解析するためのアプローチ

上記以外にも，嫌気性廃水処理汚泥には現在まで様々な未培養系統分類群の存在が示唆されている。図1及び2に，嫌気性廃水処理プロセスの微生物群集に対する 16S rRNA 遺伝子解析の結果，比較的高頻度で検出されるグループを示している。このように，非常に多様な微生物が検出されていると同時に，その中には未だ培養された微生物を含まない系統群が多数含まれている。例えば，細菌の門レベルのクローンクラスタであるBA024という系統群は，テレフタル酸含廃水を処理する嫌気性廃水処理プロセスにおいて非常に高頻度で検出されているグループであるが，まだその機能は全く分かっていない[22]。また，古細菌においても，WSA2という網もしくは目レベルの未培養系統分類群が知られているが，特定の嫌気性廃水処理プロセスにおいて極めて高頻度で検出されている。このように，嫌気性廃水処理プロセスという，ある程度人工的で，機

能的にも限定されたプロセスにおいても，これだけの未培養微生物が存在するということは，まだまだこの分野には広大なフロンティアが横たわっていることを意味するものであろう。

逆に考えると，廃水処理プロセスという人為的に単純化された生態系を有する汚泥であるにもかかわらず，その中に嫌気性生物圏に存在する多様な微生物の多くを安定的に内包しているのが嫌気性廃水処理汚泥であるともいえる。特に，グラニュール汚泥は生物膜という構造を形成するため，これら未培養のクローンクラスタを whole cell fluorescence *in situ* hybridization 法により検出・視覚化し，その形態や存在量を容易に推定できると同時に，グラニュール汚泥内での各未培養微生物の空間分布から，それらの微生物の生理学的機能を間接的に予測することができる。すなわち，グラニュール汚泥では，汚泥表面からグラニュール中心部にかけて，嫌気的な有機物分解過程に伴う微生物の空間的棲み分けと，それによるスムーズな物質の授受を行うという巧妙な構造が成り立っている。例えば，図3に単純化して示したような物質の流れが，グラニュール表面からその深部にわたって層構造をなして進行するという構造をしていることが分かっている。従って，この汚泥内部のどの部分に対象とする未培養微生物が存在するかを調べれば，ある程度その生理学的機能を推定することが出来るようになっている。このようなグラニュール汚泥は，現在まで未培養である遺伝的に新規な微生物の機能や役割を研究する上で，絶好のモデル生態系であるといえる。

5　おわりに

現在まで，機能が未知で培養困難であり，様々な嫌気環境下に多く存在し，その生態系で何らかの重要な働きをしていると思わる嫌気性微生物を分子遺伝学的に同定するとともに，いろいろな工夫と努力でそれらを培養，分離して，その機能を明らかにするという研究が世界で進められてきている。その結果，現在まで未知であった細菌の系統分類群に属する微生物が少しずつ分離・培養され，その機能も明らかになってきた。その過程で，環境中での複数の微生物間の共生現象など，様々な興味深い生物現象が明らかになってきている。その一方で，未培養の系統群はまだまだ多数存在していることが分かっている。しかし，おそらくその多くは一層の努力と工夫で今後培養することが可能になっていくであろう。このような地道な培養は古くから行われてきたが，その重要度は現在更に増してきていると思われる。現在培養できない微生物をいかに培養し，その機能を解析することは，古くて，またまだまだ新しい課題であろう。

第1章　メタン生成古細菌と嫌気共生細菌―嫌気性廃水処理プロセスを例に―

文　献

1) W. B. Whitman *et al.*, *Proc. Natl. Acad. Sci. USA*, **95**, 6578-6583（1998）
2) P. Hugenholtz, *Genome Biol.*, **3**, reviews0003.1-003.8（2002）
3) P. Hugenholtz *et al.*, *J. Bacteriol.*, **180**, 4765-4774（1998）
4) B. Schink, Microbiol. and Molecul. *Biol. Review*, 262-280（1997）
5) 鎌形洋一ほか, 日本農芸化学会誌, **76**, 721-723（2002）
6) 古賀洋介ほか, 古細菌の生物学, 東京大学出版会（1999）
7) G. B. Patel *et al.*, *Int. J. Syst. Bacteriol.*, **40**, 79-82（1990）
8) Y. Kamagata *et al.*, *Int. J. Syst. Bacteriol.*, **42**, 463-468（1992）
9) Y. Kamagata *et al.*, *Int. J. Syst. Bacteriol.*, **41**, 191-196（1991）
10) C. A. Reddy *et al.*, *J. Bacteriol.*, **109**, 539-545（1972）
11) H. Imachi *et al.*, *Int. J. Syst. Evol. Micribiol.*, **52**, 1729-1735（2002）
12) Y. Liu *et al.*, *Int. J. Syst. Bacteriol.*, **49**, 545-556（1999）
13) Y.-L. Qiu *et al.*, *Arch. Microbiol.*, **179**, 242-249（2003）
14) Y. Sekiguchi *et al.*, *Curr. Opin. Biotechnol.*, **12**, 277-282（2001）
15) G. Lettinga *et al.*, *Wat. Sci. Tech.*, **35**, 5-12（1997）
16) H. Imachi *et al.*, *Appl. Environ. Microbiol.*, **66**, 3608-3615（2000）
17) Y.-L. Qiu *et al.*, *Appl. Environ. Microbiol.*, **70**, 1617-1626（2004）
18) Y. Sekiguchi *et al.*, *Appl. Environ. Microbiol.*, **65**, 1280-1288（1999）
19) Y. Sekiguchi *et al.*, *Appl. Environ. Microbiol.*, **67**, 5740-5749（2001）
20) Y. Sekiguchi *et al.*, *Int. J. Syst. Evol. Micribiol.*, **53**, 1843-1851（2003）
21) T. Yamada *et al.*, in preparation（2004）
22) J.-H. Wu *et al.*, *Microbiology*, **147**, 373-382（2001）

第2章　環境中の多様な石油分解菌

渡邉一哉*

1　はじめに

　石油分解菌とは，石油の成分である炭化水素などの石油系化合物を分解する微生物に対する俗称である。石油は現在の我々の生活にとって必要不可欠なものであると同時に，その採掘，輸送，利用の際に環境中に流出し，環境汚染の原因になってきている。よって多くの場合，石油分解菌は環境浄化に役立つ有用微生物と考えられている。また石油分解菌の持つ炭化水素変換酵素は，有用化学物質を合成するバイオプロセスに利用できる可能性があり，新たな側面からも石油分解菌に注目が集まってきている。一方，ガソリンの主成分となる比較的低分子量の炭化水素は油田中でも比較的速やかに微生物に分解されることを考えると，石油分解菌は石油産業にとっては"やっかい者"であると言える。

　今までに石油分解菌と同定された微生物のほとんどが，対象とする石油成分の化合物（炭化水素等）を唯一の炭素源として単独で増殖できるものである。しかもそれらのうちの多くが，石油系化合物を唯一の炭素源とした集積培養中で速やかに増殖したか，または寒天プレートで比較的大きなコロニーを形成したことにより，単離されてきている。その結果，特定の分類学的グループ（例えば*Pseudomonas*が含まれる*Gammaproteobacteria*など）に属す石油分解菌が広く知られるようになってきた。また，これらの石油分解菌から炭化水素分解系酵素をコードする遺伝子がクローニングされ，炭化水素の分解機構や分解系酵素の発現機構に関する知見が得られてきている。今までにかなり多様な炭化水素に対する微生物分解機構が解明され，それら知見は石油汚染環境の浄化（バイオレメディエーション）に役立てられる一方，一部の酵素は炭化水素変換バイオプロセスに利用されようとしている。

　今までになされた石油系化合物の微生物分解に関する研究の量は，かなりのものと言える。しかし，分子微生物生態学的手法により石油汚染環境から検出された微生物と単離された石油分解菌が一致しない場合が多いことなどを考えると，環境中の多様な石油分解菌やそれらの持つ分解系酵素が十分に理解されたとは言い難く，さらなる研究が必要と考えられる。本項では，近年の論文に発表された石油系化合物や他の環境汚染物質に対する分解菌の単離・解析の例を中心に，

　＊　Kazuya Watanabe　海洋バイオテクノロジー研究所　微生物利用領域　領域長

第2章　環境中の多様な石油分解菌

より多様な石油分解菌を単離するための方法について考えていきたい。またそれを基に，環境中の多様な石油分解菌をより深く理解し，また環境浄化などにより効率よく利用していくための方法について考えていきたい。

2　多様な石油分解菌を単離する試み

今までに単離された石油分解菌の多くが，高濃度の対象化合物を唯一の炭素源としたバッチ集積培養の繰り返しや，高濃度の対象化合物を唯一の炭素源として含む寒天培地を用いた固相培養を経て単離されてきている。その結果として考えられることは，対象化合物を分解・利用して最も速く増殖できる極めて限られた石油分解菌のみが結果として得られてきたのではないかということである。裏返せば，環境中にはもっと多様な石油分解菌（同じ化合物に対する分解菌）がいるはずということになる。残念ながら，多くの場合新しい化合物に対する分解菌を取ることの方に努力が注がれ，同じ化合物に対する分解菌の環境中での多様性や，単離法の得られてくる石油分解菌への影響を検証した例は極めて少ない。以下に，広い意味での石油系化合物（炭化水素や環境汚染物質も含めて）に対する分解菌を単離する際に単離法の影響を調べた例を挙げる。

2.1　標識基質を用いた直接プレート法

Forneyらのグループは，農薬として使われていた2,4-dichlorophenoxyacetic acid（2,4-D）の分解菌を例に，直接プレート法（環境サンプルの懸濁液を液体培養を介さずに直接寒天プレートに塗布し，菌をコロニーとして増殖させる方法）と液体集積培養法（対象化合物を唯一の炭素源とする液体培地に環境サンプルを植種し，増殖してくる微生物を後にプレート培養によりコロニーとして単離する方法）により土から得られてくる2,4-D分解菌の多様性について解析した[1]。また，直接プレート法においては，一般細菌培養用の有機物プレートに放射線ラベルされた2,4-Dを加え，菌体が標識されたコロニーを検出することにより分解菌を特定する方法を用いた[1,2]。その結果159株を2,4-D分解菌として単離し（液体集積培養法により85株）たところ，repeated extragenic palindromic sequence PCR（rep-PCR）により，それらは30個（液体集積培養法の85株からは5個）のゲノムタイプに分けられた。2,4-D代謝系遺伝子のプローブハイブリダイゼーションによる解析で，液体集積培養法の85株のほとんど（98％）が *Alcaligenes eutrophus* JMP134（pJP4）株の*tfdA*と*tfdB*遺伝子に相同な遺伝子を保有することが明らかとなった。一方直接プレート法単離株においては，*tfdA*と*tfdB*遺伝子に相同な遺伝子を保有するものが42％，*Burkholderia* sp. RASC株の*tfdA*と*tfdB*に相同な遺伝子を保有ものが27％，どちらのプローブとも反応しないものが30％であった。以上の結果は，より多様な2,4-D分解菌が直接プレート法により得られてく

ること，さらに液体集積培養により分解系遺伝子の多様性も減少してしまうことを示している。Forneyらは，その原因として，比較的高い基質濃度の液体培地を使ったバッチ集積培養での特定の菌の優先的な増殖を挙げている。放射線ラベルされた基質を用いる直接プレート法は，分解活性を持っているがそれを唯一の炭素源としては利用できない分解菌を検出することも可能であり（この場合他の増殖基質をプレートに添加しておく），今までに単離されてこなかった石油分解菌を単離できる可能性を持った有効な方法と考えられる。

2.2 連続培養集積法

我々のグループは，フェノール処理活性汚泥中で重要な役割を果たしているフェノール分解菌を同定し，その性質を調べることを目的に研究を行なってきた。その際には，幾つかの異なる単離法を用いてフェノール馴養活性汚泥からフェノール分解菌を単離し，得られてくる菌株の比較を行なった[3,4]。用いた単離方法は，①フェノール（初発濃度500 mg・liter^{-1}）を唯一の炭素源とするミネラル培地を用いたバッチ集積培養後に有機培地プレートを用いてコロニーを単離（バッチ集積法），②フェノールを唯一の炭素源とするミネラル培地を連続的に添加するケモスタット培養による集積後に有機培地プレートを用いてコロニーを単離（連続集積法），③活性汚泥の懸濁液をフェノール（500 mg・liter^{-1}）を唯一の炭素源とするミネラル培地プレートに塗布しコロニーを単離（選択プレート法），④活性汚泥の懸濁液を有機培地プレートに塗布しコロニーを単離（有機プレート法）の4つであった。得られたコロニーを適当数広い，rep-PCRによるタイプ分け及び16S rRNAを遺伝子の分子系統解析行なったところ，表1に示すような結果が得られた。この表は，バッチ集積法が非常に選択性の高い方法であることを示している。バッチ集積法により得られた菌株は，*Pseudomonas*及び*Acinetobacter*に属すものであった。一方，他の方法で得られた菌株は分子系統的に多様性に富んでおり，*Alphaproteobacteria*，*Betaproteobacteria*，*Gammaproteobacteria*，*Actinibacteria*などに属していた。分子系統的違い以上に興味深かった点は，単離株のフェノール分解活性及びフェノールでの増殖特性の違いであった。バッチ集積法により得られた単離株は，フェノールを炭素源としたバッチ培養中で速やかに増殖するが，分解活

表1 フェノール処理活性汚泥から単離した菌株のタイプ分け

単離法	拾ったコロニー数	16S rRNAタイプ（属レベル）	Rep-PCRタイプ	活性汚泥中の主要菌の割合
バッチ集積法	35	2	2	0/35
連続集積法	22	5	8	5/22
選択プレート法	30	7	7	3/30
有機プレート法	16	5	10	5/16

第2章 環境中の多様な石油分解菌

性のフェノールに対する親和性は他の方法により得られた菌株に比べて低いものであった（Haldaneの式を用いた動力学的解析における基質親和定数[K_m]は3μM以上）。一方，他の方法で得られた菌株は，フェノールを炭素源としたバッチ培養中での増殖は悪く，1mM以上のフェノール濃度で増殖できないものが多かった。しかし，フェノールに対する親和性は高く，どれも基質親和定数は1μM以下であった。フェノール馴養活性汚泥によるフェノール分解の動力学的解析では，やはり基質親和定数が1μM以下であったので，バッチ集積法以外で単離された親和性の高いフェノール分解菌が活性汚泥中のフェノール分解を担っていると考えられた。また，連続集積法で得られたフェノール分解菌の幾つかは，フェノールに対して高親和性であるのに加えて，きわめて高い比活性（菌体単位重量あたりのフェノール分解活性）を持っていた[3]。例えば，連続集積単離株の一つである *Comamonas testosteroni* R5 のフェノール分解活性のV_{max}（Haldaneの式の理論的最大活性）は，バッチ集積法により得られたフェノール分解菌のV_{max}の20倍以上であった。これは，高いV_{max}/K_mを持ったものは，炭素源であるフェノールが制限因子となる連続集積培養中でのフェノールに対する競合関係において有利であったためと考えられる。

後にR5株の持つフェノール分解酵素（phenol hydroxylase: PH）の遺伝子がクローニングされ，PHのフェノールに対する酵素学解析がなされた[5]。その結果，R5株のPHは，過去に*Pseudomonas*などからクローニングされたPHに比べ高い基質特異性と高い基質親和性を持つものであることが明らかになった。連続培養集積法により単離された他のフェノール分解菌*Ralstonia eutropha* E2株からは，高い基質親和性，高いフェノール耐性及び広い基質範囲を持つPHがクローニングされている[6]。これらの結果は，連続集積法により基質親和性の高いPHが獲得されること，環境中には多様な動力学的性質や基質特異性を持ったPHが存在していることを示している。同様のことが他の酵素にもあてはまるとすると，バイオプロセスに利用する酵素を探す際には微生物単離法の選択に注意を払うことが必要であると考えられる。

単離源とした活性汚泥から 16S rRNA の遺伝子（rDNA）及びPH遺伝子をPCRにより増幅し，その中の多様性を変性剤濃度勾配ゲル電気泳動（denaturing gradient gel electrophoresis: DGGE）で解析した[4]。これにより，活性汚泥をフェノールにより馴養することにより，rDNA，PHともに一つの遺伝型が出現してくることが明らかになった。これらの配列を解読し，上で示したように単離した菌株のrDNA及びPH遺伝子の配列と比較したところ，連続集積法，選択プレート法または有機プレート法によって，フェノール馴養活性汚泥に出現したrDNA及びPHと同じ遺伝子配列を持つ単離株が得たことが解かった。フェノール分解の動力学的特性も活性汚泥のそれと一致していたことから，これら菌株はフェノール処理活性汚泥中で重要な役割を果たしているフェノール分解菌と考えられた。

活性汚泥は一つの連続処理系と考えられる。よって，それを模倣した連続集積法により活性汚

泥中の主要フェノール分解菌が単離されてきたことは，いわば当然の結果である。また，連続培養中での菌の増殖とバッチ培養中でのそれは大きく異なることを考えると，バッチ集積法で得られたフェノール分解菌が活性汚泥中ではマイナーなタイプであることも納得できる。環境中での微生物の役割を知るために微生物を単離しようとする時には，その環境の特徴を理解し，単離法の選択の参考にしていかなければならない。

2.3 生物膜集積法

ケント大学のBurnsらのグループは，多環芳香族化合物（polycyclic aromatic hydrocarbons, PAH）分解菌を土壌中から単離する際に，バッチ集積法と生物膜集積法（ポリカーボネートのフローセルに付着した土壌由来の微生物に対象化合物を唯一の炭素源とする培地を連続的に供給して，生物膜を増殖させる方法）の比較を行った[7]。炭素源として加えたのは，ナフタレンとフェナンスレンであった。バッチ集積物と生物膜集積物のけん濁液から有機培地プレートにより150個のコロニーを単離し，その多様性を 16S rRNA 遺伝子をターゲットにしたsingle strand conformation polymorphism （SSCP）により解析したところ，バッチ集積法からは12個のSSCPパターンが，生物膜集積法からは36個のパターンが得られた。さらに，それぞれの集積物から抽出したRNA中の 16S rRNA 遺伝子の多様性を解析したところ，バッチ集積物中からは*Proteobacteria*の遺伝子のみが回収されたのに対し，生物膜集積物からは*Bacteroidetes*，*Actinobacteria*，*Proteobacteria*の遺伝子が回収された。以上から，生物膜集積物中の方が多様な細菌が増殖していることが示された。また，生物膜集積物の細菌の分子系統的性質は単離源の土壌中のそれと似通っていたことから，土壌中でのPAH分解を解析するには，生物膜集積法の方が適している可能性が示唆された。単離菌株中からPCRにより回収したPAH分解系遺伝子の解析により，生物膜集積物中の代謝系遺伝子の多様性も示された。

生物膜集積法は，一つの連続培養集積法と考えることができる。ここに示した例では，操作が比較的煩雑なわりには効率よく多様な分解菌が単離されてきたとは言えず，分解菌単離という意味では生物膜集積法を強く推奨できない。しかし，生物膜集積物中では多種の微生物が隣接状態にある中で石油系化合物が分解されており，環境中での石油系化合物の分解機構やその際の微生物間の相互作用を知る上で有効なモデル系になりうるものと考えられる。

3　より多様な石油分解菌を理解するために

「2　環境中の多様な石油分解菌を単離する試み」では，従来から用いられてきたバッチ集積法以外の単離法を用いることにより多様な分解菌が単離できた例を紹介した。しかし，いくら多

第2章 環境中の多様な石油分解菌

様な分解菌が単離されるからといって，それで環境中の分解菌の多様性や石油系化合物分解のメカニズムが十分に理解できるとは言えないと考えられる。発酵プロセスに良く見られるように分解の過程を複数の微生物が担当している場合などは，集積物が得られても分解菌は単離されない。このような考えを基に，近年石油系化合物の分解における微生物間の相互作用の解明を目的とした研究が始められており，それらの中の幾つかでは微生物間の相互作用が石油系化合物の分解において重要であることが示されてきている。ここでは，環境中の多様な石油分解菌やそれらが関与する分解機構を理解するために必要になる微生物間の相互作用について考えていきたい。

3.1 中間代謝産物シェア

ドイツGBFのTimmisらのグループは，河川底泥から4-クロロ安息香酸（4CB）を唯一の炭素源としたケモスタット培養により，安定して4CBを分解するコンソーシアを集積した[8]。このコンソーシアは5 mMの4CBを含む培地の供給速度（希釈率）を $0.64day^{-1}$ まで上げても基質を完全に分解し，中間代謝産物の蓄積も検出されなかった。分子生態学的手法による解析結果を基に4株（MT1株，MT2株，MT3株，MT4株）のコンソーシア構成メンバーのバクテリアが単離され，その中で *Pseudomonas* sp. MT1が4CBの分解を担うポピュレーションを構成するものと同定された。しかし，MT1は希釈率を0.2に上げると4CB分解の中間代謝産物である3-chloro-cis-cis-muconate（3CM）が蓄積し，その後に4CBが分解されなくなってしまった[9]。MT1株と集積コンソーシアについて分解経路の各ステップの酵素活性を比較するとともに，同位体炭素でラベルされた中間代謝産物のパルスチェースによりラベルされる脂肪酸の分析などから，コンソーシア中でも4CBはMT1株によって分解されるものの，3CMなど幾つかの中間産物はMT1株の細胞外に出て，MT2株やMT3株によって代謝されていることが明らかになった。このように中間代謝産物をシェアすることにより，コンソーシア内の代謝がスムーズになり，集積物は高負荷の4CBも分解できると考えられた。4CBを唯一の炭素源とする分解菌のみを単離したのでは，コンソーシア内のこのような代謝ネットワークが解らないばかりか，中間産物を効率よく代謝できる酵素を解析する手がかりも得られなかったと考えられる。他の場合には，ある微生物が代謝経路の入り口の経路のみを担当し，その後の経路は別な微生物が担当していることもあると考えられる。対象とする化合物を唯一の炭素源として生育できる微生物を対象として研究していたのでは，環境中の多様代謝系酵素を理解できないであろう。

3.2 分解促進因子

我々は，発がん性の高いベンズピレン（benzo[*a*]pyrene）を分解する微生物コンソーシアの研究を行ってきた。このコンソーシアは非汚染の土壌から回収されたもので，軽油を添加すると培

121

養開始から一週間程度後にベンズピレンの分解を開始する[10]。この分解は軽油の添加に依存しており，分解が始まる前に不溶性のベンズピレンの培地中への移行が観察される。さらに，軽油を添加する代わりに，ベンズピレンを入れずに軽油のみで一週間程度培養したコンソーシアの培養上清のろ過物を添加すると，速やかなベンズピレンの分解が起こった。我々はベンズピレン分解菌の単離を試みているが，未だにベンズピレンを唯一の炭素源として生育する微生物が得られていない。しかしこの単離の過程で，ある特定微生物の培養上清のろ過物には，土壌由来のコンソーシアによる軽油非添加でのベンズピレンの分解を促進する効果があるが発見された[11]。特に分解促進効果が高い培養上清は，*Rhodanobacter* sp. BPC1 株から回収された。興味深いことに，この株はベンズピレンを分解できないばかりか，直鎖化水素，芳香族炭化水素，ガソリンや軽油などでも増殖できなかった。そこで，BPC1株がベンズピレン分解コンソーシア中に本当に存在するのかをこの株の 16S rRNA 遺伝子に特異的なPCRにより解析したところ，ベンズピレンの分解に先立って他のバクテリアとともにBPC1が増殖していることが示された。以上の結果により，BPC1のポピュレーションはコンソーシア内の他のバクテリアの代謝産物などを利用して増殖し，その増殖の結果ベンズピレンが可溶化され，ベンズピレン分解菌による分解が始まる可能性が考えられた。このような協力関係（分解促進剤の生産）の下にベンズピレンが分解されるとすると，このコンソーシアからベンズピレン分解菌を単離するのは容易なことではないと考えられる。しかし，ベンズピレンの分解における相互作用が解ってきたことで，滅菌したBPC1株の培養上清を用いればベンズピレン分解菌を集積・単離することも可能になるかもしれない。

3.3 細胞間シグナリング物質

微生物が特殊な化学物質（細胞間シグナリング物質）を低濃度で生産し，相互のコミュニケーションを図っていることが知られるようになってきた[12]。病原菌がある一定の微生物数を確保してから病原因子を生産する際や，微生物膜の形成の際に細胞間シグナリングを利用しているというデータが得られてきている。また，細胞外の細胞間シグナリング物質の濃度により，様々な遺伝子の発現が影響されることが示されている。バクテリアを単離する際にプレートに細胞間シグナリング物質を添加することで，単離の効率が上昇することも示されてきている[13]。また，オックスフォード大学のManefieldらは，活性汚泥からフェノール分解菌の集積を行う際に，細胞間シグナリング物質を添加しその効果を調べている[14]。その結果，$2\mu M$程度の細胞間シグナリング物質を添加した系のおいては安定したフェノール分解が起こることが示されている。細胞間シグナリング物質のフェノール分解に与える影響の作用機構は不明であるが，添加により集積物中の主要微生物が替わっていることがPCR増幅された 16S rRNA 遺伝子のDGGE解析により示されているので，添加系に効率のよいフェノール分解菌が出現した可能性が考えられる。細胞間シグ

第2章　環境中の多様な石油分解菌

ナリング物質の作用機構や利用法については，今後の研究課題と考えられる。

4 おわりに

　本稿では，石油系化合物などの分解という特定の機能を有した微生物の多様性や役割を理解するために用いられてきた微生物の単離法についてまず述べ，さらに単離したのでは解からない多様な微生物反応（相互作用など）についても記した。環境中での石油化合物の分解は様々な微生物の相互作用によってなされていると考えられる。よって，より多様な石油分解菌を理解・利用したいと考えた場合には，分解菌を単離してそれらを解析するのではなく，集積物などとして得られる微生物コンソーシアを解析したほうがよいと筆者は考える。一つの有力なアプローチとしては，まず環境サンプルから特定の化合物を効率よく分解する微生物コンソーシアを集積し，分解の分子機構の解析に関しては集積物メタゲノム（複数微生物のゲノムの混合物）から直接関連遺伝子のクローニングを試みる方法が挙げられる。残念ながらメタゲノムから石油化合物などの分解系の遺伝子が単離・解析された例は未だにないが，メタゲノム解析技術が進歩してくればこの方法は広く使われるようになると思われる。メタゲノムアプローチにより，微生物の単離を基本とした手法では獲得できない多様な遺伝子を解析できるようになることは確実で，またそれら多様な遺伝子の環境中での（例えば，汚染に伴う）発現解析から多様な遺伝子の役割が明らかになってくることも期待される。

　バイオレメディエーション等の微生物学的環境浄化プロセスを制御・高効率化することを目的として，数多くの微生物が単離され，それらの分解系の分子生物学的解析がなされてきた。しかし，未だに環境浄化プロセスの制御・高効率化という目的は達成されておらず，このようなアプローチは限界に達しているといわざるをえない。また，単離菌の分類学的指標として広く用いられている 16S rRNA 遺伝子を環境浄化プロセスの制御の指標に用いることも推奨されない（機能と分類は必ずしもリンクしないので）。このような意味からも，関連する機能をコードした遺伝子の多様性を直接解析し，それらの発現変動から微生物プロセスの変動の理解と制御をしようとするアプローチが，今後の微生物学的環境浄化プロセス制御に関する研究開発の中心となってくると筆者は考える。

文　献

1) Dunber, J., *et al. Appl. Environ. Microbiol.* **63**, 1326 (1997)
2) Dunber, J., *et al. Appl. Environ. Microbiol.* **62**, 4180 (1996)
3) Watanabe, K., *et al. J. Ferment. Bioeng.* **81**, 560 (1996)
4) Watanabe, K., *et al. Appl. Environ. Microbiol.* **64**, 4396 (1998)
5) Teramato, M., *et al. Mol. Gen. Genet.* (1999)
6) Hino, S., *et al. Microbiology* (1998)
7) Stach, J.E.M., Burns, R.,G. *Environ. Microbiol.* **4**, 169 (2002)
8) Mau, M., Timmis, K. T. *Appl. Environ. Microbiol.* **64**, 185 (1998)
9) Pelz, O., *et al. Environ. Microbiol.* **1**, 167 (1999)
10) Kanaly, R. A., *et al. Appl. Environ. Microbiol.* **66**, 4205 (2000)
11) Kanaly, R. A., *et al. Appl. Environ. Microbiol.* **68**, 5826 (2002)
12) Whitehead, N. A., *et al. FEMS Microbial. Rev.* **25**, 365 (2001)
13) Brun, A., *et al. Appl. Environ. Microbiol.* **68**, 3978 (2002)
14) Valle, A., *et al. Environ. Microbiol.* **6**, 424 (2004)

第3章　有機性廃棄物の生分解処理と難培養微生物

春田　伸[*1]，五十嵐泰夫[*2]

1　はじめに

　自然界で発生した有機物（動植物遺体，糞便等）は微生物により分解され土へと還っている。有機性廃棄物の生分解処理はこのような自然界の営みを抽出し効率化した技術であるといえる。その代表的なものはコンポスト化である。コンポスト化はその生産物を堆肥や土壌改良剤として再利用できる最も簡便かつ安価な技術であり，古くから行われている。また近年，生産性主体の農作活動により世界各地で土壌中の有機物が不足していることから，有機資源の循環を促し土壌の枯渇を防ぐためにも重要な技術として再認識されている。世界各地で様々な処理システムが考案されており，宇宙事業においても人間活動で排出される有機物の処理リアクターが開発されている。

2　培養法に基づく微生物研究

　コンポスト化処理は微生物の存在が認識される以前から，技術者の経験に基づき行われてきた。文献をさかのぼると，1900年代からコンポスト化過程の微生物に関する論文が報告されており，培養法を中心とした研究の報告は膨大な数にのぼる（総説参照[1,2]）。また近年でも，廃棄物の処理・再利用という点から注目されているのはもちろんのこと，その複雑な微生物集団の代謝は幅広い微生物学者の興味を集めている。コンポスト化過程では，20〜40℃で進行する中温期を経た後，有機物の活発な酸化に伴い内部温度は60℃から高いところでは70℃以上まで上昇する（高温期）。これらの過程から以下に示すように多岐にわたる科に分類される細菌が分離されている[2]。

・Low G+Cグラム陽性細菌：*Bacillaceae*科，*Caryophanaceae*科，*Paenibacillaceae*科，*Staphylococcaceae*科，*Thermoactinomycetaceae*科

・High G+Cグラム陽性細菌：*Cellulomonadaceae*科，*Corynebacteriaceae*科，*Intrasporangiaceae*科，*Microbacteriaceae*科，*Micrococcaceae*科，*Nocardiaceae*科，*Propionibacteriaceae*科，

[*1]　Shin Haruta　東京大学大学院　農学生命科学研究科　寄付講座教員
[*2]　Yasuo Igarashi　東京大学大学院　農学生命科学研究科　教授

*Pseudonocardiaceae*科, *Rhodobacteraceae*科, *Streptomycetaceae*科, *Streptosporangiaceae*科, *Thermomonosporaceae*科
・CFBグループ：*Flavobacteriaceae*科, *Flexibacteraceae*科, *Sphingobacteriaceae*科
・α-プロテオバクテリア：*Bradyrhizobiaceae*科, *Caulobacteraceae*科, *Hyphomicrobiaceae*科, *Methylobacteriaceae*科, *Phyllobacteriaceae*科
・β-プロテオバクテリア：*Alcaligenaceae*科, *Burkholderiaceae*科, *Comamonadaceae*科, *Neisseriaceae*科, *Oxalobacteraceae*科
・γ-プロテオバクテリア：*Alteromonadaceae*科, *Enterobacteriaceae*科, *Moraxellaceae*科, *Pseudomonadaceae*科, *Xanthomonadaceae*科

これらの他にも偏性嫌気性である*Clostridium*属細菌やメタン生成アーキアも分離されている。また高温期にはアクチノバクテリアや*Bacillaceae*科の細菌が特徴的であり，70℃以上の高温になる処理システムからは*Hydrogenobacter* spp.や*Thermus* spp.などの好熱性細菌も見つかっている。真菌類の生菌数は細菌の100〜1000分の1と少ないが，細菌同様，幅広い多様な種が分離されている[2]。

分離・純粋培養された微生物について，高分子有機物（タンパク質，脂質，デンプン，セルロース，キシラン，リグニン，キチン，ペクチン，ケラチンなど）の分解能が調べられているとともに，選択培地を用いた集積・分離培養も行われており，各種有機物分解微生物が同定されている[2]。またアンモニア酸化，亜硝酸酸化，窒素固定などの窒素代謝に関わる微生物の探索も培養法により進められている[3,4]。その数は全体の微生物数に比べると少ないが，これらの代謝もコンポスト化において重要である。さらにコンポスト化過程での各種農薬や生分解性プラスチックの分解性が検証されており，これら難分解性物質の分解微生物の探索が続いている[2,5,6]。

このように培養法での研究は古くから幅広く行われているが，近年でも新属や新種に分類される微生物が分離されており，まだ多くの未同定微生物が存在していると考えられる。

3　有機物分解過程への分子生物学的手法の適用

培養法は微生物研究の基盤となっている技術であり，上述のように特定の代謝活性を有する微生物の検出に有効である。しかし一方で使用する培養条件により検出される微生物に偏りが生じるため微生物叢全体を把握することは難しく，また培養法の確立されていない微生物の検出は困難である。1990年代になって分子生物学的手法がコンポスト化過程の微生物叢解析にも適用されるようになってきた。しかし他の環境サンプルと異なりコンポスト化過程では，

①　大量に混在する有機物

第3章 有機性廃棄物の生分解処理と難培養微生物

② 腐熟が進むにつれ増加してくる腐植酸
③ 固体培養系

という点でしばしば解析が難しくなっている。①，③は特に顕微鏡観察の妨げになっている。一般的に微生物細胞数の顕微鏡での直接計数には各種蛍光核酸染色試薬（4',6-diamidino-2-phenylindole，ethidium bromide，acridine orange など）が用いられるが，混在する有機物の多くは蛍光顕微鏡下で自家蛍光を示すため細胞観察を強く阻害することが分かっている。また固体基質や担体への微生物細胞の付着も顕微鏡観察を困難にしている。これらは顕微鏡を利用する他の手法（direct viable count 法や fluorescence *in situ* hybridization （FISH）法など）でも大きな障壁となっている。また②は核酸抽出に影響を与える。特に腐熟堆肥からの核酸の精製は難しく，腐植酸はPCRなどいくつかの酵素反応を阻害することから核酸解析の障害となっている。さらに廃棄物（植物，動物細胞）由来の核酸が共抽出され，微生物叢解析の妨げになる場合もある。

これらの点を回避・克服し，ARDRA，T-RFLP，PCR-DGGE，PCR-SSCP，FISH，クローンライブラリー，定量PCRなどの各種手法が幅広い処理プロセスに適用されるようになってきた[7〜23]。一方，化学的バイオマーカーを利用した微生物叢解析法（キノンプロファイル法や脂肪酸プロファイル法）は①〜③の影響を受けにくく，簡易解析手法として適用されている[24〜28]。

4 培養を経ない手法による微生物の検出

上述のように様々な分子生物学的手法による解析が進められている。その手法の簡便性から数多くの試料を解析できるようになり，時間的変遷（数日毎，数時間毎など）や空間分布（表面，深部など）に関しても培養法では得られなかった新しい知見が得られてきている（例 Pedro *et al.*[12]，図1）。さらに検出された遺伝子配列等の情報から存在微生物を推定し，既知微生物の性質と照らし合わせ，分離培養条件の設定に生かされている（例 Pedro *et al.*[21]）。また特定の代謝酵素をコードする遺伝子を標的として，コンポスト化過程から数の少ないアンモニア酸化細菌を特異的に検出する試みもなされている[29]。16S rDNA などの遺伝子配列を基にした解析で，これまで培養法では検出されていなかった微生物の存在が示唆されている（図2）。その中には遺伝子配列データベース内に相同配列が見出されず，新規微生物の存在を示唆しているものもある。これらが難培養であるかどうかは不明であるが，少なくともこれまでコンポスト化過程から培養法では得られていない微生物である。

それでは，コンポスト化過程においてどれくらいの微生物が培養法で把握可能なのであろうか。平板培養法やMPN法からコンポスト化過程の生菌数は一般に10^8〜10^{11} CFU/gと報告されている。しかしコンポスト化過程において，顕微鏡を用いて直接計数した総菌数に占める生菌数の割

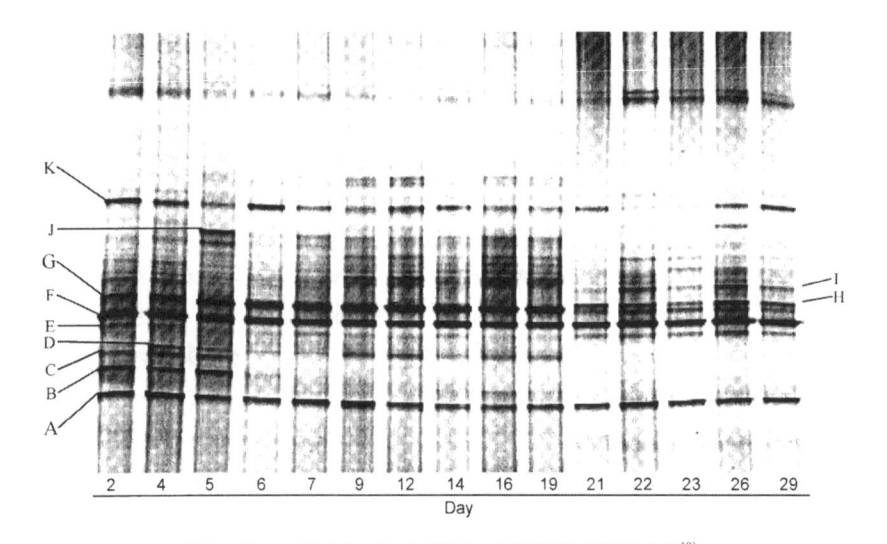

図1 フィールドスケールコンポスターの処理過程を解析した例[12]

16S rDNA を対象とした変性剤濃度勾配ゲル電気泳動法（DGGE）のプロファイル。約1ヶ月の処理過程における細菌叢の変遷を示している。遺伝子塩基配列解析の結果，それぞれのバンドは以下の微生物由来と推定される。A, *Propionibacterium acnes*；B, *Clostridium sticklandii*-like；C, *Clostridium ultunense*；D, *Bacillus infernus*-like；E, *Bradyrhizobium elkanii*；F, *Methylobacterium radiotolerans*；G, *Bacillus thermocloacae*；H, *Caulobacter bacteroides*；I・J, *B. licheniformis*；K, *Pseudomonas stutzeri*-like。バンドB，D，Kについては既知微生物との類似性が低く（相同性97%以下），-likeと表現している。

合（culturability）を明確に示した報告は少ない。報告されている中では0.01%以下から50%程度までと幅があり，culturabilityは対象とする処理プロセスや培養条件によって大きく左右される。ここで特筆すべきは，培地や培養条件を検討することで50%以上の細菌が培養できていることである[27,28]。有機物分解過程では栄養分が豊富にあることから，「生きているが増殖速度が極度に遅い」または「一般的な栄養豊富な培地では増殖できない」といった微生物の存在量は低いと予想される。また分子生物学的手法による解析からも*Bacillus*属細菌やアクチノバクテリアが多く検出されており，これらの多くは特殊な条件を必要とせず比較的容易に実験室で培養できると考えられる。実際，50%以上の高いculturabilityが観察された処理過程では，分子生物学的手法による非培養法でアクチノバクテリアが主要ポピュレーションであると報告されており，平板培養法でもそれら細菌種が主に検出されている[28]。ただしそれぞれの手法で検出される少数画分については培養法と非培養法に差異が見られており，それらの中には培養困難な微生物が含まれている可能性がある。また*Bacillaceae*科の細菌が大多数を占める他の処理過程でも比較的高いculturability（約30%）が報告されているが，培養法と非培養法で検出される細菌種は異なって

第 3 章　有機性廃棄物の生分解処理と難培養微生物

```
                                    ┌─ genus Lactobacillus
                                    ├─ Enterococcus gallinarum
                                    ├─ genus Staphylococcus
                                    ├─ genus Bacillus
                                    ├─ Gracilibacillus halotolerans
                                    ├─ Cerasibacillus quisquiliarum
                                    ├─ Uncultured bacterium
                                    ├─ genus Bacillus                    Bacilli
                                    ├─ genus Geobacillus                 (low G+C
                                    ├─ Unidentified bacterium             Gram positive bacteria)
                                    ├─ Ureibacillus thermosphaericus
                                    ├─ Caryophanon latum
                                    ├─ genus Paenibacillus
                                    ├─ genus Brevibacillus
                                    ├─ Ammoniphilus oxalaticus
                                    ├─ Oxalophagus oxalicus
                                    ├─ Aneurinibacillus thermoaerophilus
                                    └─ Thermoactinomyces vulgaris
                                    ┌─ Clostridium thermosuccinogenes
                                    ├─ Clostridium thermocellum
                                    ├─ Clostridium stercorarium
                                    ├─ Clostridium acetireducens
                                    ├─ genus Clostridium                 Clostridia
                                    ├─ Eubacterium xylanophilum
                                    ├─ Clostridium ultunense
                                    ├─ Thermoanaerobacter acetoethylicus
                                    └─ Desulfotomaculum thermosapovorans
                                    ┌─ family Flavobacteriaceae          CFB
                                    ├─ family Flexibacteraceae           group
                                    └─ family Sphingobacteriaceae
                                       Spirochaeta zuelzerae
                                    ┌─ genus Methylobacterium
                                    ├─ Phyllobacterium myrsinacearum
                                    ├─ family Rhizobiaceae               α-Proteobacteria
                                    ├─ family Rhodobacteraceae
                                    └─ family Caulobacteraceae
                                    ┌─ Paucimonas lemoignei
                                    ├─ Herbaspirillum seropedicae
                                    ├─ family Oxalobacteraceae           β-Proteobacteria
                                    ├─ family Alcaligenaceae
                                    └─ family Comamonadaceae
                                    ┌─ family Xanthomonadaceae
                                    ├─ family Pseudomonadaceae           γ-Proteobacteria
                                    ├─ family Moraxellaceae
                                    └─ family Enterobacteriaceae
                                    ┌─ Streptosporangiaceae str.
                                    ├─ Thermomonospora curvata
                                    ├─ Thermobifida fusca
                                    ├─ genus Streptomyces
                                    ├─ Beutenbergia cavernosa
                                    ├─ Cellulosimicrobium cellulans
                                    ├─ Cellulomonas flavigena
                                    ├─ family Intrasporangiaceae
                                    ├─ family Microbateriaceae           Actinobacteria
                                    ├─ family Micrococcaceae             (high G+C Gram positive bacteria)
                                    ├─ genus Propionibacterium
                                    ├─ genus Rhodococcus
                                    ├─ Mycobacterium thermoresistibile
                                    ├─ Nocardia brasiliensis
                                    ├─ Gordonia terrae
                                    ├─ genus Corynebacterium
                                    ├─ family Pseudonocardiaceae
                                    └─ genus Micromonospora
                                       Thermus thermophilus
                                       Hydrogenobacter thermophilus
                                       Methanothermobacter thermautotrophicus
                                       (methanogenic archaea)

Knuc 0.05
```

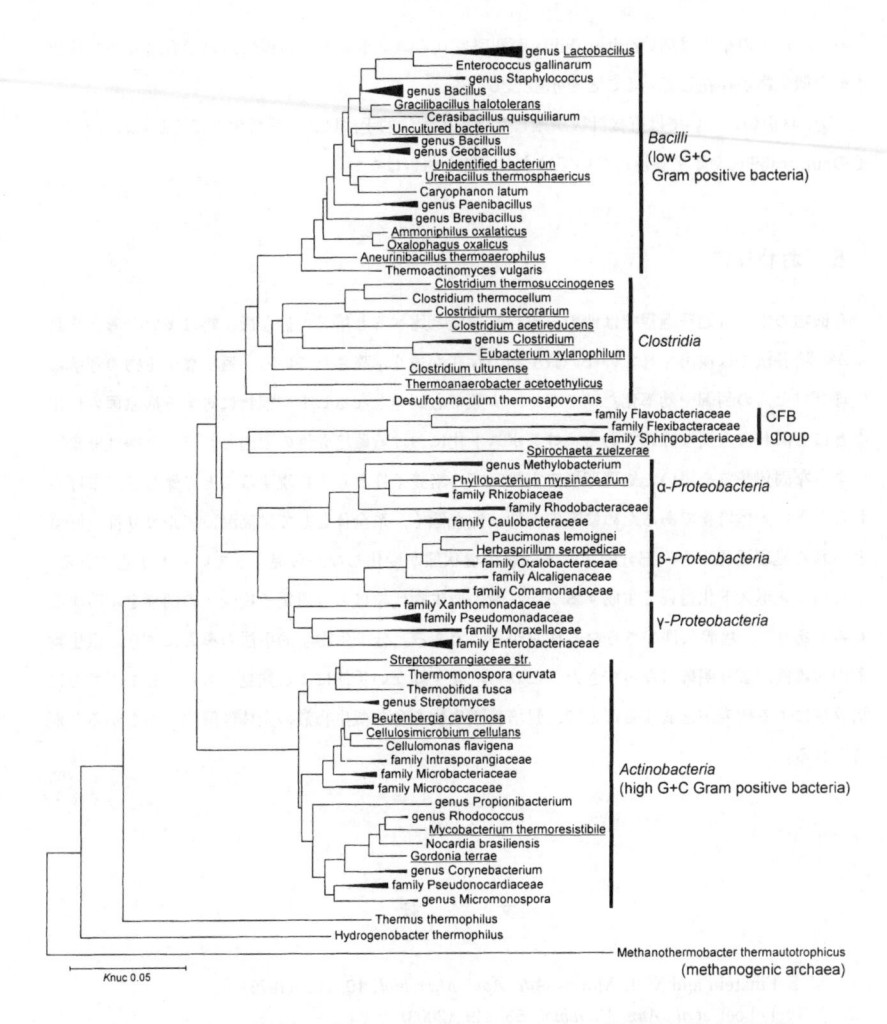

図 2　コンポスト化過程から検出されている微生物の 16S rDNA 塩基配列に基づく系統樹
主に中温期／高温期から分離されている微生物（バクテリア、アーキア）[2]とともにPCRを基にした分子生物学的解析で検出されている配列の推定近縁種[7,8,10〜13,18,19,22]を示した。コンポスト化過程から未分離の微生物（群）を下線で示した。

いる[23]。以上の結果は高いculturabilityが観察されるコンポスト化過程においても培養法で検出困難な微生物が存在していることを示唆している。

一方,真菌類については直接計数が難しく分子生物学的手法による解析例もごく限られており,そのculturabilityや難培養性についてはまだ明確な報告はない。

5 おわりに

有機物の生分解処理過程では他の一般自然環境と比べると培養可能な微生物は多いと考えられるが,培養法では検出されていない微生物の存在も強く示唆されている。難培養微生物の理解は処理プロセスの制御や効率化だけでなく,少数でも問題となるヒトや植物に対する病原菌の検出などにも関わる重要な課題である。コンポスト化における難培養性の要因として,有機性廃棄物のような固体基質を用いた処理環境を実験室での培養条件として再現することの難しさが挙げられる。また固体培養であるために系内の均一性が低く,系全体としては高温,アルカリ性,好気とされる処理過程でも,部分的には多様な環境状態が変化しながら混在していると予想される。さらにコンポスト化過程で生成するフミン酸の微生物代謝における電子授受への関与を示唆する報告もあり[30],培養条件のさらなる検討が必要である。分子生物学的手法の導入により,微生物叢の複雑性がより明確になってきた。これら培養を経ない手法による知見をもとにして,さらに培養法による研究が進展することで,難培養微生物を含む微生物叢の全体像解明につながると期待される。

文　献

1) M. S. Finstein and M. L. Morris, *Adv. Appl. Microbiol.*, **19**, 113 (1975)
2) J. Ryckeboer *et al.*, *Ann. Microbiol.*, **53**, 349 (2003)
3) T. Beffa *et al.*, "The science of composting, Part I", p.149, Chapman and Hall, London (1996)
4) S. M. Tiquia *et al.*, *Compost Sci. Util.*, **10**, 150 (2002)
5) F. Buyuksonmez *et al.*, *Compost Sci. Util.*, **8**, 61 (2000)
6) A. Ohtaki and K. Nakasaki, *Waste Manage. Res.*, **18**, 184 (2000)
7) M. Blanc *et al.*, *FEMS Microbiol. Ecol.*, **28**, 141 (1999)
8) K. Ishii *et al.*, *J. Appl. Microbiol.*, **89**, 768 (2000)
9) K. L. Ivors *et al.*, *Compost Sci. Util.*, **8**, 247 (2000)

第 3 章 有機性廃棄物の生分解処理と難培養微生物

10) S. Peter et al., Appl. Environ. Microbiol., **66**, 930 (2000)
11) P. M. Dees and W. C. Ghiorse, FEMS Microbiol. Ecol., **35**, 207 (2001)
12) M. S. Pedro et al., J. Biosci. Bioeng., **91**, 159 (2001)
13) A. Alfreider et al., Compost Sci. Util., **10**, 303 (2002)
14) S. Haruta et al., Appl. Microbiol. Biotechnol., **60**, 224 (2002)
15) S. M. Tiquia and F. C. Michel Jr., "Microbiology of composting", p.65, Springer-Verlag, Heidelberg (2002)
16) K. Uchiyama et al., "Microbiology of composting", p.83, Springer-Verlag, Heidelberg (2002)
17) Y. C. Zhang et al., System. Appl. Microbiol., **25**, 618 (2002)
18) V. R. Cahyani et al., Soil Sci. Plant Nutr., **49**, 619 (2003)
19) K. Ishii and S Takii, J. Appl. Microbiol., **95**, 109 (2003)
20) M. N. Marshall et al., J. Appl. Microbiol., **95**, 934 (2003)
21) M. S. Pedro et al., J. Biosci. Bioeng., **95**, 368 (2003)
22) S. J. Green et al., FEMS Microbiol. Lett., **233**, 115 (2004)
23) K. Nakamura et al., Appl. Environ. Microbiol., **70**, 3329 (2004)
24) L. Carpenter-Boggs et al., Appl. Environ. Microbiol., **64**, 4062 (1998)
25) M. Klamer and E. Baath, FEMS Microbiol. Ecol., **27**, 9 (1998)
26) A. Hiraishi et al., J. Gen. Appl. Microbiol., **46**, 133 (2000)
27) A. Hiraishi et al., Environ. Microbiol., **5**, 765 (2003)
28) T. Narihiro et al., Microbes Environ., **18**, 94 (2003)
29) G. A. Kowalchuk et al., Appl. Environ. Microbiol., **65**, 396 (1999)
30) M. Benz et al., Appl. Environ. Microbiol., **64**, 4507 (1998)

第4章 深海極限環境における微生物学的多様性と難培養性微生物

加藤千明[*1], 荒川 康[*2]

深海極限環境には，多くの培養困難微生物が存在しているといわれている。事実，深海環境から得られたサンプルを解析すると，実験室で分離培養できる微生物の種類と，16SリボゾームRNA遺伝子の塩基配列を指標に分子生態学の手法で多様性解析をした結果とは，大きく異なっていることが多い。本稿では，特にプレート境界域における深海底の冷水湧出（コールドシープ）帯における微生物学的多様性解析の結果を紹介し，こうした環境に特徴的に存在する多くの難培養性微生物の構造と役割について考察し，今後の研究の展望について述べる。

1 はじめに

本年4月に，Science誌において，近代ゲノム生物学の父ともいわれるCraig Venter博士により，サルガッソー海の環境ゲノム解析の報告が掲載された[1]。筆者の一人加藤は，2003年11月に米国モントレー水族館研究所で行われた「Road Map for Census of Marine Microbial Life」の会議（Chairs, Edward F. Delong and Michell L. Sogin）に参加したときに，同会議に参加していたVenter博士の同趣旨の講演をまじかに聞くことができ，いよいよゲノム解析も環境を丸ごと解析する時代に入ったのかと感を深くしたものである。同博士によると，サルガッソー海を海ゲノムのターゲットとして選んだ理由として，この海域が大西洋にありながら太平洋の海水も混じっており，「魔のバミューダ海域」として知られる巨大な海水の混じり合いが起こっている海域であること，従ってここには世界中の海を代表する生物学的多様性が存在するからであるとの説明であった。すなわち，サルガッソー海を解析すれば全海洋がわかるというのである。この説明の妥当性については議論はあるものの，彼らのゲノム解析の目的として提唱された，地球の歴史上22億年前に突然始まったといわれる酸素の大量蓄積の原因となる光合成を引き起こす遺伝子のオリジンと進化を，海洋中に現存する難培養性微生物群集から探るという方向性は見事達成されたと

[*1] Chiaki Kato （独)海洋研究開発機構 極限環境生物圏研究センター グループリーダー
[*2] Shizuka Arakawa （独)海洋研究開発機構 極限環境生物圏研究センター 実習生；
東洋大学大学院 工学研究科 応用化学専攻 博士後期課程

第 4 章　深海極限環境における微生物学的多様性と難培養性微生物

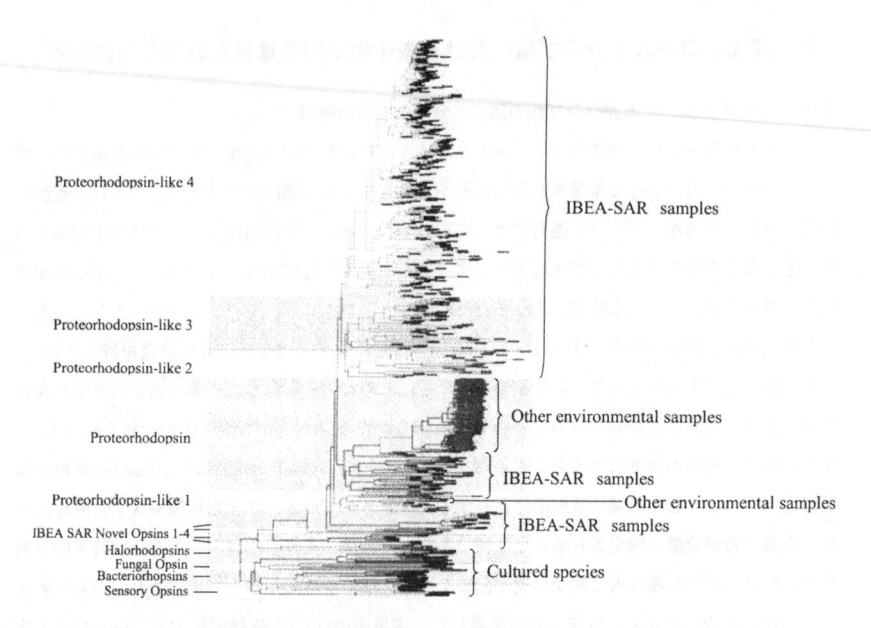

**図1　サルガッソー海ゲノムデーターベース（IBEA-SAR samples）から得られた
　　　　ロドプシン様タンパク質遺伝子の進化系統樹**[1]
IBEA-SAR sample由来の系統は，プロテオロドプシンの系統の根元に存在した。

考えられる。すなわち，進化系統的に光合成の起源タンパク質に近いとされる1群のロドプシン様タンパク質の系統が，分離培養されている微生物（藍藻類）から得られた系統群と比較してはるかに高い多様性を持って独立した系統を形成していたことを明らかにしたのである（図1）。この報告は，環境ゲノム解析という手法が，私たちの惑星上に広く存在する難培養性微生物の，生物進化研究の展開における重要性を具体的に示した例として，研究者から高く評価されている。

　本稿の話題である深海環境に存在する微生物も，その多くは難培養性で，実験室環境で分離培養することが大変困難である。したがって，前述したような環境ゲノム的な解析手法は，この環境を理解するためには必須の研究手法となっていくであろう。本稿では，これまでのコールドシープ域を中心とする深海微生物の多様性に関する筆者らの研究の現状を概観し，深海極限環境に圧倒的に多く存在する難培養性微生物に関わる構造と役割の理解に向け，「深海ゲノム研究」へ向けた未来への展望について論を展開する。

2 深海のコールドシープ域における微生物学的多様性と難培養性微生物

2.1 コールドシープ底泥サンプルの回収と分子生態学的解析

プレート境界域には，海洋底プレートの沈み込みに伴い地殻中に大量に吸入された海水が，プレート運動の圧力によって冷湧水として海底から湧き出てくる場所が存在する。これは，地殻内に吸入された海水が，プレート運動によって形成された地殻内の断層に沿って，環境中の種々の成分を含んだ富裕な水となって海底表層に戻ってくる現象として知られている。これを冷水湧出現象（コールドシープ）と呼び，こうした海底には，シロウリガイやチューブワームといった化学合成共生系生態系（エラやトロフォソーム等の器官に化学合成を司る共生細菌を持っており，これに依存して生活している生物群集の総称）をはじめとする特異な，生物・微生物群集が存在している[2]。しかしながら，こうした海域から得られたサンプルから微生物の分離を試みると，多くの場合，通常の海底に多く見られる微生物，*Vibrio*属や，*Pseudomonas*属や，*Bacillus*属類縁菌が同定され，こうした海域に特徴的に存在すると推定されている。イオウ循環やメタン酸化にかかわる微生物が分離・同定されることは稀である。これは，そうしたコールドシープ特異的な微生物群集は，多くの場合人工的な培養が困難である「難培養性微生物」で構成されているためと考えられている。そこで，近年急速に発展した，環境中のDNAを直接解析するという分子生態学的な手法を用いて，難培養性微生物を含めたコールドシープ環境全体の微生物学的多様性の特徴について解析した。方法は，筆者らの所属する海洋研究開発機構が保有する「しんかい6500」あるいは「かいこう」といった各種大深度潜水調査船（図2）を用いて，プレート境界域の海溝陸側斜面等の海域から各種のコールドシープ底泥サンプルを採取し，同サンプルから直接DNAを抽出し遺伝子解析を行った。

コールドシープ域の海底として，太平洋プレートが活発に沈み込んでいる，日本海溝陸側斜面（深度5,800～7,500m），フィリピン海プレートの移動により形成された付加体にのっかっている相模湾（深度1,170m），そして，最近（とはいっても推定500万年前）プレート活動が始まったと推定されている北東日本海（深度3,000m）の3カ所を選び，サンプリングを行った。これらの海底は，いずれも活発に地殻変動が起きており，我が国に大きな被害をもたらす地震の震源域としてもよく知られている場所である。表1に潜水調査により，無菌的に採取（微生物学的なコンタミネーションのない特別な装置，無菌採泥器を用いる採泥法）されたこれらのシープサンプルの一覧表を示した。

得られたコールドシープ底泥サンプルから直接DNAを回収し，分子生態学的手法を用いてバクテリアおよびアーキアの16Sリボゾーム遺伝子の塩基配列を指標とした，微生物学的多様性解析を行った。図3に各コールドシープ海域別のバクテリア系統樹を，また，図4にアーキアの系

第4章　深海極限環境における微生物学的多様性と難培養性微生物

(A) 有人潜水調査船「しんかい6500」　　(B) 無人潜水調査船「かいこう」

図2　大深度潜水調査船「しんかい6500」（A）と「かいこう」システム（B）
「しんかい6500」は有人潜水調査船（3人乗り）で最大潜航深度6,500mまで潜航が可能である。「かいこう」は，無人の潜水ロボットでケーブルに繋がっており，最大潜航深度が11,000mである。これらの調査船は，器用に動くマニピュレーターを搭載しており，海底でのサンプリング等の作業を可能としている。

表1　潜航調査により無菌的に採取されたコールドシープ底泥サンプルの一覧表

試料記号	採取海域	採取物	採取日	水深(m)
JT64	日本海溝(40°06'N.144°11'E)	シロウリ貝群集内側堆積物	1997.6.7	6367
JT75-1	日本海溝(40°02'N.144°17'E)	ナラクハナシ貝群集内側堆積物	1999.4.16	7337
JT58	日本海溝(40°07'N.144°10'E)	シロウリ貝群集内側堆積物	1999.4.17	5791
JT75-3	日本海溝(40°04'N.144°17'E)	ナラクハナシ貝群集内側堆積物	1999.4.18	7434
SB1	相模湾初島南東沖(35°00'N.139°14'E)	シロウリ貝群集内側堆積物	2001.12.3	1168
SB2	相模湾初島南東沖(35°00'N.139°13'E)	バクテリアマット堆積物	2001.12.3	1174
SB3	相模湾初島南東沖(35°00'N.139°13'E)	バクテリアマット堆積物	2001.12.3	1174
SB5	相模湾初島南東沖(35°00'N.139°13'E)	バクテリアマット堆積物	2001.12.3	1174
SB6	相模湾初島南東沖(35°00'N.139°13'E)	バクテリアマット堆積物	2001.12.3	1174
JS72	日本海奥尻海嶺(42°20'N.139°40'E)	バクテリアマット堆積物	2003.7.22	2965
JS82	日本海奥尻海嶺(42°42'N.139°40'E)	バクテリアマット堆積物	2003.7.23	3029
JS8R	日本海奥尻海嶺(42°42'N.139°40'E)	岩石付着バクテリアマット	2003.7.23	3029
JS91	日本海奥尻海嶺(42°42'N.139°40'E)	バクテリアマット堆積物	2003.7.24	3106

統樹を示した。

2.2　バクテリアにおける微生物学的多様性解析

バクテリアの系統樹（図3）を見ると，クローン解析の結果得られた環境微生物の16Sリボゾーム遺伝子の塩基配列は，海洋性細菌が多く含まれることで知られているプロテオバクテリアの各サブグループや，サイトファーガ・フラボバクテリアグループ等の細菌群と近縁である事が示されている。これらのバクテリア系統樹から3つのコールドシープの多様性に共通していえる事は，こうしたシープ活動に特徴的にリンクしていると考えられている，硫酸還元細菌を含むデル

難培養微生物研究の最新技術

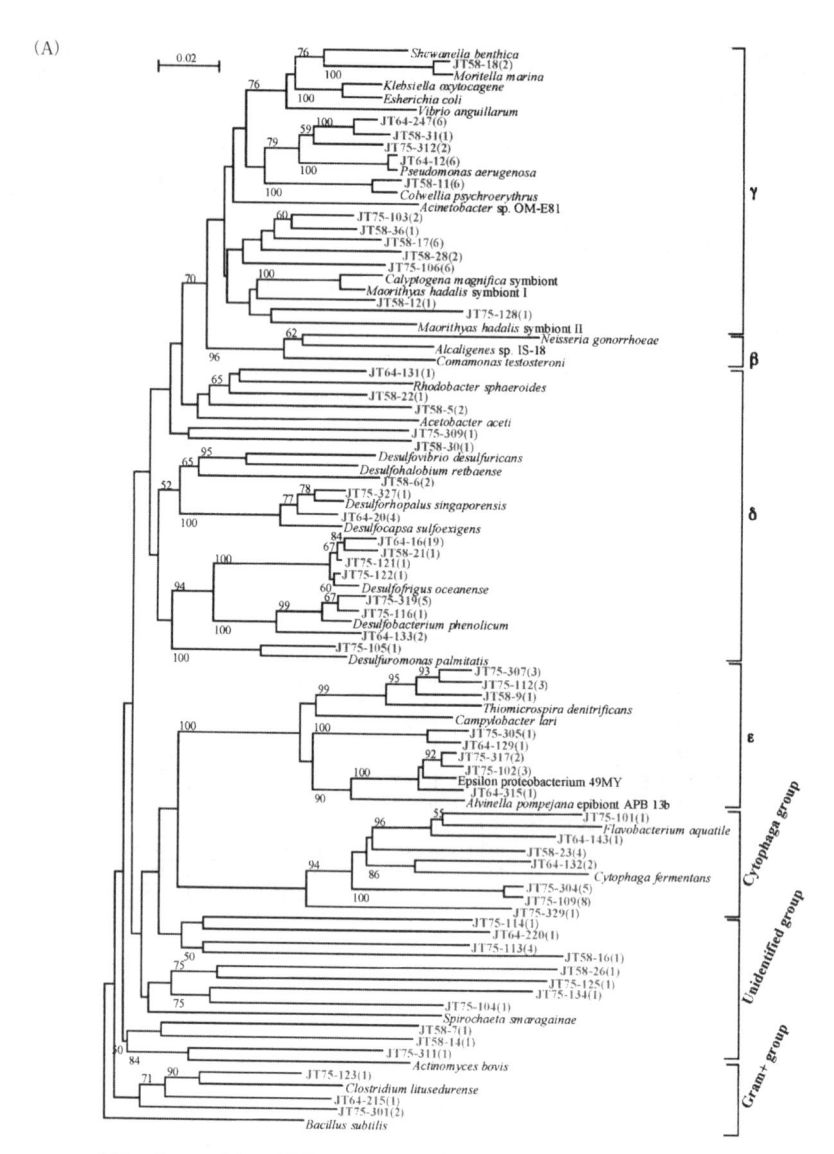

図3 各コールドシープ海域別コールドシープ底泥サンプルにおける16Sリボゾーム遺伝子を指標としたバクテリア系統樹

シープサンプルから得られた16SクローンはJT（日本海溝），SB（相模湾）およびJS（日本海）ナンバーで示し，クローンの数を括弧内に表記した。またプロテオバクテリアの各クラスターは，シンボル文字で示した。A：日本海溝，B：相模湾，C：日本海。

第 4 章 深海極限環境における微生物学的多様性と難培養性微生物

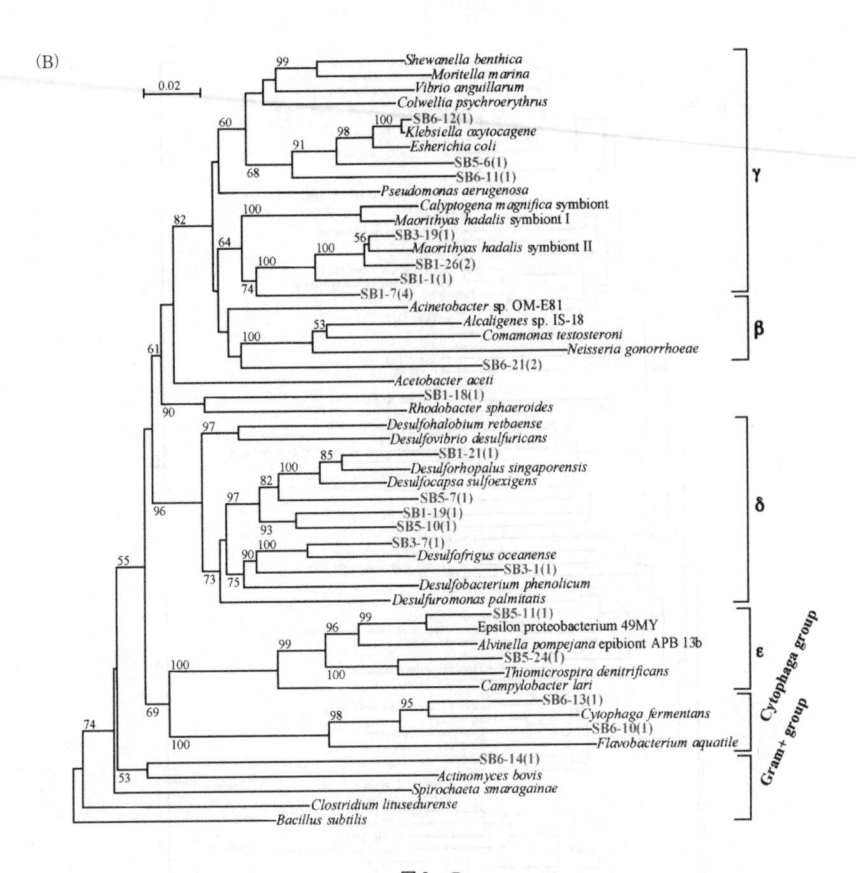

図 3 B

タプロテオバクテリアのグループと，化学合成共生系生物群集に関係していると思われるイプシロンプロテオバクテリアの微生物コミュニティーが検出されていることである。イプシロンプロテオバクテリアのコールドシープ環境中における生理学的な役割に関しては，こうした微生物の多くが実験室環境で培養する事が困難であったため謎とされてきたが，最近，Inagaki らにより沖縄トラフの熱水鉱床域からそうした微生物の分離に成功し，これが，イオウ酸化作用を有する微生物である事を報告している[3]。分離された株は，新属新種 *Sulfurimonas autotrophica* と命名され，深海環境から初めて分離されたイプシロンプロテオバクテリアに属する微生物であるという事で大変に注目された。シロウリガイ，チューブワームといった化学合成共生系生物がその体内に保有する共生細菌は，その系統関係からイオウ酸化作用を有する微生物である事が報告さ

難培養微生物研究の最新技術

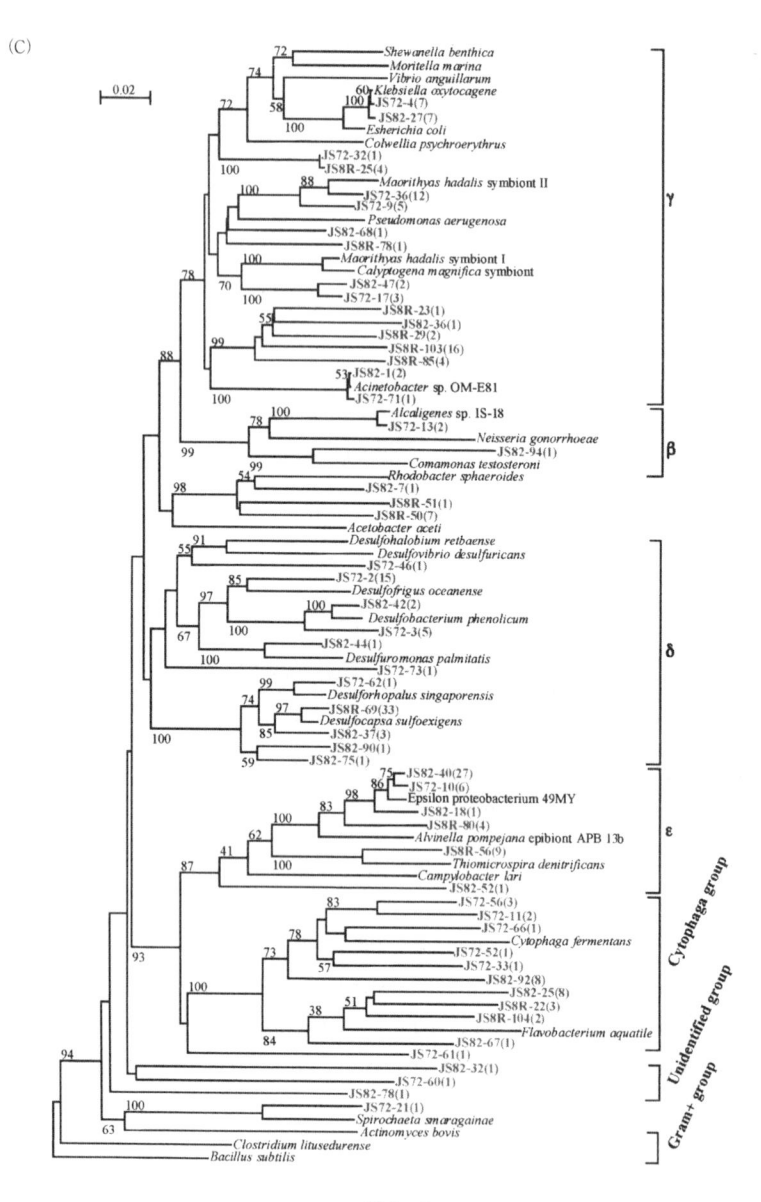

(C)

図3 C

第4章 深海極限環境における微生物学的多様性と難培養性微生物

れているが[4]，そうした生物の細胞外にも，イオウ酸化細菌のコミュニティーが存在する可能性が示された。しかしながら，細胞内共生するイオウ酸化細菌の多くが，ガンマプロテオバクテリアに含まれているのに対し，こうした環境中のイオウ酸化細菌はイプシロンプロテオバクテリアに含まれる。こうしたイオウ酸化細菌間のクラスターの違いが，どのような生理学的な役割の違いを担っているかということに関しては，現在のところ不明である。最近の知見で，熱水鉱床域に生息するある種の化学合成共生系の巻き貝において，イプシロンプロテオバクテリアが細胞内共生している例が見いだされ，これが共生細菌としてのイオウ酸化反応を担っている可能性が示唆された (personal communication with Dr. Ken Takai, JAMSTEC)。こういった知見から，これらの細菌群は，イオウ酸化という点で同様な生理学的作用を持っているのであろうと推定されるが，詳しい役割については今後の研究の展開に待たねばならないであろう。

また，水深が一番深い (5,800～7,500m) 日本海溝コールドシープの微生物群集の系統樹 (図3A) からは，こうした大深度の高水圧下によく適応している微生物—好圧性細菌—，*Shewanella*属，*Moritella*属，あるいは*Colwellia*属等[5]と近縁なクローン (JT58-18, JT58-11) も特徴的に得られている。事実，日本海溝からは，*Shewanella benthica, Moritella japonica, Psychromonas kaikoi, Colwellia piezophila* 等の好圧性細菌の分離が筆者らのグループにより報告されている[6～9]。同時に日本海溝や日本海サンプルからは，分離された既知種とは遠縁でファイラルとしてもアサインできない難培養性のグループが多く含まれることも示された。

また一方，より浅海域である相模湾シープサンプル (深度1,170m) の系統樹 (図3B) からは，多くの場合，既知の分離株と近縁な微生物クローンが確認されるが，そうした中でもコールドシープ底泥中に特異的に見られる，デルタやイプシロンプロテオバクテリアに含まれる，微生物群集が多く含まれている。ガンマプロテオバクテリアの中では，興味深いことに，日本海溝底で生息しているナラクハナシガイ (*Maorithyas hadalis*) の共生細菌II[10]と近縁なクローン (SB3-19, SB1-26) も検出され，こうした化学合成共生系生物の共生細菌がシープセディメント中にも存在しているという示唆が得られた。ナラクハナシガイにおいては，2種の細胞内共生細菌を持つことが報告されている[10]が，共生細菌Iが卵を介して親から垂直伝播をするのに対し，共生細菌IIがコールドシープ底泥中からその幼生に伝播される (水平伝播) 可能性が示唆されている (未発表データ，論文準備中)。そうした意味で，共生細菌IIと近縁なクローンがシープ環境中から得られたことは，こうした共生細菌の宿主に対する水平伝播の証拠を示すものとして大変注目している。このことは，日本海のバクテリアマット底泥 (深度3,000m, 図3C) の系統解析からも，同様なクローン (JS72-36, JS72-9) が得られ，こうした微生物は，イオウ酸化細菌で構成されるシープ直上のバクテリアマットを形成している一群の微生物群集の主役である可能性が示唆されている。こうした環境中のイオウ酸化細菌が，将来化学合成共生系生物に感染して細胞内共生

139

(A) の系統樹図

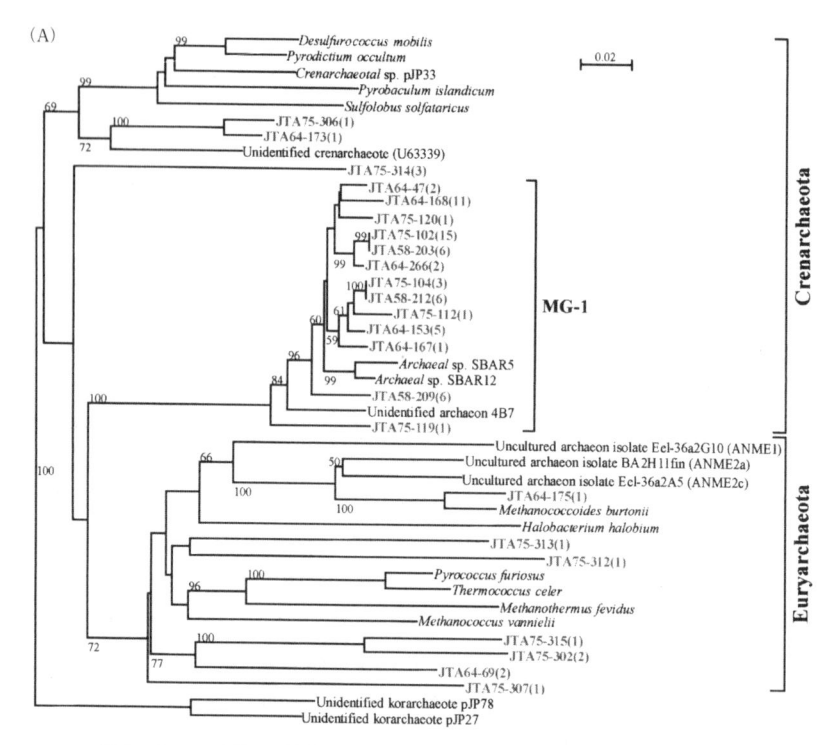

図4 各コールドシープ海域別コールドシープ底泥サンプルにおける16Sリボゾーム遺伝子を指標としたアーキア系統樹

シープサンプルから得られた16SクローンはJTA（日本海溝），SBA（相模湾）およびJSA（日本海）ナンバーで示し，クローンの数を括弧内に表記した。MG-1は，クレノアーキオタ・マリングループ1を示す。A：日本海溝，B：相模湾，C：日本海。

細菌となって機能するようになるというストーリーは，細胞とオルガネラとの共生進化の起源を考える上でもとてもリーズナブルな話であると思われる。

2.3 アーキアにおける微生物学的多様性の特徴

コールドシープ環境中における，アーキアに関する微生物学的多様性の特徴は，海洋環境中に非常にアバンダントに存在しているクレノアーキオタ，マリングループ1（MG-1）と呼ばれる，1群の16Sクローンが検出されていることと同時に，シープ環境特異的な，メタン生成，酸化に関わる微生物群の存在が確認されたことである。MG-1アーキアというのは，ピコプラントニックアーキアとも呼ばれ，一般海水中に最も多く存在する難培養性アーキアとして報告され[11]，そ

第4章 深海極限環境における微生物学的多様性と難培養性微生物

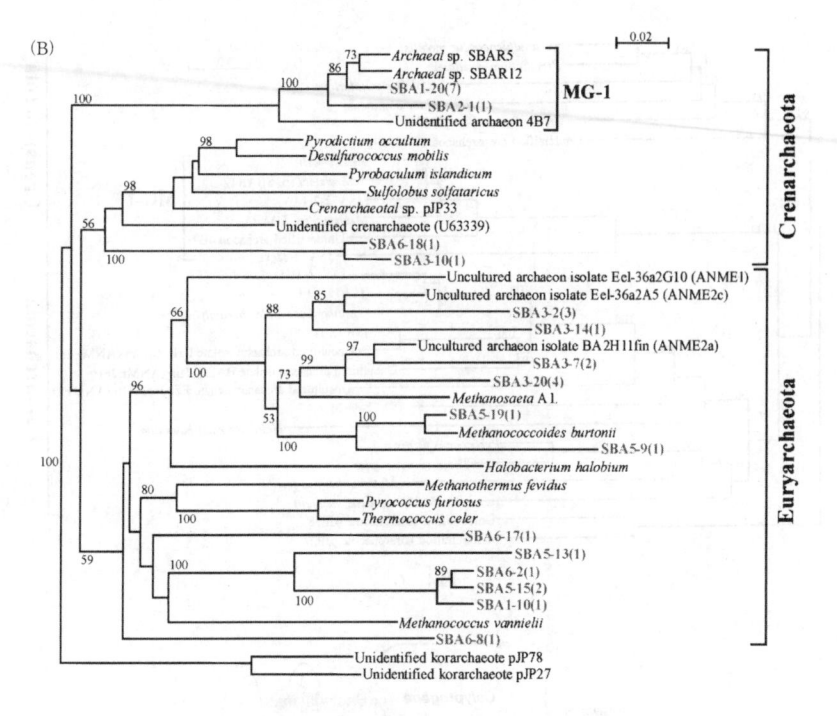

図4 B

の海洋環境における生理学的役割について関心が持たれている微生物群集である。また一方、ユーリーアーキオタのグループでは、メタン生成菌クラスターに入るものと、近年着目されている嫌気的メタン酸化アーキア（ANMEグループ）のクラスターに含まれるクローンとが、いずれのコールドシープ環境からも検出された。ANMEグループの中でも、特に硫酸還元細菌（デルタプロテオバクテリアに含まれる、以下SRBと表記）と、コンソーシウムを形成するANME-2のクラスターに含まれるクローンが確認された。こうした、ANME-2/SRBコンソーシウムは、現場環境中のメタンを酸化して硫化水素を作る（硫酸還元反応）一連の化学反応を司ることが報告されているが[12]、深海のコールドシープ環境においても同様な役割を担っていることが推定されている。

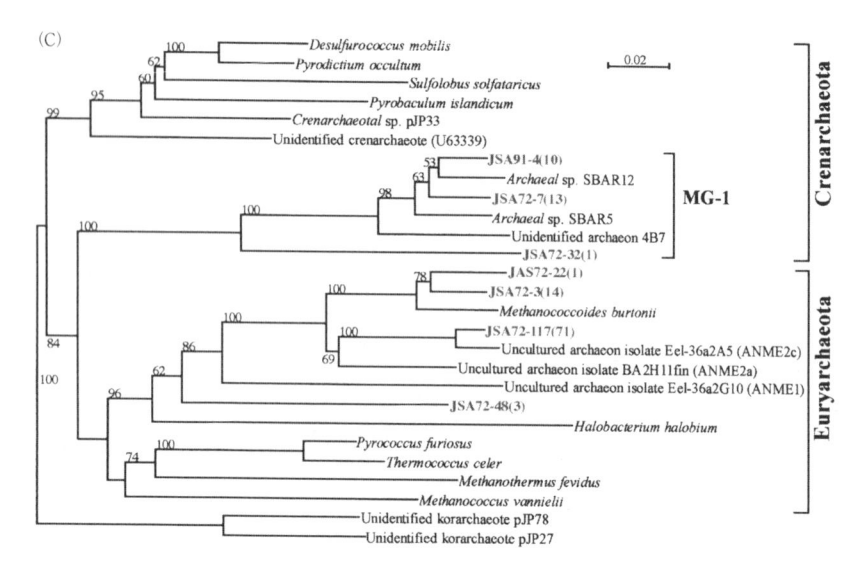

図4　C

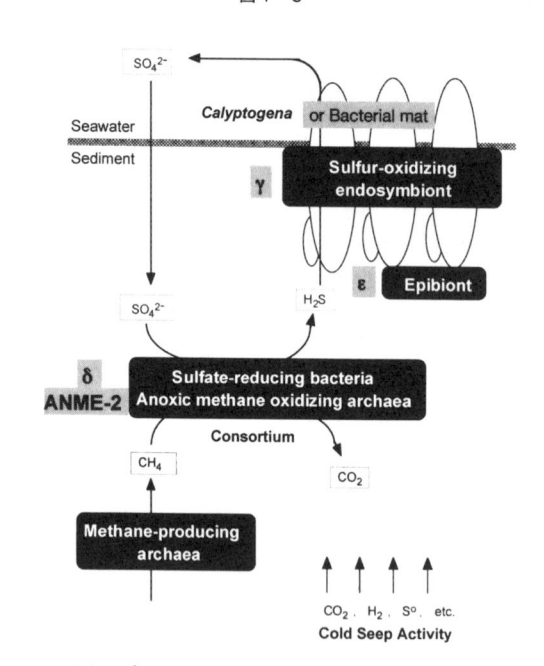

図5　コールドシープにおけるイオウ循環モデル（Li et al. 1999[13] を改変した）

第4章　深海極限環境における微生物学的多様性と難培養性微生物

2.4　コールドシープ環境におけるイオウ循環モデル

　これまで述べてきた，バクテリアならびにアーキアの微生物学的多様性の結果から，図5に示したコールドシープ海域におけるイオウ循環サイクルのモデルを提唱する。このモデルは，1999年に筆者らによって報告されたモデル[13]に最新の知見を加えて改変したものである。本モデルによると，地殻内からのコールドシープの流れに乗って湧出する炭酸ガス，水素等を基質として，メタン生成アーキア（メタン菌）によりメタンが生成される。生成されたメタンが，嫌気的メタン酸化／硫酸還元コンソーシウム（ANME-2/SRB）により，海水中の硫酸イオンと反応し最終的に硫化水素が形成される。ここで生成した硫化水素が，化学合成共生系生物—この場合シロウリガイ—の共生細菌によるイオウ酸化反応の基質となり，最終的に硫酸となって海水中に戻される。この反応によって，1モルの硫化水素から約200kcalものエネルギーを取り出すことができ，こうした，イオウ酸化により得られたエネルギーが，化学合成共生系生態系を養っている。このモデルは，北東日本海のようにバクテリアマットを構成する微生物がイオウ酸化反応を司る場合も同様で，この場合は，シロウリガイの位置にバクテリアマットが置き換わることになる。実際のコールドシープ海域は，化学合成共生系生物とバクテリアマットとが混在することが多く，こうしたイオウ酸化を司る生物の多様性は，現場海域の硫化水素の条件等で規定されることが示唆されている[14]。

2.5　コールドシープ環境の硫酸還元細菌

　図3のバクテリアの系統樹から各海域のデルタプロテオバクテリアの部分を切り取り，他の論文等で報告されている16Sコールドシープクローンやシープ環境以外の一般海底から検出されたデルタプロテオバクテリアのクローンを加えた系統樹を作り直すと，図6のようになる。本系統樹から，デルタプロテオバクテリアの硫酸還元細菌のクラスターは2つにグループ分けができることが示され，グループ1と表記したものが，主にコールドシープ環境クローンから成り，グループ2が，多くの場合一般海底から得られた環境クローンから成ることが示されている。事実，グループ1に属する分離株*Desulforhopalus*属細菌は，ある種のシープ環境（a temperate estuary）から分離された好冷性のSRBとして報告されている[15]。しかしながら，多くのSRB近縁の環境クローンは，深海から嫌気的にサンプリングすることの困難さから，多くの場合分離培養が困難で，未だにそのコミュニティーの生理学的役割が謎とされている部分も多い。本結果から，デルタプロテオバクテリア・グループ1に含まれるSRBが，少なくとも，日本近海におけるコールドシープ海域を特徴づける環境微生物群集の一つのグループであることが示された。また，こうした微生物の存在量と地殻活動との相関を考えると，地殻活動が活発で多くの地震の震源域とされるこれら3つの海域，日本海溝，相模湾，北東日本海において，共通してその存在量がかなりアバン

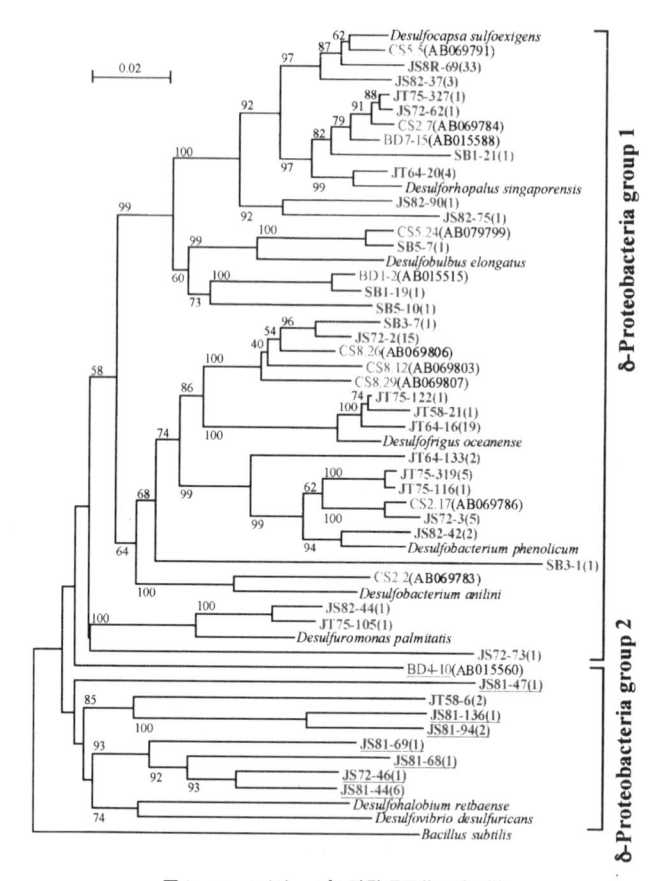

図6 コールドシープの硫酸還元菌の系統樹

図中CSナンバーは，Inagakiらにより報告された，日本海溝コールドシープの環境rRNAクローンから得られたもの[16]で，BDナンバーは筆者らの他の報告から持ってきた16Sクローン[17]である。コールドシープからのクローンをCSナンバーで示した。グループ2に含まれる環境クローンは，一般海底泥（日本海，深度約3,100m）からのクローンである。

ダントである微生物群集デルタプロテオバクテリア・グループ1が見いだされたことにより，こうしたシープ環境に特徴的な微生物が，地殻活動をモニタリングする指標ともなりうることが示唆されている。

第4章 深海極限環境における微生物学的多様性と難培養性微生物

3 本当に難培養性？ まだ培養に成功していないだけ？

　コールドシープ環境に生息する微生物群集の多くのものは，実験室での分離培養に成功していない。その理由として，サンプリングやその後の処理の困難さを指摘する声がある。すなわち，そうした環境が深海の高水圧環境にあるため，潜水調査船を用いてのサンプリングでは，現場環境をそのまま維持してサンプリングすることがきわめて困難であることである。圧力環境を維持するためには，保圧の採泥システムが必要となるが，現状のもの（深海微生物実験システム，保圧採泥器[18]）では，サンプリングできる総量が約5 mlと小さく，実用的ではない点が挙げられる。また，ANME-2やSRB，メタン菌といった微生物は，絶対嫌気性の微生物で，酸素に触れると死んでしまうことが多い。現実の海底におけるサンプリングの現場では，海底直上海水に含まれる溶存酸素と不可効力的に混じってしまい，このためにそうした微生物の分離培養が困難であると指摘する声も挙がっている。しかしながら，こうしたサンプリングの際の問題点は，サンプリング装置の開発改良により解決可能で，深海掘削計画などでは，保圧無酸素状態でのコアサンプラーの開発等も行われているのである。もう1つの深刻な問題点として，こうした微生物の栄養要求性や資化性について分からないことが多すぎる点が挙げられる。冷水湧出により地殻内より運ばれてくる微量金属元素の定量の問題や，正確な現場環境計測の実施の問題は，現場が高水圧の深海底であるため，その精度や機器開発に困難を極めている。現実的に，もっと分離が楽であるはずの好気性細菌である化学合成共生系生物の共生細菌や，バクテリアマットを形成するイオウ酸化細菌の多くですら，分離培養ができていないというのが現状であり，これはそうした微生物の成育に必須の化学成分が分からないというところに大きな原因があると思われる。

　これまでの微生物学の歴史を俯瞰すると，パスツールの条件（温度は室温～人間の体温くらいで，大気圧下，肉汁を成分とする培地中で微生物は成育する）では培養できない微生物，「極限環境微生物」の存在が明らかとされ[19]，そうした微生物の生息する環境条件を加味した培養法の確立で，私たちの知る微生物の世界は飛躍的に広がってきた。例えば，好熱菌を分離するためには温度をうんと高くし好冷菌では低く，アルカリ菌ではpHを高くし好酸菌では低く，好塩菌では塩濃度を高くして，好圧菌では高水圧を利用する等々といった工夫で，パスツールの条件では培養できない微生物，あるいは難培養性微生物といわれてきたものが分離培養できるようになってきたのである。こうした研究の流れは決して停滞することがなく，本稿に書いてきたようなコールドシープ環境の難培養性微生物が，培養可能微生物に変わる日も近いであろう。要は，私たち微生物学者の能力と努力，そしてそうした微生物に対する社会のニーズにかかってきているといえよう。しかしながら，いずれにせよいまだに環境中の難培養性微生物は，培養されている微生物総数を遙かにしのいでおり，微生物学者の不断の精進が求められていることは間違いない。

4 おわりに

　本稿において，コールドシープ環境に特異的に存在する微生物学的多様性に関する筆者らの研究の現状を紹介させていただいた。そして，多様性解析の過程で硫酸還元菌のコールドシープ環境特異的と考えられる一群の微生物コミュニティーを見いだし，これをデルタプロテオバクテリア・グループ1として定義した。このグループ1のSRBとグループ2のSRBとでどのような生理学的な機能と役割の違いがあるのかは，今後の解析に待たねばならないが，グループ1・SRBの遺伝子をコールドシープ活動の指標とすることの可能性が考えられる。すなわち，「活発なコールドシープ活動＝地殻内部の活動に相関」，と考えると，グループ1・SRBの存在量とその生理的な活性は地殻の動きを推定する材料として利用できるかもしれないということである。そうした意味では，これらの微生物を分離培養する技術を確立して，より詳細にその生理学的機能や遺伝子情報を解明することが極めて重要である。しかしながら，現状の技術では培養できない以上，別の方途の模索も重要である。こうした観点から，筆者らは「コールドシープゲノム解析」の提案を行いたい。「はじめに」で紹介した，Venterらの「海ゲノム解析」の仕事は，彼ら自身指摘しているように，培養できない微生物，難培養性微生物の多様性解析のみならず，環境中の微生物の機能解析を進める上でも極めて重要な知見を与えうることが分かっている[1]。従って，「コールドシープゲノム解析」は，現場に生息する微生物間の相互作用や生理学的な役割を解明するための極めて重要な情報を与えてくれるだけではなく，こうして得られた知見が，地殻活動のモニタリングを支援する情報となる可能性をも示唆してくれる。こうした環境ゲノム解析の仕事は，大変な経費のかかる研究プロジェクトであるが，「地震大国」といわれる我が国における災害防御，地震予知システムの構築に向けて極めて重要な貢献をなす可能性もあり，必ずやらねばならない仕事のひとつであることを痛感する。筆者らの研究がそうした将来の研究計画に貢献できる一助ともなればと願い，本稿を閉じることとする。

謝辞

　私どものコールドシープ研究を総括する機会を与えていただいた，本企画の編集者であられる理化学研究所の工藤俊章先生に感謝致します。また，本研究を遂行するにあたって，献身的に活躍いただいた潜水調査船「しんかい6500」，「かいこうシステム」のオペレーションチームの方々，母船「よこすか」，「かいれい」の船乗員の皆様方には，特にお世話になりました。心より感謝致します。最後に，私どもの研究の師匠として，世界の最先端で極限環境微生物の困難な道を開拓してこられた，掘越弘毅先生に深謝致します。なお，本研究の一部は，文部科学省科学研究助成金，萌芽研究「日本近海のコールドシープにおける微生物群集とプレート活動との相関に関する

第4章　深海極限環境における微生物学的多様性と難培養性微生物

研究」(課題番号 15651008, 研究代表者, 加藤千明) の補助の下に行われた。

文　献

1) J. C. Venter *et al.*, *Science*, **304**, 66 (2004)
2) L. D. Kulm *et al.*, *Science*, **231**, 561 (1986)
3) F. Inagaki *et al.*, *Int. J. Syst. Evol. Microbiol.*, **53**, 1801 (2003)
4) D. L. Distel *et al.*, *J. Mol. Evol.*, **38**, 533 (1994)
5) C. Kato *et al.*, *Mar. Biotechnol.*, (2004) in press.
6) Y. Nogi *et al.*, *Arch. Microbiol.*, **170**, 331 (1998)
7) Y. Nogi *et al.*, *J. Gen. Appl. Microbiol.*, **44**, 289 (1998)
8) Y. Nogi *et al.*, *Int. J. Syst. Evol. Microbiol.*, **52**, 1527 (2002)
9) Y. Nogi *et al.*, *Int. J. Syst. Evol. Microbiol.*, (2004) in press.
10) Y. Fujiwara *et al.*, *Mar. Ecol. Prog. Ser.*, **214**, 151 (2001)
11) E. F. DeLong, *Proc. Natl. Acad. Sci. USA*, **89**, 5685 (1992)
12) V. J. Orphan *et al.*, *Science*, **293**, 484 (2001)
13) L. Li *et al.*, *Mar. Biotechnol.*, **1**, 391 (1999)
14) J. P. Barry *et al.*, *Limnol. Oceanogr.*, **42**, 318 (1997)
15) M. F. Isaksen & A. Taske, *Arch. Microbiol.*, **166**, 160 (1996)
16) F. Inagaki *et al.*, *Environ. Microbiol.*, **4**, 477 (2002)
17) L. Li *et al.*, *Biodivers. Conserv.*, **8**, 659 (1999)
18) M. Yanagibayashi *et al.*, *FEMS Microbiol. Lett.*, **170**, 271 (1999)
19) K. Horikoshi & T. Akiba, "Alkalophilic Microorganisms", Springer Verlag, Japan Scientific Societies Press, Tokyo (1982)

第5章　家畜と難培養微生物
―家畜消化管内微生物研究の最前線―

竹中昭雄[*]

1　はじめに

　動物の消化管内には多くの種類の微生物が生息しており，宿主の栄養生理や健康に大きな影響を及ぼしている。ヒトの消化管内微生物の研究の主な目的は宿主であるヒトの「健康」に主眼が置かれていて，腸内細菌の病原性，発ガン性や免疫などに及ぼす影響に関しての研究が主体である。これに対して，家畜の消化管内微生物の研究の主な目的は家畜の「生産性」に主眼が置かれてきた。特に，草食動物では植物繊維の主成分であるリグノセルロースの分解能が宿主動物自体にはなく，消化管内に共生している微生物によって行われていることから，消化管内微生物の飼料の消化特性への関与という視点からの研究が精力的に行われてきた。中でも，重要な家畜である牛や羊など反芻家畜の第一胃（ルーメン）微生物研究の歴史は古く，ルーメン内に生息する原生動物（プロトゾア）が最初に報告されたのは1843年のことである[1]。当初は直接検鏡法によるグラム染色性を含めた形態的分類によってルーメン細菌は分類されていた。1950年頃Hungate[2]が嫌気性ロールチューブ法を開発したこと，さらに1953年にBryant & Burkey[3]がルーメン内環境類似培地を考案したことによって，はじめてルーメン内から多種類の偏性嫌気性細菌が分離・培養されるようになった。この培養技法は下部消化管をはじめとした高度嫌気的微生物生態系からの細菌の分離にきわめて有効であることが証明されている。しかしながら，このように培養して得られた細菌数は直接検鏡法によって算出される細菌数の1〜20%に過ぎないと言われている[4]。さらに，ルーメンプロトゾアにいたっては，*in vitro* 培養が可能であるのは一部の種類のプロトゾアのみであり，しかも無菌的な培養にいたっては未だに成功していない。このような状況の中，1980年代の後半から消化管内微生物に関する分子生物学的な手法を用いた研究が始まった。当初は，ルーメン微生物を含む広範な微生物からのセルラーゼなどの繊維分解酵素遺伝子のクローニングが主流で，現在でもなお精力的に研究が進められており，遺伝子情報から体系的な分類がなされていて，Glycoside Hydrolaseファミリーとして2004年6月の時点で93種類のファミリーに分類されている。詳細に関してはホームページがあるのでそちらを参照されたい（http://afmb.cnrs-mrs.fr/CAZY/GH.html）。さらに，TIGR（The Institute for Genomic Research）とイリノ

---

[*]　Akio Takenaka　　（独）農業・生物系特定産業技術研究機構　畜産草地研究所
　　　　　　　　　　　家畜生理栄養部　消化管微生物研究室　室長

第5章 家畜と難培養微生物―家畜消化管内微生物研究の最前線―

イ大学のグループによって，全ゲノム配列の解析がルーメン内主要繊維分解菌である *Fibrobacter succinogenes* S85株及び *Ruminococcus albus* 8株についてほぼ終了している。これらの繊維分解酵素遺伝子などとともに最も多くの塩基配列の報告がなされているのが16SリボゾームRNA遺伝子 (16S rDNA) 配列をはじめとした系統解析に用いられる配列である。前述したように，ルーメン細菌を含む家畜消化管内微生物のほとんどのものは偏性嫌気性菌であり，培養が困難なものが多く，家畜消化管内には未だに多くの未同定細菌が多く存在して，これまで知られている細菌とは異なる機能をもつものも存在している可能性がある。このような未知の細菌を解析する手法として，16S rDNA 配列などを利用した分子系統解析の手法が用いられている。また，16S rDNA 配列には異なる菌種間で保存性の高い領域と菌種に特異的な変異領域が存在することから，これらの配列を利用することによって特定の菌種を検出するためのPCRプライマーを作成することができる。一方，分子生物学的手法はこれまで純粋培養が困難とされてきた*Oscillospira*などの大型細菌やプロトゾアなどの微生物の分類や機能の解析にも利用されている。本項では，2 ルーメン微生物を中心としたPCRを用いた細菌の検出法について，3 クローンライブラリー法を主体とした分子系統解析について，4 難培養ルーメン微生物への分子生物学的手法の応用について，5 ルーメン微生物生態系をそのまま *in vitro* で再現することが可能な人工ルーメンについて概説したい。

2 培養によらない細菌の検出

ルーメン細菌のような偏性嫌気性細菌は，嫌気度を非常に高く保ちながら培養する必要があるため特殊な装置や手法が必要であり，さらに生育するまで1～2週間程度を要するものも少なくない。したがって，16S rDNA など，どのような菌にも存在し，かつ，特定の細菌に特異的な配列に対するPCRによって特定の種類の細菌を検出する手法はルーメンを含む消化管内細菌へ比較的短期間のうちに応用されるようになった。この手法は，当初，細菌の同定に迅速性が要求される病原性細菌を中心に研究されてきたが，1994年にWangら[5] が腸内に一般的に生息する細菌を特異的に検出するためのPCRプライマーを発表し，1998年にはReillyとAttwood[7] によってルーメン細菌へ応用され，現在までに表1に示したようなプライマーが報告されている。さらに，2000年にはKobayashi[9] らが *Butyrivibrio fibrisolvens* OB156株に対して競合PCRによる定量法を確立している。現在では，競合PCRのほかに専用機器を用いたTaqManPCRやリアルタイムPCRを用いた定量法も開発されている。Tajimaら[11] は，実験的にアシドーシスを起こさせたウシのルーメンからリアルタイムPCR装置を用いて10菌種の定量を試みた結果，アシドーシスの原因菌と考えられる *Streptococcus bovis* のほか，水溶性糖類利用菌である *Prevotella ruminicola* や

表1 消化管内細菌を特異的に検出するプライマーのリスト

標的菌種	フォワード	リバース	引用文献
Bacteroides distasonis	GTCGGACTAATACCGCATGAA	TTACGATCCATAGAACCTTCAT	5
Bacteroides vulgatus	GCATCATGAGTCCGCATGTTC	TCCATACCCGACTTTATTCCTT	〃
Clostridium perfringens	AAAGATGGCATCATCATTCAAC	TACCGTCATTATCTTCCCCAA	〃
Clostridium leptum	ATAGGTTGATCAAAGGAGCAAT	ATCGTCACTAAGAACAGAGGT	〃
Bifidobacterium adolescentis	GGAAAGATTCTATCGGTATGG	CTCCCAGTCAAAAGCGGTT	6
Bifidobacterium longum	GTTCCCGACGGTCGTAGAG	GTGAGTTCCCGGCATAATCC	〃
Eubacterium biforme	GCTAAGGCCATGAACATGGA	GCCGTCCTCTTCTGTTCTC	〃
Eubacterium limosum	GGCTTGCTGGACAAATACTG	CTAGGCTCGTCAGAATG	〃
Fusobacterium prausnitzii	AGATGGCCTCGCGTCCGA	CCGAAGACCTTCTTCCTCC	〃
Lactobacillus acidophilus	CATCCAGTGCAAACCTAAGAG	GATCCGCTTGCCTTCGCA	〃
Bacteroides thetaiotaomicron	GGCAGCATTTCAGTTTGCTTG	GGTACATACAAAATTCCACACGT	〃
Ruminococcus productus	AACTCCGGTGGTATCAGATG	GGGGCTTCTGAGTCAGGTA	〃
Clostridium clostridiiforme	CCGCATGGCAGTGTGTGAAA	CTGCTGATAGAGCTTTACATA	〃
Escherichia coli 1)	GACCTCGGTTTAGTTCACAGA	CACACGCTGACGCTGACCA	〃
Ruminococcus callidus	CGCATAACATCATGGATTCG	CGTCATTATCGTCCTCTTCA	8
Ruminococcus albus	CCCTAAAGCAGTCTTAGTTCG	CCTCCTTGCGGTTAGAACA	〃
Ruminococcus flavefaciens 2)	GAGAACTTCCTCGCTCGT	TACCTCACCGTCGTTTTCC	〃
Ruminococcus bromii	GAAGTAGACATACATTAGGTG	ACGAGGTTGGACTACTGA	〃
Ruminococcus obeum	TGAGGAGACTCCCAGGGA	CTCCTTCTTTGCAGTTAGGT	〃
Clostridium proteoclasticum	GAGTTTGATCCTGGCTCAG 3)	CTGAATGCCTATGGCACCCAA	7
Butylivibrio fibrisolvens OB156	AGAGTTTGATCCTGGCTCAGGA 3)	CACGTTGTCATGCAACATCGT	9
Ruminococcus albus	CCCTAAAAGCAGTCTTAGTTCG	CCTCCTTGCGGTTAGAACA	10
Ruminococcus flavefaciens	TCTGGAAACGGATGGTA	CCTTTAAGACAGGAGTTTACAA	〃
Prevotella ruminicola	GGTTATCTTGAGTGAGTT	CTGATGGCAACTAAAGAA	〃
Prevotella bryantii	ACTGCAGCGCGAACTGTCAGA	ACCTTACGGTGGCAGTGTCTC	11
Prevotella albensisi	CAGACGGCATCAGACGAGGAG	ATGCAGCACCTTCACAGGAGC	〃
Fibrobacter succinogenes	GGTATGGGATGAGCTTGC	GAATGCCCCTGAACTATC	〃
Ruminococcus amylophilus	CAACCAGTCGCATTCAGA	CACTACTCATGGCAACAT	〃
Streptococcus bovis	CTAATACCGCATAACAGCAT	AGAAACTTCCTATCTCTAGG	〃
Treponema bryantii	AGTCGAGCGGTAAGATTG	CAAAGCGTTTCTCTCACT	〃
Anaerovibrio lipolytica	TGGGTGTTAGAAATGGATTC	CTCTCCTGCACTCAAGAATT	〃
Succinivibrio dextrionosolvens	TGGGAAGCTACCTGATAGAG	CCTTCAGAGAGGTTCTCACT	〃
Ruminococcus flavefaciens	GGACGATAATGACGGTACTT	GCAATGYGAACTGGGACAAT	〃

注) 1)malBプロモーター遺伝子、2)キシラナーゼ遺伝子、3)rRNA共通プライマー、
それ以外はすべて16S rDNAを増幅するプライマー

Prevotella bryantii が濃厚試料給与3日目に顕著に増加すること、繊維分解細菌である *F. succinogenes* や *Ruminococcus flavefaciens* が顕著に減少することを見いだしている。また、最近ではラボチップを用いたバイオアナライザ（Agilent Technologies 社）などを利用して、より簡便にPCR産物の定量が可能となっており、今後の利用が期待される。

3 家畜消化管内細菌の分子系統解析

ルーメン細菌の系統を 16S rDNA 配列による分子系統解析によって分類すると、メタン生成細菌、*Bacteroidetes*, *Proteobacteria*, ファイブロバクター/アシドバクテリウム、スピロヘータ、

第5章 家畜と難培養微生物—家畜消化管内微生物研究の最前線—

Actinobacteria（HGCGPB），並びに*Firmicutes*（LGCGPB）に大別される[12]。この分子系統解析による分類とグラム染色性などを用いた従来の培養法による分類とでは多くの異なる点が見いだされる[12]。このような結果から，今後，分類体系の再編が検討される可能性もある。ルーメン以外の消化管内細菌でも分子系統解析による大まかな分類体系は似通っていると考えられている。ブタの消化管からは4,000を越える 16S rDNA 配列が明らかにされており，その配列は375の系統に分類された。それらはさらに13の系統に大別され，81%がLGCGPBに，11.2%が*Bacteroidetes*に属していた[13]。ニワトリの盲腸では，顕微鏡で観察された細菌のうち90%がプレートインボトル法のmedium10培地上にコロニーを形成できなかった。さらに，16S rDNA 配列による164クローンの分子系統解析では，約94%がLGCGPBに，4%が*Bacteroidetes*に，2%が*Proteobacteria*に分類された[14]。ウマの大腸からは272クローンの 16S rDNA 配列が解析され，72%がLGCGPBに，20%が*Bacteroidetes*に，3%がスピロヘータに分類され，HGCGPB及び*Proteobacteria*は1%以下であった[15]。草食性の走鳥類であるダチョウの盲腸内の微生物についても分子系統解析がされており，LGCGPB, *Bacteroidetes*，スピロヘータ，ファイブロバクター，及び古細菌群に分類されていた。さらに，ダチョウの盲腸内からのDNA試料の分析では，ルーメンの主要な繊維分解細菌である*F. succinogenes*, *R. Albus*, 及び*R. flavefaciens*に特異的なプライマーによって増幅される配列があり，*F. succinogenes*のプライマーでは本菌との相同性が低く未知の細菌の可能性が高いが，*R. flavefacisens*とは97%の相同性があり，本菌がダチョウの消化管内における繊維消化に関与している可能性が示唆された[16]。ウシのルーメン細菌の分子系統解析ではLGCGPBが90%を占めるという報告[11]もあるように，LGCGPBが一般的に家畜消化管内細菌のかなりの部分を占めているということがうかがえる。この菌群には146種もの広範な菌種をもつ*Clostridium*属，あるいは種々の異なる宿主から分離されている*Ruminococcus*属などが含まれていて，分子系統解析を基にした新たな分類体系を作る必要性も訴えられている。16S rDNA 配列を基にした分類では，97%以上の相同性をもって既知菌種と同一とすると仮定されているが，前述したそれぞれの宿主に関しての報告では，得られた配列のうち7～8割以上がこれまでに分類されていない菌群に属していた。このように 16S rDNA 配列から得られる情報のみを用いて家畜の消化管内細菌の分類を試みると，多くの未知の細菌群が得られる場合が多いが，これらの細菌のすべてが難培養であるということではなく，従来の培養法で培養できるものも多く存在する。その中には，グラム染色性や形態が似通っていても，従来の分類法とは異なる菌群に分類されるものも存在している可能性がある。図1は，濃厚試料を多給して実験的にアシドーシスを起こさせた時のルーメン細菌のうち，*Selenomonas ruminantium* と *Mitsuokella multiacida* のプライマーセットによって得られた 16S rDNA 配列を用いた系統解析の一部を示している[11]。濃厚試料多給28日目に現れる菌群（clone1～clone11）は *S. ruminantium* よりも *M. multiacida* により近縁であるが，最近になって

難培養微生物研究の最新技術

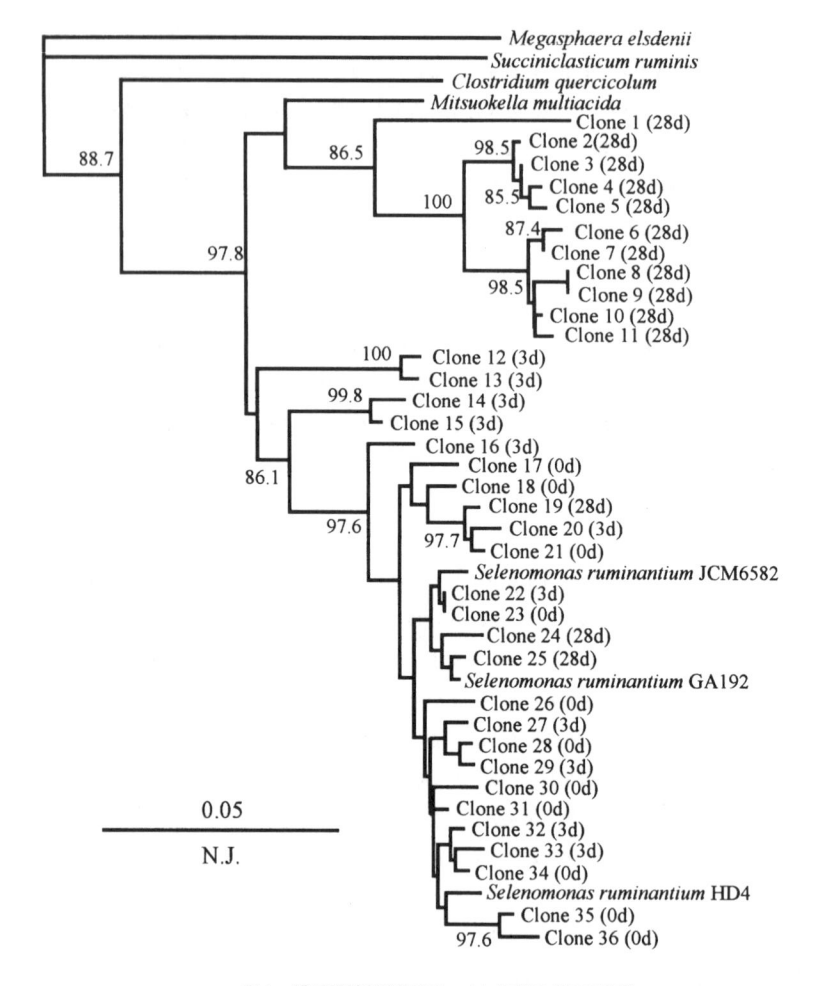

図1 濃厚試料多給後のルーメン細菌の分子系統樹
S.ruminantium-M. multiacida プライマーセットで増幅した513bpの配列
から分析数字は1,000回のブートストラップにおける信頼値。
括弧内の数字は濃厚試料多給開始からの日数（文献11）から抜粋）。

第5章 家畜と難培養微生物—家畜消化管内微生物研究の最前線—

この菌群に非常に近い未分類の保存菌株が見つかり，顕微鏡によって形態を観察すると S. ruminantium に酷似していた（私信）。このように，従来の方法で培養が可能な細菌でも 16S rDNA 配列からは未だに特定の菌群に分類できないものも多く存在することから，このような未分類の菌群に属する細菌の純粋培養にチャレンジすることが非常に重要であると考えられる。家畜の消化管内細菌の分子系統解析については，16S rDNA 以外にも，還元的酢酸生成菌がもつ FTHFS（formyltetrahydrofolate synthetase）[17]，メタン菌のもつMCR（メチルコエンザイムMレダクターゼαサブユニット）などの機能遺伝子，伸長因子EF-Tu（tufA），タイプⅡトポイソメラーゼ/サブユニットB（gyrB）などが用いられており[12]，16S rDNA 配列よりも高い解像度が得られると言う報告もある。また最近では，より詳細な分類を行うために，16S，23S rDNA 間に存在する intergenic spacer（ISR）領域の配列を用いてルーメン細菌のモニタリング手法へ応用すると言った研究も始められている。

4 ルーメン内難培養微生物への分子生物学手法の応用

ルーメン微生物を顕微鏡で観察し，微生物を形態で分類するという手法は半世紀以上も前から行われてきた。しかし，プロトゾアやある種の大型細菌などは容易に顕微鏡で観察できるものの，ほとんどのものが無菌的な純粋培養に成功していない。このような微生物にこそ分子生物学的な手法が有効であると言う事例を2，3紹介したい。

最初は，発見以来百数十年を経たルーメンプロトゾアについてである。この微生物は接触によってのみ感染するため，生後すぐに他の動物から隔離することなどによってルーメン内にプロトゾアのいない反芻動物を作ることができる。当初は，ルーメン内にプロトゾアのいる動物といない動物，あるいは1種類のプロトゾアのみがいる動物との比較によって，プロトゾアの機能を解析する研究が中心であった。1990年代になって，ルーメンプロトゾアに対して分子生物学手法が応用されるようになると，まず，一部の種類のプロトゾアの 18S rDNA 配列が決定され，それにもとづいて分子系統解析がなされた[18]。それによると，オフリオスコレックス科の *Entodinium caudatum* が初期に分岐した繊毛虫であることが示唆されたが，形態的にほとんど同じ *E. simplex* は *E. caudatum* とは単系統を示さず，むしろ大型の *Polyplastron multivesiculatum* とクラスターを形成することが示された。また，イソトリカ科の繊毛虫はいわゆる全毛虫であり，形態的にはゾウリムシなどに類似しているにもかかわらずこれらとは系統的にかなり遠く，ルーメン繊毛虫進化の過程で共通の祖先より全毛虫とオフリオスコレックス科の貧毛虫に分岐したことが明らかとなった。同様に，形態による分類と分子系統解析による分類が一致しない事例も多く見られるようになり，今後，形態による分類に見直しが迫られる可能性もある。また，かなり以前からルー

メンプロトゾアは繊維分解能をもつと言われていたが、無菌的な純粋培養が困難であったために、その繊維分解能がプロトゾア自身のもつものか共生している細菌などがもつものかはっきりとした結論が得られていなかった。その議論に終止符が打たれたのは、1999年にTakenakaら[19]がセルラーゼ遺伝子を、Devillardら[20]がキシラナーゼ遺伝子をプロトゾアのcDNAライブラリーからクローニングし、プロトゾア自身が繊維分解酵素遺伝子をもつことが明らかとなったことによる。

次は、顕微鏡観察によってルーメン内にしばしば観察される大型細菌についてである。従来、このような大型細菌には特徴的な形態をもつ4種類程度のものが報告されていた。そのうちのひとつである Quin's oval について、1993年にKrumholzら[21]が段階的な遠心分離によって本菌を濃縮し 16S rDNA 配列を決定して、*Quinella ovalis* と命名することを提案した。さらに、系統解析によって本菌は *S. ruminantium* と近縁であることを明らかにしている。もうひとつの大型細菌である*Oscillospira guillermondii* について、2003年にYanagitaら[22]がフローサイトメーターによって集菌したものについて 16S rDNA 配列が決定されている。それによると、本菌はLGCGPBに属しているが、最も近縁である *Sporobacter termitidis* や *Papillibacter cinnamivorans* と比べても86-88%しか相同性のない新たな菌群であることが確認された。さらに、異なる地域や動物種から得られた *Oscillospira* 属について解析したところ[23]、*Oscillospira* 属は3つのグループに分類され、それらはルーメン内主要繊維分解菌である *R. albus* や *R. flavefaciens*と同じLGCGPBのクラスターⅣに属していることが明らかとなった。このことから、*Oscillospira* 属はルーメン内の繊維分解にも関与している可能性が示唆されたが、現在まで本菌の純粋培養には成功していないために、詳しい生理機能については不明のままである。

5　人工ルーメンとメタゲノム解析

家畜の消化管内、特にルーメン内は非常に特殊な環境であり、種々な固有の微生物が生息しており、その中には未だに純粋培養が困難な微生物も多く、今後そのすべてを単離・培養して個々の機能を解析することは不可能であると考えられる。純粋培養が困難である理由としては、他の微生物の存在が目的とする微生物の生存に非常に重要であることや、場合によっては代替のできない必須なものであることも考えられる。このような微生物の培養には、例えば2種類以上の微生物を同一の培地中に培養する共培養という手法が考えられるが、ルーメン微生物を含めて家畜の消化管内微生物についての応用例はきわめて少ない。ルーメン内では種々の微生物がお互いに生育を制御しあって比較的安定した生態系を維持していると考えられることから、個々の微生物を単離・培養するのではなく、ひとつの生態系として混合培養しその特徴を解析すると言う手法も、いわば究極的な共培養系として、難培養微生物を研究する手法のひとつの方向であるかも知

第5章　家畜と難培養微生物—家畜消化管内微生物研究の最前線—

れない。1950年代以降，実際のルーメン内環境を近似的に再現するという目的で，多くの「人工ルーメン」と呼ばれる装置が考案された。その中には，簡単なバッチ式のものから，多様な機能を付加した複雑な連続培養式のものまで様々な装置が存在する。1970年代以降は，ルーメン内微生物叢の安定的な維持の指標として，いかにプロトゾアを長期間維持できるかと言う点を焦点に人工ルーメンの開発が行われた。その中で，Hooverら[24]が1976年に考案した「二流路連続培養装置」とその改良型，及び1977年にCzerkawski と Brechenridge[25]が考案した「ルシテック」の2種が最も広く用いられており，前者は主として米国内で，後者は欧州でよく用いられている。これらの装置の性能や特徴には一長一短があるが，ルシテックが広く用いられている理由は，その製作と操作が簡便なことであり，そのために同時に多くの発酵漕の使用が可能である。さらに，発酵ガスや試料消化率の測定も簡易なことから，ルーメン内での消化・発酵及び微生物特性を同時に解析することができる。ルシテックを利用する際の最大の問題点は，この装置が一般に市販されていなかった点で，いわば異なる研究室の数だけ異なるルシテックがあるという状態であったが，最近，我が国において操作が容易で再現性の高い結果が得られる新装置（三紳工業，横浜市）が開発され市販されることになり[26]，誰でも容易にルーメン内微生物生態系を $in\ vitro$ で再現することが可能となった。

　分子生物学的手法が家畜の消化管内微生物生態系に応用され，様々な知見が蓄積されたが，微生物の系統解析だけでは，その環境中にいる微生物がどのような機能を果たしているのかを明らかにすることは困難である。近年では，DNAシークエンサーの性能が向上したことにより，短期間で大量の塩基配列を解読することが可能になってきたことから，環境中に存在するすべてのDNAを回収して塩基配列を解読し，どのような遺伝子が存在しているのかを解析する，いわゆる「メタゲノム」解析という手法が種々の環境中の微生物叢解析に応用されはじめている。本手法で得られる情報は，どのような微生物が生息しているかという情報ばかりではなく，実際にそこにはどのような機能をもつ酵素が存在しているのかを推定する根拠にもなり得る。さらに，DNAマイクロアレイなどの解析手法を用いることで，いつどこでどのような遺伝子が発現しているのかを解析することが可能となってきており，ルーメンを含む消化管内微生物にも応用されつつあり，今後の研究の進展が期待される。

文　献

1) D. Gruby and O. Delafond, *Comptes Rendus*, **17**, 1304-1308 (1843)
2) R. E. Hungate, *Bacteriol. Rev.*, **14**, 1-49 (1950)
3) M. P. Bryant and L. A. Burkey, *J. Dair Sci.*, **36**, 205-217 (1953)
4) 湊一，ルーメンの世界，農文協，p.57 (1985)
5) R. -F. Wang et al., *FEMS Microbiol. Lett.*, **124**, 229-238 (1994)
6) R. -F. Wang et al., *Appl. Environ. Microbiol.*, **62**, 1242-1247 (1996)
7) K. Rerilly and G. T. Attwood, *Appl. Environ. Microbiol.*, **64**, 907-913 (1998)
8) R. -F. Wang et al., *Mol, Cell. Probes*, **11**, 259-265 (1997)
9) Y. Kobayashi et al., *FEMS Microbiol. Lett.*, **188**, 185-190 (2000)
10) S. Koike and Y. Kobayashi, *FEMS Microbiol. Lett.*, **204**, 361-366 (2002)
11) K. Tajima et al., *Appl. Environ. Microbiol.*, **67**, 2766-2774 (2001)
12) 田島清，新ルーメンの世界，農文協，p.151-169 (2004)
13) T. D. Leser et al., *Appl. Environ. Microbiol.*, **68**, 673-690 (2002)
14) P. T. N. Lan et al., *Microbiol. Immunol.*, **46**, 371-382 (2002)
15) K. Daly et al., *FEMS Microbiol. Ecology*, **38**, 141-151 (2001)
16) 松井宏樹ほか，ルーメン研究会報，**14**, 71-75 (2003)
17) H. Matsui et al., Proceedings of the 4th Korea-Japan Joint symposium on Rumen Metabolism and Physiology, p.90 (2002)
18) A. D. G. Wright and D. H. Lynn, *Eur. J. Protistol.*, **33**, 305-315 (1997)
19) A. Takenaka et al., *J. Gen. Appl. Microbiol.*, **45**, 57-61 (1999)
20) E. Devillard et al., *FEMS Microbiol. Lett.*, **181**, 145-152 (1999)
21) L. R. Krumholz et al., *Int. J. Syst. Bacteriol.*, **43**, 293-296 (1993)
22) K. Yanagita et al., *Int. J. Syst. Bacteriol.*, **53**, 1609-1614 (2003)
23) R. I. Mackie et al., *Appl. Environ. Microbiol.*, **69**, 6808-6815 (2003)
24) W. H. Hoover et al., *J. Anim. Sci.*, **43**, 528-534 (1976)
25) J. W. Czerkawski and G. Brechenridge, *Br. J. Nutr.*, **38**, 371-384 (1977)
26) 梶川博ほか，畜産草地研究所研究資料　第2号，p.33-49 (2003)

第6章　難培養微生物を含むヒト口腔内細菌叢の解析

坂本光央[*1]，辨野義己[*2]

1　はじめに

　口腔領域における二大疾患である齲蝕（虫歯）と歯周疾患（歯周病）は，国民病といわれるほど罹患率が高く，国民が歯を失う原因をみてもほぼ同率で，両者で90％以上となっている。齲蝕は歯面に生息する細菌（主に *Streptococcus mutans*）が産生する酸によって歯の硬組織が破壊される疾患である。一方，歯周疾患は歯の支持組織である歯肉，歯根膜，歯槽骨およびセメント質からなる歯周組織に起こる全疾患の総括的疾患を指す。しかし，現在では主として慢性および急性の炎症性疾患を指す場合が多い。この疾患は口腔内の不潔による歯垢（プラーク）中の細菌の蓄積，歯石の沈着，その他多くの原因によって歯肉炎として発病し，その後，歯周ポケット内に生息する歯周病原性細菌（Periodontopathic bacteria）と呼ばれる嫌気性菌の増殖により歯周組織の炎症性病変が起こる疾患である。この際，歯を支える歯根膜や歯槽骨の喪失が起こり，歯の支持組織を破壊しながら進行し，最終的には歯は支えを失い脱落する。齲蝕が若年層を中心として多発するのに対して，歯周疾患は成人に多く，その病態は軽度の歯肉炎から重症の歯周炎に至るまで様々である。さらに，歯周疾患は一度発病すると完治しにくいため，生涯にわたっての関心事になりやすい。

　これまで培養法によって歯周病患者の口腔内細菌叢は詳細に解析されてきたが[1]，ヒト口腔内の生態系はその嫌気環境下ゆえに分離，培養できる細菌の種類に限りがあり，口腔内細菌叢の解析には未だ不確定要素が残されている。したがって，歯周疾患と口腔内細菌叢に関する研究では，培養可能な口腔内細菌のみに着目して研究が行われ，口腔内細菌叢の全容解明と疾患という観点からの研究は，ほとんど行われていないのが現状である。本稿では，歯周疾患を基軸として，分子生物学的手法による口腔内細菌叢の解析および，歯周疾患と培養困難な菌種（群）を含めた口腔内細菌叢との関連性について概説する。

　＊1　Mitsuo Sakamoto　（独）理化学研究所　バイオリソースセンター　協力研究員
　＊2　Yoshimi Benno　（独）理化学研究所　バイオリソースセンター　室長

2　ヒト口腔スピロヘータ

　ヒト口腔スピロヘータは，口腔内に生息するらせん状の幅0.1～0.3μm，長さ5～16μmのグラム陰性嫌気性細菌でスピロヘータ目，スピロヘータ科，トレポネーマ属（Treponema）に属する細菌の総称である。歯面に固着した非石灰性の微生物の集落すなわちプラーク，特に直接空気と接することが少ない歯肉縁下プラークの構成菌中で，位相差あるいは暗視野顕微鏡下では特徴的な形態ならびに運動性によってスピロヘータは容易に区別される。ヒトにおいては歯周疾患の原因菌の一種と考えられている。歯肉縁下プラークを構成する培養可能な微生物は200種以上存在し，複雑な細菌叢を構成し，細菌相互間あるいは細菌と生体側との間で複雑な一つの生態系を形成していると考えられている。しかし，実際に歯肉縁下プラークの細菌叢を位相差顕微鏡にて観察すると，スピロヘータは進行した歯周ポケットにおいては細菌叢の数10％を占める割合で存在することが明らかであるにもかかわらず，培養可能な菌種は限られ，まだまだ培養の報告すらされていない菌種も多くあると予想される。この理由としては，細胞の不安定さと発育に充分な培地が作製できていないこと，さらに発育に極めて高度な嫌気環境を要求することがあげられる。

　歯科臨床においては，歯周病患者のプラーク中のスピロヘータの質的あるいは量的評価が迅速に行われることが同疾患の病態把握と診断・治療の基礎を与えると考えられる。これまでスピロヘータの検出は，位相差顕微鏡や暗視野顕微鏡による形態学的観察法，特異抗体を用いた間接蛍光抗体法，嫌気培養装置を用いた培養法などで行われてきた。しかし，形態観察法では詳細な菌種の同定は不可能であるし，抗体法では菌種間の免疫学的交差性が問題となる。また，培養法では時間がかかるほか，技術的な問題により培養が困難な菌種の検出は不可能である。

　近年，分子生物学的手法の一つであるPCR法を用いることによって，歯周病患者のプラーク中のスピロヘータの質的評価が迅速に行えるようになってきた[2,3]。ヒト口腔スピロヘータの一種である Treponema socranskii は，代表的な歯周病原性細菌である Treponema denticola と同様に歯周病患者から比較的高頻度に分離されるものの[4]，培養が困難で，菌種同定するためには多大な労力と時間を要することが知られている。そこで著者ら[3]は，16S rRNA 遺伝子を標的としたPCR法による本菌の迅速な検出・同定を試みた。菌種特異的プライマーを用いたPCR法により，分離株から T. socranskii を同定するのに約3時間と，従来の方法に比べて短時間で，より確実な同定が行えることが明らかとなった。また，このPCR法を唾液および歯肉縁下プラークからの T. socranskii の検出に適用することによって，本菌が Porphyromonas gingivalis や T. denticola とともに歯周疾患と関連性があることが明らかとなった[5]。

第6章　難培養微生物を含むヒト口腔内細菌叢の解析

3　歯周病原性細菌の検出・定量

　歯周病原性細菌をただ検出するだけでなく，臨床材料（唾液および歯肉縁下プラーク）中の菌数を測定し，病態と標的菌種との関連性をさらに明確なものにできれば，その細菌数を定期的にモニターすることによって，早い年齢からの歯周病原性細菌に対する歯周組織破壊に備えることが可能となり，歯周疾患の予防に役立つと考えられる．既に，*Actinobacillus actinomycetemcomitans*, *P. gingivalis*, *Tannerella forsythensis*[6]（旧名*Bacteroides forsythus*），*T. denticola* および *T. socranskii*などの代表的な歯周病原性細菌に対して，リアルタイムPCR法を応用した迅速な検出・定量系が確立している[7~14]．現在，歯科分野においてリアルタイムPCR法を用いた歯周病原性細菌の検出・定量法は一般化しつつあり，将来，本方法は歯周疾患の診断，治療，予後の判定に必要不可欠なものとなるだろう．

4　口腔内の微生物群集の構造

　歯肉縁下プラークから直接DNAを抽出し，16S rRNA 遺伝子を標的としてPCR増幅後にクローニングして解析するといった培養を介さない手法（16S rRNA 遺伝子クローンライブラリー法）が，1994年に口腔内の*Treponema*属の多様性解析に用いられると[15]，その後，口腔内の*Eubacterium*属の解析に応用され[16]，口腔内にはこれまでに培養されていない菌種が数多く存在することが明らかとなった．同様に，健常人および歯周病患者由来の唾液から 16S rRNA 遺伝子クローンライブラリーを作成し，培養を行わずに口腔内細菌の多様性を解析して比較すると，健常人のライブラリーにおいては*Streptococcus*属に代表される既知菌種が検出され，*T. forsythensis* や *P. gingivalis* などの歯周病原性細菌は検出されないのに対して，歯周病患者のライブラリーでは*Campylobacter rectus*, *P. gingivalis*, *Prevotella intermedia* や *T. socranskii* といった代表的な歯周病原性細菌が検出されるとともに，未分類の（培養困難な）偏性嫌気性菌が多数検出され，口腔内が歯周疾患に関連している偏性嫌気性菌の生息しやすい環境になっていることが明らかとなった[17]．近年，Pasterら[18]によって，約2,500クローンと膨大な数のクローン解析が行われた．これによると，解析されたクローンの約4割が新規な細菌（ファイロタイプという）で，口腔内に215種のファイロタイプが存在していることが示唆された．また，前述のスピロヘータにおいては，解析したクローンの2割程を占め，さらに，その6割程が新規のスピロヘータで，少なくとも50種程度のファイロタイプが存在していると考えられている．最新の報告[19]によると，口腔内には700種以上の細菌（ファイロタイプを含む）が生息していると推定されており，それらの半分以上が培養できていない．

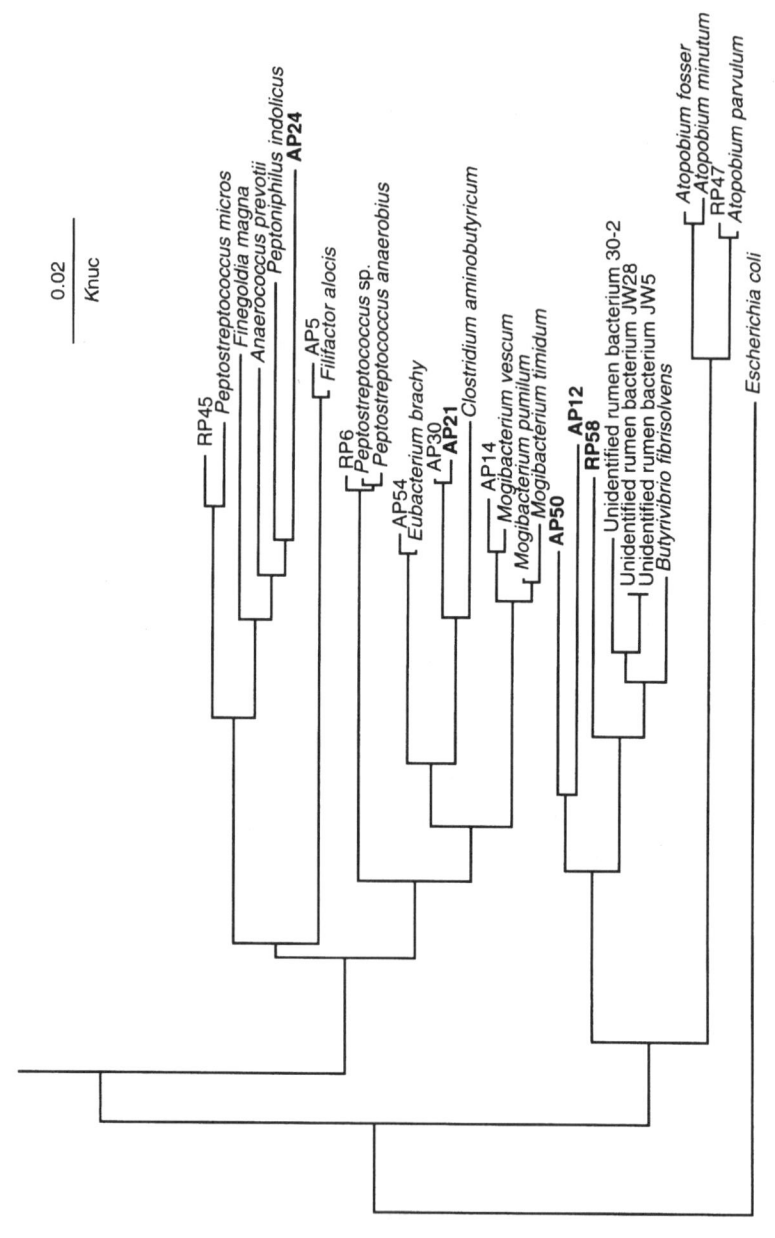

図1　16S rRNA 塩基配列に基づく新規口腔内細菌（ファイロタイプ）の系統関係

第6章 難培養微生物を含むヒト口腔内細菌叢の解析

表1 各ファイロタイプと歯周疾患との関連性（%）

ファイロタイプ	健常人 ($n = 18$)	慢性歯周炎患者 ($n = 22$)		侵襲性歯周炎患者 ($n = 23$)	
	唾液	唾液	歯肉縁下プラーク	唾液	歯肉縁下プラーク
AP12	13 (72)	19 (86)	5 (23)	17 (74)	0 (0)
AP21	10 (56)	6 (27)	1 (5)	11 (48)	1 (4)
AP24	0 (0)	7 (32)	13 (59)	8 (35)	7 (30)
AP50	9 (50)	10 (45)	6 (27)	14 (61)	0 (0)
RP58	9 (50)	8 (36)	1 (8)	8 (35)	0 (0)

5 新規口腔内細菌（ファイロタイプ）の検出

16S rRNA 遺伝子クローンライブラリーの解析によって得られた結果を基にして，培養困難であると考えられる5種のファイロタイプ（AP12，AP21，AP24，AP50およびRP58）（図1）を標的として菌種（群）特異的プライマーを設計し，歯肉縁下プラークおよび唾液からの検出を試みると，歯周疾患に関係なく検出されるのは4種（AP12，AP21，AP50およびRP58）であり，残りの1種（AP24）は歯周病患者の歯肉縁下プラークおよび唾液からのみ検出され（表1），歯周疾患と関連性があることが明らかとなった[20]。

最近，土壌や深海の沈殿物由来のファイロタイプに代表されるTM7[21]というphylum（門）に属する口腔由来のファイロタイプ[18]が歯周疾患と関連性があることが報告された[22]。一方で，口腔内の健康維持に関与していると推定される新規口腔内細菌の存在も報告されてる[23, 24]。今後，歯周疾患の新たな指標として，これらファイロタイプと歯周疾患との関連性がさらに詳細に検討されることが期待される。

6 微生物群集構造解析の新たなアプローチ

口腔内細菌叢の解析に 16S rRNA 遺伝子クローンライブラリー法を導入することによって，その全体像を従来の培養法より明確に把握できるようになった。しかし，多数の検体を解析する上で，本法はコスト，時間の面などにおいて適していないと考えられる。

最近，著者ら[25]は，歯周疾患と口腔内細菌叢に関する研究の初めての試みとして，微生物生態学の分野で普及しつつあるT-RFLP（terminal restriction fragment length polymorphism）法[26]を用いて，口腔内細菌叢の多様性解析を行った。

T-RFLP法とは，末端を蛍光標識したプライマーセットで鋳型DNAをPCR増幅し，制限酵素によって消化後，DNAシークエンサーを用いてフラグメント解析を行うことで，蛍光標識され

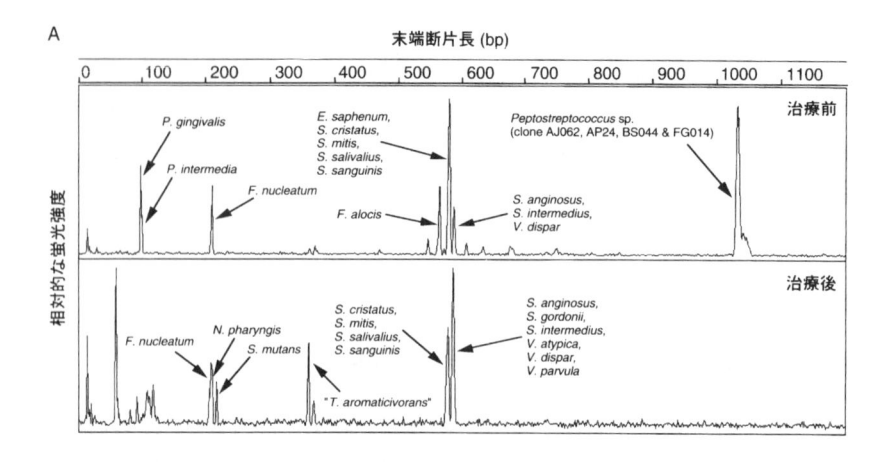

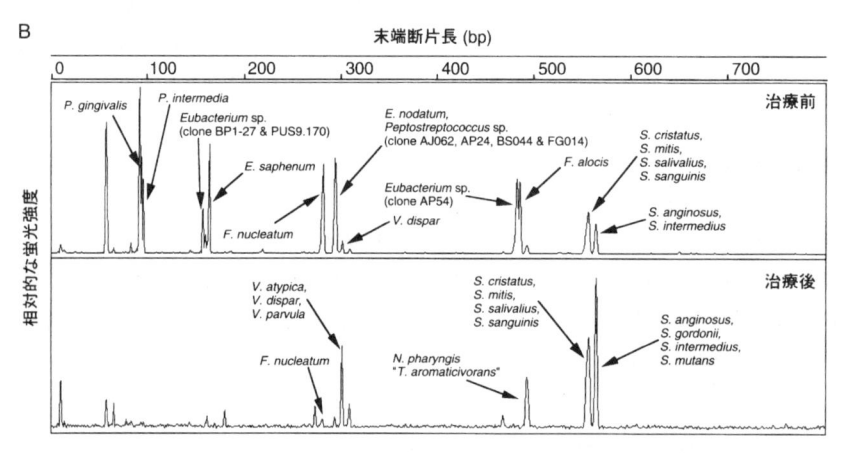

図2 歯周病治療前後の歯肉縁下プラークにおけるT-RFLPパターンの変化
(A) 16S rRNA 遺伝子を標的としてユニバーサルプライマー（27Fと1492R）を用いてPCR増幅後，制限酵素*Hha*Iで処理し，T-RFLP解析を行った。(B) Aで得られたPCR産物を制限酵素*Msp*Iで処理し，T-RFLP解析を行った。

た末端DNA断片（terminal restriction fragment: T-RF）のみを検出し，そして，T-RF（ピーク）の蛍光強度，位置（T-RFの大きさ），数により評価・比較する断片多型性分析技法である。本法は，一般的に 16S rRNA 遺伝子を標的として解析されることが多い。また，各菌種の 16S rRNA 遺伝子の塩基配列の違いから，制限酵素の部位が異なるため，原則として1菌種に1本の

第6章 難培養微生物を含むヒト口腔内細菌叢の解析

T-RFを生じる利点がある。さらに，クローン化操作を必要としないため，クローンライブラリー法に比べ再現性がはるかに高い分析技法である。また，得られるT-RFLPパターンの解析に16S rRNA 遺伝子の情報を利用し易く，解析結果をデータベース化し易いことから，DGGE（denaturing gradient gel electrophoresis）[27, 28]/TGGE（temperature gradient gel electrophoresis）法に比べ，簡便な分析技法である。

　健常人および歯周病患者，各18名の唾液を用いて解析を行った結果，口腔内細菌叢の多様性解析法の一つとしてT-RFLP法を適用することは有効であり，迅速に健常人および歯周病患者の口腔内細菌叢を比較できることが明らかとなった。さらに，本法を用いて歯周病治療前後における口腔内細菌叢の動態解析を行った[29]。治療前後においてT-RFLPパターン（歯肉縁下プラーク中の細菌叢）は著しく変化していた（図2）。特に治療後においては，治療前に観察された約100 bpおよび1,000 bp付近のT-RFが消失していた（図2(A)）。16S rRNA 遺伝子クローンライブラリー法によって詳細に解析してみると，これらのT-RFはそれぞれ *P. gingivalis*, *P. intermedia* および *Peptostreptococcus* 属のファイロタイプであり，前述のAP24も約1,000 bp付近のT-RFに含まれていることが明らかとなった。治療前のクローンライブラリーにおいては解析されたクローンの1割が *P. gingivalis* であったが，治療後のクローンライブラリーからは *P. gingivalis* が検出されなかった。さらに，リアルタイムPCR法によって治療前後における *P. gingivalis* の菌数の変化を見てみると，治療前では7.6%だったものが，治療後には0.003%と著しく減少していることが明らかとなった。以上述べてきたように，T-RFLP法にリアルタイムPCR法を併用することによって，より平易に口腔内細菌叢の変動を把握することができ，原因菌除去の観点から，本法が十分，治療効果の評価に用いることができることが明らかとなった。

7 おわりに

　近年の分子生物学の進歩に伴い，歯科分野でも遺伝子工学や分子生物学の手法が多く取り入れられ，歯周疾患の発症・進行メカニズムも徐々に明らかにされようとしている。培養を介さない16S rRNA 遺伝子クローンライブラリー法により，口腔内に培養困難な未知菌種が多数生息することが明らかとなったことで，歯周疾患と口腔内細菌叢に関する研究は，今，新たな局面を迎えつつある。現在，アメリカでは約600種の口腔内細菌（ファイロタイプを含む）を標的としたDNAマイクロアレイの開発が進行している。近い将来，どういう細菌の組み合わせなら健康になり，どういう細菌の組み合わせなら歯周疾患になるかが明らかになるだろう。歯周病予防の分野にプロバイオティクスの使用[30]という新しい領域が提唱され始めている今日，本稿で述べたような培養を介さない分子生物学的手法は，口腔内細菌叢の動態解析において今後ますます重要な

ものになると考えられる。

文　献

1) W. E. C. Moore et al., Infect. Immun., **38**, 1137-1148 (1982)
2) S. G. Willis et al., J. Clin. Microbiol., **37**, 867-869 (1999)
3) M. Sakamoto et al., Microbiol. Immunol., **43**, 485-490 (1999)
4) M. Sakamoto et al., Microbiol. Immunol., **43**, 711-716 (1999)
5) Y. Takeuchi et al., J. Periodontol., **72**, 1354-1363 (2001)
6) M. Sakamoto et al., Int. J. Syst. Evol. Microbiol., **52**, 841-849 (2002)
7) Y. Asai et al., J. Clin. Microbiol., **40**, 3334-3340 (2002)
8) K. Boutaga et al., J. Clin. Microbiol., **41**, 4950-4954 (2003)
9) S. R. Lyons et al., J. Clin. Microbiol., **38**, 2362-2365 (2000)
10) H. Maeda et al., FEMS Immunol. Med. Microbiol., **39**, 81-86 (2003)
11) J. M. Morillo et al., J. Periodont. Res., **38**, 518-524 (2003)
12) M. Sakamoto et al., Microbiol. Immunol., **45**, 39-44 (2001)
13) C. E. Shelburne et al., J. Microbiol. Methods, **39**, 97-107 (2000)
14) A. Yoshida et al., J. Clin. Microbiol., **41**, 863-866 (2003)
15) B. K. Choi et al., Infect. Immun., **62**, 1889-1895 (1994)
16) D. A. Spratt et al., Oral Microbiol. Immunol., **14**, 56-59 (1999)
17) M. Sakamoto et al., Microbiol. Immunol., **44**, 643-652 (2000)
18) B. J. Paster et al., J. Bacteriol., **183**, 3770-3783 (2001)
19) C. E. Kazor et al., J. Clin. Microbiol., **41**, 558-563 (2003)
20) M. Sakamoto et al., FEMS Microbiol. Lett., **217**, 65-69 (2002)
21) P. Hugenholtz et al., J. Bacteriol., **180**, 4765-4774 (1998)
22) M. M. Brinig et al., Appl. Environ. Microbiol., **69**, 1687-1694 (2003)
23) P. S. Kumar et al., J. Dent. Res., **82**, 338-344 (2003)
24) E. J. Leys et al., J. Clin. Microbiol., **40**, 821-825 (2002)
25) M. Sakamoto et al., J. Med. Microbiol., **52**, 79-89 (2003)
26) W. T. Liu et al., Appl. Environ. Microbiol., **63**, 4516-4522 (1997)
27) C. Fujimoto et al., J. Periodont. Res., **38**, 440-445 (2003)
28) V. Zijnge et al., Oral Microbiol. Immunol., **18**, 59-65 (2003)
29) M. Sakamoto et al., J. Med. Microbiol., **53**, 563-571 (2004)
30) H. Ishikawa et al., J. Jpn. Soc. Periodontol., **45**, 105-112 (2003)

第7章　難培養性細菌を含むヒトの大腸内細菌叢の解析

林　秀謙[*1]，辨野義己[*2]

1　はじめに

ヒトの大腸内には500種以上，乾燥糞便1g当たり10^{12}個以上の多種多様な細菌が棲息し，互いに共生または拮抗関係を保ちながら，摂取された食物や消化管に分泌された生体成分を栄養素として絶えず増殖，代謝しては糞便として排出されいる[3,13]。これらの細菌がヒトの栄養，薬効，生理機能，老化，発ガン，免疫，感染などに極めて大きな影響を及ぼすことが培養法により明らかにされてきた[29]。しかしながら，大腸内の環境は嫌気性及び複雑な故に分離，同定できる菌種に限りがあり，大腸内細菌の約70～80%が培養が困難である[6,11,24]。そのため大腸内細菌叢は完全に解明されておらず，その機能においても未解明な部分が多く存在する。近年，分子生物学的手法を用いることにより，培養困難な細菌を含む大腸内細菌叢の多様性解析が可能になってきた[4,6,11,24,33]。本稿では分子生物学的手法を用いた大腸内細菌叢の解析について概説する。

2　16S rRNA 遺伝子ライブラリー解析

糞便中の細菌を高度嫌気培養法を用いて培養菌数を解析した場合と直接検鏡して菌数を解析した場合を比較すると約70～80%の細菌が培養困難であるかあるいはその菌数が低いために分離が困難である[6,11,24]。つまり，大腸内細菌の全体像を理解する上で培養法のみでは限界であった。1990年代後半になって大腸内細菌叢の解析に培養を介さない方法として 16S rRNA 遺伝子ライブラリー法が初めて用いられた[24,33]。糞便より直接細菌由来のゲノムDNAの抽出し，16S rRNA 遺伝子をPCR法より増幅し，クローニングを行う方法である。Suauら[24]は40歳男性の糞便よりライブラリーを構築し，284クローンの解析を行い，それらの系統関係を明らかにした。それらのクローンは84種類の 16S rRNA 遺伝子配列に分類され，多くは未同定な細菌（ファイロタイプ：今までに培養されていない菌種もしくは培養はされているが 16S rRNA 遺伝子配列の情報しかないもの）由来の配列が含まれていた。著者らも大腸内細菌叢を明らかにするために，健康

[*1]　Hidenori Hayashi　（独）理化学研究所　バイオリソースセンター　協力研究員
[*2]　Yoshimi Benno　（独）理化学研究所　バイオリソースセンター　室長

難培養微生物研究の最新技術

表1 ファイロタイプと既存種の割合

サンプル	解析した クローン数	既存種の数 (クローン数)	ファイロタイプの数 (クローン数)
28歳-男性	216	10 (24)	50 (192)
52歳-男性	266	10 (104)	55 (162)
27歳-男性	262	16 (53)	32 (209)
合計	744	31 (197)	99 (547)

な日本人男性3人の 16S rRNA 遺伝子ライブラリーを構築し、744クローンの解析を行った[6]。その結果、25%のクローンが既存菌種の 16S rRNA 遺伝子配列と98%以上の相同性を示す31菌種に分類され、残りの75%は既存の菌種の 16S rRNA 遺伝子配列との相同性が98%未満であり、99種類のファイロタイプに分類された（表1）。また、他のライブラリー解析においても約50%以上のクローンがファイロタイプに分類されている[7,8,9]。以上の結果からヒトの大腸内にはファイロタイプが多数存在することが明らかとなった。これらのクローンの系統解析の結果、ヒトの大腸内細菌の主要な構成菌種は *Clostridium* rRNA クラスターIV（*Clostridium leptum* サブグループ）（図1）、*Clostridium* rRNA クラスターIX、*Clostridium* rRNA サブクラスターXIVa（*Clostridium coccoides* グループ）、*Clostridium* rRNA クラスターXVIII、*Bacteroides* グループ *Bifidobacterium*グループ、*Streptococcus*グループであった。さらにこれらのクローン内、45%以上のクローンが*Clostridium* rRNA クラスターIV、*Clostridium* rRNAサブクラスターXIVa、*Bacteroides*グループに属し、これらの菌株が主要な構成菌種として常在していることが明らかとなった（図2）。さらに、ヒトの大腸内細菌構成には非常に大きな個体差があることが判明した[6]。その原因としては食事、年齢、栄養、腸管免疫など様々な要因の影響により個体差が生じていると推定される。さらに3人の高齢者（75～94歳）の大腸内細菌叢をライブラリー法により解析を行った[8]。240クローンの解析を行った行ったところ、46%のクローンが既存菌種に分類され、残りの54%はファイロタイプに分類された。さらに13%のクローンは新規の30種類のファイロタイプに分類された。これらの結果は老人の大腸内にも多くの未同定な菌種が存在するを示している。また、成人の大腸内細菌叢とは異なり *Clostridium* rRNA サブクラスターXIVaの検出率が1例を除いて低く（2.5～3.6%）、"*Gammaproteobacteria*" に属するクローンが高頻度に検出された（16.2～52.4%）。

菜食主義、老人の腸管粘膜、炎症性腸疾患などの細菌叢が 16S rRNA 遺伝子ライブラリー法により解析が行われている[7,9,22]。16S rRNA 遺伝子ライブラリーの導入により大腸内細菌叢の全体像が明らかになりつつある。

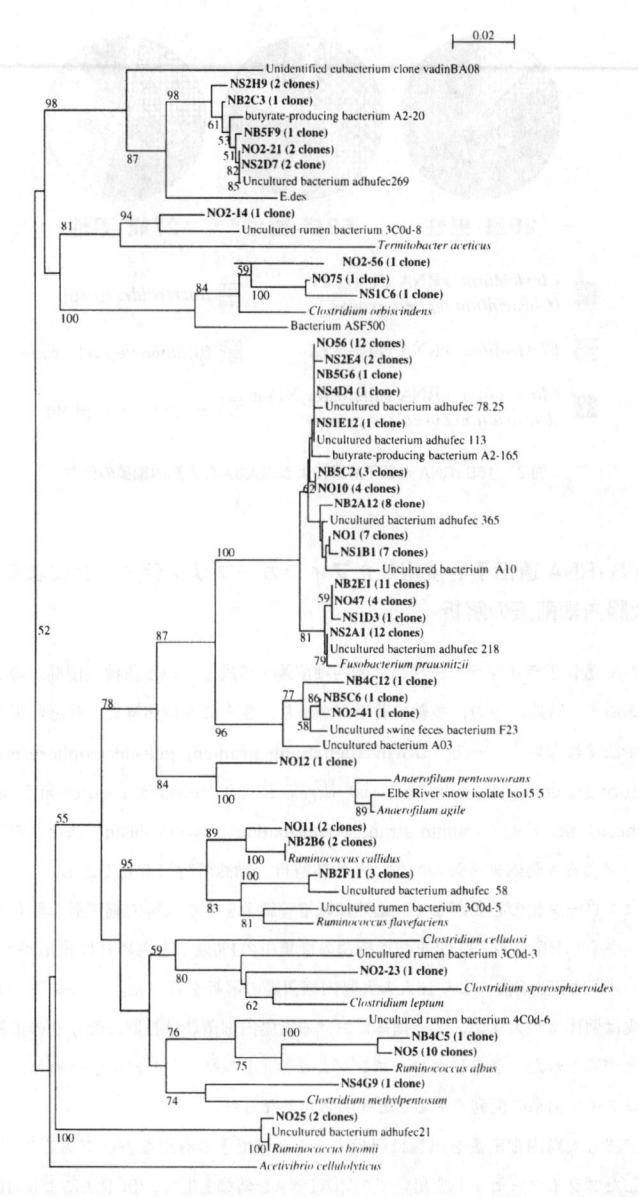

第7章 難培養性細菌を含むヒトの大腸内細菌叢の解析

図1 *Clostridium* rRNA cluster IV に属するクローンの 16S rRNA 遺伝子に基づく系統樹
NB, NO, NS はそれぞれ52歳—男性, 28歳—男性, 27歳—男性を示す。カッコ内は検出したクローン数を示す。50以上のBootstrap値を示した。

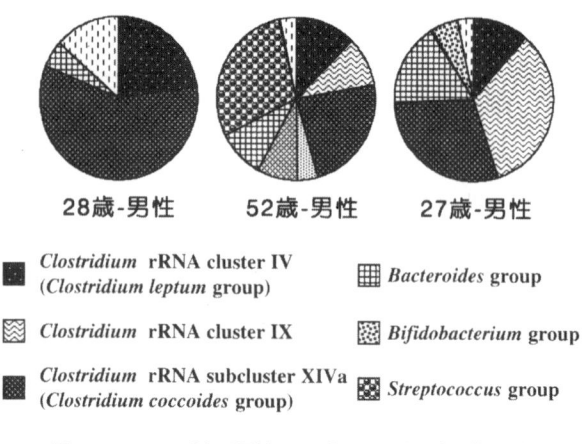

図2 16S rRNA 遺伝子解析による成人3人の大腸内細菌の分布

3 16S rRNA 遺伝子を使用したフィンガープリンティングによる大腸内細菌叢の解析

16S rRNA 遺伝子ライブラリー法は大腸内細菌叢を構成している菌種（菌群）のレベルで解析が可能であるが，時間，労力，多額の費用がかかり，さらに多検体解析，動態解析などにはあまり適した手法ではない[32]。一方，DGGE（denatuing gradient gel electrophoresis）法，TGGE（temperature gradient gel electrophoresis）法，T-RFLP（terminal restriction fragment length polymorphism）法，SSCP（single strand conformation polymorphism）法などのフィンガープリンティングよる大腸内細菌叢の解析は多検体解析，動態解析に有効である[7,8,18,22,28,30]。これらの方法はクローン化の必要がなく，迅速に難培養細菌を含む大腸内細菌叢を取られることが可能である。さらにDGGE法やTGGE法は細菌の群集中の1%以上を占めれば検出が可能である[17]。Zoetendalら[30]はTGGE法により16人の大腸内細菌叢の解析を行った。その結果，①大腸細菌叢の菌種構成は個体差が大きい，②各個体における大腸内細菌叢は長期に渡りその菌種構成が安定であることが示された。さらにクローニングよりTGGEのバンドの同定が行われ，それらの多くはファイロタイプ由来の配列であることが明らかとなった。

T-RFLP法も大腸内細菌叢を迅速に解析することができる有用な方法である[7,8,18,23]。末端を蛍光標識したプライマーセットを用いてゲノムDNAを鋳型として，PCR法により 16S rRNA 遺伝子の増幅を行う。増幅後，PCR産物を制限酵素により消化し，DNAシークエンサーを用いて蛍光標識された末端DNA断片（terminal restriction fragment: T-RF）の検出を行う。菌種

第7章 難培養性細菌を含むヒトの大腸内細菌叢の解析

(菌群) の16S rRNA遺伝子の塩基配列の違いより制限酵素の認識する位置が異なるので，菌種 (菌群) により異なったT-RFを得ることが出来る。得られたT-RFはGenBankなどのデーターベースや16S rRNA遺伝子ライブラリーより得られた配列を基にT-RFがどの菌種 (菌群) 由来であるか推定することが可能ある。実際，*Hha*I切断をしたT-RFLPを解析した場合，約190bpと1000bp付近に *Clostridium* rRNA サブクラスターXIVa由来のT-RFが，*Clostridium* rRNA クラスターIV由来のT-RFは約35bpと380bp付近，*Bacteroide*グループは約100bp付近に検出される[8]。著者らは6人の高齢者 (74〜94歳) の大腸内細菌叢を本手法より解析を行った (図3)。その結果，成人に比べ *Clostridium* rRNA サブクラスターXIVaの検出頻度が低く，高頻度に "*Gammaproteobactreia*" が検出された[8]。この結果は16S rRNA遺伝子ライブラリーによる結果と一致していた[8]。本手法は迅速に大腸内細菌叢をT-RFLPパターンのプロフィールとして取られることができ，多様性解析も可能である。さらに，それらの解析の結果をデーターベース化することにより，どのようなパターン場合，大腸がどの様な状態であるかを迅速に診断でるようになるかもしれない。

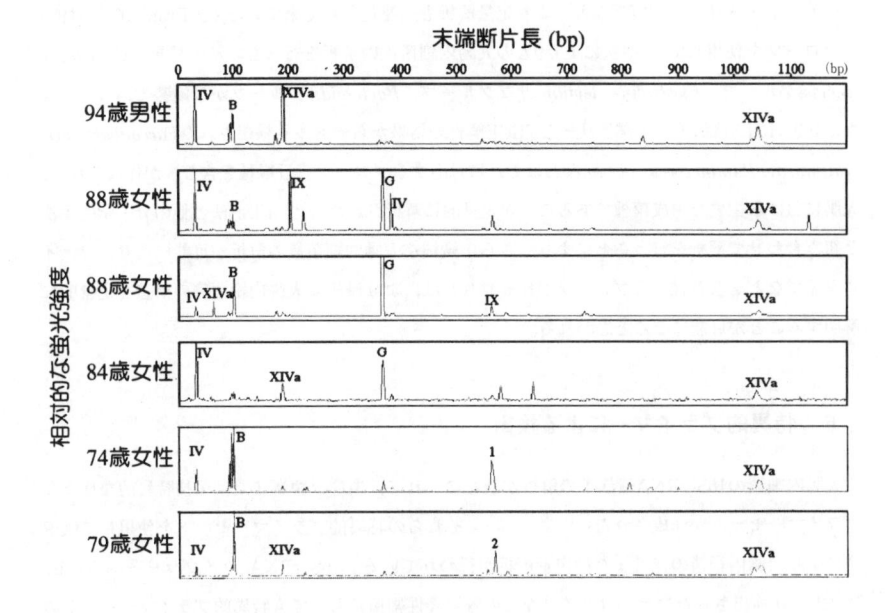

図3 T-RFLP法による老人の大腸内細菌 (群) のT-RFパターン (*Hha*I切断による)
ピークの文字は主要なT-RFを示す [IV, *Clostridium* rRNA クラスター IV (*Clostridium leptum*サブグループ) ; XIVa, *Clostridium* rRNA サブクラスターXIVa (*Clostridium coccoides*グループ) ; B, *Bacteroides*とその近縁種 ; G, "*Gammaproteobacteria*"]。1と2は同定できなかった主要なT-RFを示す。

4 Fluorescent in situ hybridization (FISH) による大腸内細菌叢の解析

FISHは糞便中の細菌の定量解析によく用いられる手法の一つである[4, 11]。16S rRNA 遺伝子を標的とした菌種（菌群）特異的なオリゴヌクレトチドプローブをサンプル中の細菌の 16S rRNA 遺伝子とハイブリダイズさせることにより菌数を蛍光顕微鏡またはフローサイトメトリーを使用して，定量する方法である。糞便サンプル1g中に10^6個以上の菌数があれば解析が可能である。一方，16S rRNA 遺伝子ライブラリー法，DEEG法，TGGE法，T-RFLP法などは 16S rRNA 遺伝子の菌種間によるコピー数の違いとPCR法のバイアス等によりサンプル中の菌数の定量はできない。今までに様々な菌属または菌群（*Bacteroides*, *Bifidobacterium*, *Clostridium* , *Collinsella*, *Eubacterium*, *Faecalibacterium* , *Lactobacillus*, *Streptococcus*, *Veillonella*属など）特異的プローブが作成され，定量解析が行われている[4, 10, 11, 20, 26, 31]。さらに，本手法は 16S rRNA 遺伝子ライブラリー法より検出したファイロタイプに対する特異的なプローブの作成も可能であり，培養困難な菌形態の検出，菌種の定量も可能になる[19]。さらにコンピューターを使用した画像解析，フローサイトメトリーよる解析などにより定量解析も迅速化されて来ている[31]。Franksら[4]は9つのプローブを使用してFISH法により9人の大腸内細菌叢の解析を行った。その結果，*Clostridiun coccides*グループ，*Clostridium leptum* サブグループ，*Bacteroides*グループが最優勢であった。また，16S rRNA遺伝子ライブラリーとTGGE解析の結果から最も多く検出された*Faecalibacterium prausnitzii*, *Ruminococcus obeum*などはそれに対応するプローブ（近縁種を含む）が作成されて，大腸における主要な構成菌種であることが定量的に解析された[25, 31]。FISH法と他の分子学的手法と組み合わせて解析を行うことにより，さらに繊細な大腸内細菌叢の解析が可能になり，ファイロタイプなどを含む様々なプローブが作成されれば，より繊細に大腸内細菌叢の構造を定量的に解明することが可能になると思われる。

5 特異的プライマーによる検出

大腸内細菌の16S rRNA遺伝子の解析が進むにつれて，菌群，菌属または菌種特異的な様々なプライマーセットが作成された[5, 14, 15, 16, 34, 35]。それらの特異的プライマーセットを使用してPCR法により大腸内細菌の定性または定量解析が行われている。16S rRNA ライブラリー，TGGE，DGGEより検出されたファイロタイプなどの難培養性細菌においても特異的プライマーセットの設計することにより，PCR法により迅速な検出が可能になる。培養可能な菌種はリアルタイムPCR法により定量解析が可能である。その一つとしてヒトの健康維持に密接に関係している*Bifidobacterium*の菌群または菌属特異的なプライマーセットの作成を行い，ヒトの糞便中の

第7章 難培養性細菌を含むヒトの大腸内細菌叢の解析

*Bifidobacterium*の定量,定性解析が行われている[14, 16, 27]。今では培養法で優勢に検出される*Bifidonbacterium*のみで菌種構成を論じられ,低菌数で存在する本菌種の検出は困難であったが,これらのプライマーセットを用いることで検出が可能になり,個人ごとに多様な菌種構成をしていることも明らかとなった[14, 27]。さらに*Clostridium coccides*グループ,*Bacteroides fragilis*グループなどの群特異的なプライマーセットも作成され,糞便より分離した菌株の同定を迅速に行うことが可能となった[15]。また,Kageyamaら[5]は大腸内で優勢な細菌,*Collinsella aerofaciens*のプライマーセットの作成を行い,リアルタイムPCR法により菌数の測定を行った。その結果2.5×10^6〜7.5×10^9の範囲で存在していた。また,本手法もFISH同様,16S rRNA 遺伝子ライブラリーで検出したファイロタイプ特異的なプライマーセットの構築し,定性解析も可能である。今後,様々なプライマーが作成されることにより,ファイロタイプ(難培養性細菌)を含む大腸内細菌叢を迅速に定性,定量解析が可能になる思われる。

6 機能遺伝子による大腸内細菌叢の解析

難培養性細菌を含む環境サンプルの機能遺伝子解析のために,メタゲノムライブラリーの構築が行われている。環境サンプルより直接,ゲノムDNAの抽出を行い,長鎖DNA断片を回収する。これらの断片をBAC (bacterial artificial chromosome) ベクターやコスミドベクターなどに連結を行い,メタゲノムライブラリーの構築を行う。これらのライブラリーは機能遺伝子の解析や16S rRNA 遺伝子以外の様々な遺伝子の多様性解析などに使用できる。すでに土壌,海洋サンプルにおいてメタゲノムライブラリーの構築が行われている[1, 22]。ヒトの大腸内細菌叢については解析例はないが,ヒト糞便由来のウイルスのメタゲノム解析が行われている[2]。また,特異的プライマーまたはデジェネレートプライマーを用いて,環境サンプルから抽出したゲノムDNAを鋳型としてPCR法により新規機能遺伝子のクローニングも可能である。著者は上記の方法を用いて糞便サンプルより新規キシラナーゼ遺伝子の取得に成功している。Louisら[12]はヒトの大腸における酪酸生産菌に注目し,酪酸生産菌の分離と酪酸生産に関わる遺伝子の解析を行った。今後,これらの手法を用いることより,大腸内細菌叢を機能面から解析することにより,大腸内細菌の役割が明らかとなると思われる。

7 おわりに

　分子生物学的手法の導入によりヒトの大腸内細菌叢の解析はここ数年来，飛躍的に進歩を遂げてきている。分子生物学的手法の解析の結果，ヒトの大腸内には多くの難培養性細菌が存在することが明らかとなり，さらにそれらの系統学的位置づけも解明され，それに伴い大腸内細菌叢の全体像も解明されつつある。また，大腸内細菌（ファイロタイプを含む）の 16S rRNA 遺伝子の解析が進み，多くの遺伝子がGenBankなどDNAデーターベースに登録されている。これらの遺伝子の配列を利用することにより定性，定量解析も可能となり，大腸内細菌叢の菌種構成も解明されつつある。さらに，メタゲノム解析などの機能遺伝子の解析も始まろうとしている。近い将来，これらの分子生物学的手法の解析結果を基に，大腸ガン，炎症性腸疾患などの病気と大腸内細菌叢の関係も明らかとなることも期待できる。さらに疾患と大腸内細菌叢との関係が明らかとなれば，これらの疾患の予防も可能になると思われる。

文　献

1) O. Béjà et al., Environ. Microbiol., 2, 516-529 (2000)
2) M. Breitbart et al., J Bacteriol., 185, 6220-6223 (2003)
3) S. M. Finegold, et al., "Human intestinal microflora in health and disease" p 3-31, D. J. Hentges (ed.), Academic Press, New York, N.Y., (1983)
4) A. H. Franks et al., Appl. Environ. Microbiol., 64, 3336-3345 (1998)
5) A. Kageyama et al., FEMS Microbiol. Lett., 186, 43-47 (2000)
6) H. Hayashi et al., Microbiol. Immunol., 46, 535-548 (2002)
7) H. Hayashi et al., Microbiol. Immunol., 46, 819-831 (2002)
8) H. Hayashi et al., Microbiol. Immunol., 47, 557-570 (2003)
9) G.L.Hold et al., FEMS Microbiol. Ecol., 39, 33-39 (2002)
10) G.L.Hold et al., Appl. Environ. Microbiol., 69, 4320-4324 (2003)
11) P. S. Langendijk et al., Appl. Environ. Microbiol., 61, 3069-3075 (1995)
12) P. Louis et al., J Bacteriol., 186, 2099-2106 (2004)
13) W. E. Moore et al., Appl. Microbiol., 27, 961-979 (1974)
14) T. Matsuki et al., Appl. Environ. Microbiol., 65, 4506-4512 (1999)
15) T. Matsuki et al., Appl. Environ. Microbiol., 68, 5445-5451 (2002)
16) T. Matsuki et al., Appl. Environ. Microbiol., 70, 167-173 (2004)
17) G. Muyzer et al., "Molecular Microbial Ecology "p.3.4.4./1-27 A.D.L. Akkermans (eds), Kluwer Academic Publishers: Netherlands (1997)

第7章 難培養性細菌を含むヒトの大腸内細菌叢の解析

18) K. Nagashima *et al.*, *Appl. Environ. Microbiol.*, **69**, 1251-1262 (2003)
19) S. Noda *et al.*, *Appl. Environ. Microbiol.*, **69**, 625-633 (2003)
20) L. Rigotter-Gois *et al.*, *Syst. Appl. Microbiol.*, **26**, 110-118 (2003)
21) M. R. Rondon *et al.*, *Appl. Environ. Microbiol.*, **66**, 2541-2547 (2000)
22) S.J. Ott *et al.*, *Gut*, **53**, 685-693 (2004)
23) M. Sakamoto *et al.*, *Microbiol. Immunol.*, **47**, 133-142 (2003)
24) A. Suau *et al.*, *Appl. Environ. Microbiol.*, **65**, 4799-4807 (1990)
25) A. Suau *et al.*, *Syst. Appl. Microbiol.*, **24**, 139-145 (2001)
26) A. Sghir *et al.*, *Appl. Environ. Microbiol.*, **66**, 2263-2266 (2000)
27) Y. Saito *et al.*, *Curr. Microbiol.*, **45**, 368-373 (2002)
28) G. W. Tannock *et al.*, *Appl. Environ. Microbiol.*, **66**, 2578-2588 (2000)
29) Van der Waaij *et al.*, *J.Hyg.*, **67**, 405-411 (1971)
30) E. G. Zoetendal *et al.*, *Appl. Environ. Microbiol.*, **64**, 3854-3859 (1998)
31) E. G. Zoetendal *et al.*, *Appl. Environ. Microbiol.*, **68**, 4225-4232 (2002)
32) E. G. Zoetendal *et al.*, *J. Nutr.*, **134**, 465-472 (2004)
33) K. H.Wilson and R. B. Blitchington, *Appl. Environ. Microbiol.*, **62**, 2273-2278 (1996)
34) J. Walter *et al.*, *Appl. Environ. Microbiol.*, **66**, 297-303 (2000)
35) R. F. Wang *et al.*, *Appl. Environ. Microbiol.*, **62**, 1242-1247 (1996)

第8章　昆虫の細胞内共生微生物

中鉢　淳[*1], 石川　統[*2]

1　はじめに

　昆虫は種数，個体数のいずれをとっても地球上でもっとも数の多い後生動物であり，現在もっとも繁栄している動物群といえる[1]。この繁栄の原因のひとつとしては，栄養価が低い，あるいは分解が困難などの理由で他の動物が食物として利用できないさまざまな資源を昆虫が利用し，多様なニッチに進出していることがあげられる。そしてこの昆虫の食性を支えている重要な要因が，微生物との共生関係である。他の章に述べられているシロアリの共生系の例に見るように，消化管内に微生物を保有することがもっとも基本的な戦略といえるが，これは昆虫に限らずほぼすべての後生動物が利用している共生の形態であろう。しかし，昆虫ではこうした微生物を自らの細胞内に取り込み，まるでミトコンドリアや葉緑体といったオルガネラのように細胞の機能単位の一部としている例が多数見られる。それがこの章であつかう細胞内共生系である。

　昆虫は30程度の目（order）からなるが，網翅目（ゴキブリ），半翅目（カメムシ，アブラムシの類），裸尾目（シラミ），鞘翅目（コガネムシ類）の多くの種，また双翅目（ハエ，カの類），膜翅目（ハチ，アリ類）の一部の種は微生物を収納するための特別の細胞を用意し，この細胞質内に様々な共生微生物を保有している（表1）[2]。この特別な細胞は「菌細胞（bacteriocyteまたはmycetocyte）」と呼ばれ，消化管上皮の一部であるもの，消化管とは独立に血体腔内に浮遊しているものなどがある。収納されている共生微生物が多くの場合，消化管内に見出される細菌に近縁であり，また血体腔内に存在しながらも細長い上皮細胞によって消化管とつながった中間型の菌細胞を持つ昆虫種が存在することなどから，菌細胞内共生系は，進化的時間をかけながら消化管内共生微生物を「消化管盲嚢」→「消化管上皮細胞」→「消化管とは独立した細胞」という過程を経て取り込んで来たものであると考えられている[2〜4]。ところで「共生（symbiosis）」という言葉からは，かかわり合う生物がともに利益を得る「相利共生（mutualism）」 を想起される方が多いと思われるが，「複数の生物種が同一の場を共有し，そのことによってそれらの生物

---

* 1　Atsushi Nakabachi　（独）理化学研究所　工藤環境分子生物学研究室　日本学術振興会特別研究員（SPD）
* 2　Hajime Ishikawa　放送大学　教養学部　教授

第8章　昆虫の細胞内共生微生物

表1　昆虫の菌細胞内共生微生物

宿主昆虫				共生微生物	菌細胞の位置	食餌
半翅目	同翅亜目	腹吻群	アブラムシ科	*Buchnera aphidicola* (γ-プロテオバクテリア)	血体腔	植物汁液
			キジラミ科	*Carsonella ruddii* (γ-プロテオバクテリア)	血体腔	植物汁液
			コナジラミ科	γ-プロテオバクテリア	血体腔	植物汁液
			コナカイガラムシ科	*Tremblaya princeps* (β-プロテオバクテリア)	血体腔	植物汁液
双翅目	短角亜目		ツェツェバエ科	*Wigglesworthia glossinidia* (γ-プロテオバクテリア)	中腸	脊椎動物の血液
膜翅目	細腰亜目		アリ科 オオアリ属	*Blochmannia floridanus* (γ-プロテオバクテリア)	中腸上皮	雑食

のうちの少なくともひとつの生き方が影響を受ける関係」という意味で使われることもある。この定義に従えば，「共生」は，相利共生のみならず片利共生（commensalism），さらには寄生（parasitism）すら含むきわめて広い概念を表す言葉になる[3]。この広い意味で「共生」をとらえなおせば，昆虫の細胞内にすむ共生微生物にはもうひとつのタイプが存在する。これは「ゲスト微生物」などとよばれ，菌細胞内共生微生物が菌細胞のみに見出されるのに対し，多くの種類の昆虫で，ほとんどすべての細胞に存在が認められるものである。これらゲスト微生物は片利共生者ないしは寄生者に近く，宿主の性や生殖を操るなど，かならずしも宿主に好ましい存在ではなく，明らかに宿主にメリットを与えている菌細胞内共生微生物とは性格を異にしている。

昆虫の細胞内共生系の重要な点は，菌細胞内共生微生物，ゲスト微生物いずれの場合も原則として母から次の世代へと経卵的に垂直感染により伝えられることである。この点で，同じ細胞内共生であってもマメ科植物—根粒菌間の共生，また多くの海産無脊椎動物—微生物間の共生のように，宿主の一世代が終わるたびに関係を解消するものとは根本的に異なっており，共生微生物が自由生活相を持たないためその培養がきわめて困難であるとの特徴がある。

それではこうした共生系はこれまでどのように研究され，今後どういった応用利用の可能性があるのか，以下に見て行きたい。

2　菌細胞内共生系

2.1　菌細胞内共生系と栄養要求

菌細胞内共生系を持つ昆虫には栄養価の低い食物資源を利用するものが多い（表1）。例えば半翅目のうち同翅亜目の昆虫の多くはこのタイプの共生系を持つが，いずれも植物の汁液（多くの場合師管液）という，栄養的にきわめてバランスの悪い資源を常食としている。師管液はショ糖を多量に含む一方で，有機窒素分に乏しく，またその組成は大きく偏っており後生動物にとって利用が困難である[5]。また裸尾目昆虫のシラミや双翅目昆虫のツェツェバエもこのタイプの共

生系を保有するが，これらの常食は脊椎動物の血液である。血液は栄養が豊富なように思えるが，ビタミンB群に乏しい。こうした栄養の欠乏を補償しているのが，菌細胞内共生微生物であることが知られており，宿主昆虫は菌細胞内共生微生物なくしては繁殖できない[6～8]。

　これらの昆虫の多くは農学的，医学的に重要な害虫であるので，この共生系の存立基盤を知り共生系を特異的に破壊する方法を知ることで，新しい害虫防除法の開発につながる可能性がある。化学薬品等を用いた害虫防除は一般にヒトの健康や環境への負荷が高いことが問題となるが，菌細胞内共生系はこれら害虫にしかないのでヒトをはじめとする他の動物に影響を与えず，特異的かつ効果的な防除が可能となると期待される。

2.2　アブラムシの共生細菌 Buchnera aphidicola

　それではこの昆虫の菌細胞内共生系のうち，もっとも研究が進んでいると思われるアブラムシの例を少し詳しく見てみよう。アブラムシはこれまでに4,000種以上が記載されているが，いずれも栄養価に乏しい植物汁液を吸汁しながら産仔性の単為生殖に基づく旺盛な繁殖力を示す。その一部は農業作物を利用し，光合成産物を奪うばかりでなく植物ウイルスを媒介するために農作物に多大な損害を与える害虫となっている。アブラムシのこのような爆発的な繁殖力とウイルス媒介能を支えているのが，菌細胞内共生系である。一部の例外種を除き，ほぼすべてのアブラムシは血体腔内に大型の菌細胞を数十個持ち，この細胞質中にγプロテオバクテリアに属し，腸内細菌などに近縁な細菌である Buchnera aphidicola（以下Buchnera）を多数収納している[9]。Buchneraはアブラムシの祖先種への感染を成立させたのち，垂直感染のみによっておよそ2億年にわたって伝えられてきたものであり[10]，菌細胞の外ではもはや増殖できない。一方でアブラムシは植物師管液に欠如している必須アミノ酸[7,11]やリボフラビン（ビタミンB_2）[12]の供給をBuchneraに依存しており，抗生物質処理や高温処理によって人工的にBuchneraを除去すると，その生育が妨げられ繁殖不能となる。またBuchneraはシャペロンの一種であるGroEL ホモログタンパク質を大量に合成しており，これがアブラムシによる植物ウイルス媒介能の向上に寄与すると言われている[13,14]。

　しかし，こうした断片的な情報のみではこの共生系の存立基盤を知ることはできない。この問題に正面から取り組んだのがBuchneraの全ゲノム解析であった。Buchneraは上述の通り培養することができないが，この系にはゲノム解析に有利な特質が２つあった。ひとつは菌細胞がBuchneraのみを多数収納する，いわば天然の純粋培養装置としてはたらいていること。もうひとつはBuchneraゲノムが高度に倍数化しており，ひとつのBuchnera細胞あたり100コピー程度のゲノムが含まれていることである[15]。この２つの要因のおかげで，わずか数百頭程度のアブラムシを解剖して菌細胞を集め，フィルターを通して宿主由来の核などを除くだけで，質，量ともにゲ

第8章 昆虫の細胞内共生微生物

ノム解析に十分な*Buchnera*のゲノムDNAを得ることができたのである。

2.3 *Buchnera*ゲノムの特徴

まずエンドウヒゲナガアブラムシ（*Acyrthosiphon pisum*）由来の*Buchnera*を用いた解析結果が発表されたが[16]，このゲノムは640,681bpの染色体と2つの小型のプラスミドからなっていた（表2）。これは近縁種である大腸菌のゲノムサイズ（4,639,221bp）の1/7にすぎない。またG+C含量は26.3％と低いものであった。このゲノム上からは583のORFが同定されたが，それらの遺伝子のほとんどすべては大腸菌遺伝子のオーソログにあたり，*Buchnera*に固有の遺伝子は4つしかなかった。（さらにその後のゲノムデータの蓄積のため，現在では*Buchnera*に固有な遺伝子は1つに減っている。）このことから，*Buchnera*ゲノムは大腸菌ゲノムのいわばサブセットであり，共生進化の過程で非常に多くの遺伝子を失った一方で，新たな遺伝子の獲得はまったくなかったことが推察された。

ではどのような遺伝子が失われ，どのような遺伝子が残っているのか。もっとも特徴的だったのがアミノ酸の生合成に関わる遺伝子の存否である。宿主がみずから合成できる可欠アミノ酸の合成に関わる遺伝子の多くが*Buchnera*から失われていた一方で，共生系の鍵となる必須アミノ酸の合成系遺伝子群は高度に保存されていた。すなわち*Buchnera*-宿主間の相補的な関係が，ゲノムレベルでも確認されたといえる。また*Buchnera*は必須アミノ酸以外にリボフラビンも宿主に提供しているが[12]，やはりリボフラビンの合成に関わるすべての遺伝子セットが保存されていた。*Buchnera*は，このように宿主の栄養要求を満たすための遺伝子セットを残しながら，次のような遺伝子を失っていた。

たとえば電子伝達系に関わる遺伝子群は残っているにもかかわらず，クエン酸回路関連の遺伝子がほとんどないことから，呼吸の過程において宿主との基質のやり取りが存在する可能性が示

表2 昆虫細胞内共生細菌のゲノム比較

	Buchnera(Ap)	*Buchnera*(Sg)	*Buchnera*(Bp)	*Wigglesworthia*	*Blochmannia*	*Wolbachia*(wMel)
染色体サイズ(bp)	640,681	641,454	615,980	697,724	705,557	1,267,782
プラスミド数とサイズ(bp)	2(7,805)	2(7,967)	1(2,399)	1(5,280)	0	0
G+C 含量(%)	26.3	26.2	25.3	22	27.38	35.2
遺伝子総数	608	596	545	661	625	1,309
CDS	571	559	508	619	583	1,270
rRNA	3	3	3	6	3	3
tRNA	32	32	32	34	37	34
その他RNA遺伝子	2	2	2	2	2	2
偽遺伝子	12	33	9	8	6	94

唆される。またrecAやuvrABCといったDNA修復に重要な遺伝子が失われており，DNA損傷に弱いものと考えられる。さらに，二成分系に関わる遺伝子群がなく，転写調節因子がないなど，遺伝子発現制御系が大幅に失われていることから，環境変動への対応能力が低い可能性が高い。これらの特徴はすべて，動物の細胞内という安定な環境に，適応進化してきたことを反映しているものと考えることができる。またおどろくべきことにリン脂質合成に関わる遺伝子を欠いているため，自らの細胞膜を作ることすら出来ないらしい。

その後エンドウヒゲナガアブラムシ由来のBuchneraに引き続き，ムギミドリアブラムシ Schizaphis graminum 由来[17]，さらには Baizongia pistaciae 由来のBuchneraのゲノム配列が決定されたが[18]（表2），ゲノム中の遺伝子組成はいずれもほぼ同様の傾向を示した。またゲノム上の遺伝子配置は3種のBuchneraが分岐したと思われる1億年以上前から実質的にまったく変化していなかった。この著しいゲノムの安定性は，自由生活性の細菌[19, 20]と比較して際立った違いといえる。Buchneraのゲノム構造の安定化に関わる要因としては，共生進化の初期にrecAなどの組み換えに重要な遺伝子が失われたこと，同様にファージ，トランスポゾン，反復配列などゲノム配列をシャッフルするDNA配列上の要因が失われたこと，そして内部共生することによって外界との接触が断たれ，水平転移による遺伝子獲得の機会が失われたことなどが指摘されている[17, 21, 22]。

2.4 一次共生体と二次共生体

これまで混乱を避けるため述べなかったが，菌細胞内共生系を持つ昆虫の多くは，生存に必須な共生微生物＝一次共生体（primary symbiont）に加えて，その機能や意義がかならずしも明らかではない第2，第3の共生微生物を保有している[23〜27]。それらは二次共生体（secondary symbionts）と総称されるが，その起源はさまざまで，ゲスト微生物もこのカテゴリーに入る。これら二次共生体は垂直感染だけではなく個体間での水平感染が可能らしく，また必ずしも細胞内に侵入せず血体腔内にとどまることも多い。ほとんどの二次共生体の生物学的機能はいまだ不明だが，近年，エンドウヒゲナガアブラムシの二次共生体（一次共生体はもちろんBuchnera）が，宿主に対してさまざまな生物機能を賦与することがわかってきた。すなわち高温耐性[28]，寄生蜂への抵抗性[29]，そして食餌として利用可能な植物種の拡大[30]などである。これまでに，二次共生体を宿主細胞外で培養することに成功したという報告例はないが，どうやら二次共生体は一次共生体ほど脆弱になっておらず，今後昆虫を操作するための道具として利用できる可能性がある。

2.5 WigglesworthiaとBlochmanniaのゲノム

ツェツェバエ（Glossina）は一生を通じて脊椎動物の血液のみを食餌とし，吸血の際アフリカ睡眠病の病原体である Trypanosoma brucei を媒介する害虫で，2種類の細胞内共生細菌を保有す

第8章 昆虫の細胞内共生微生物

る。一方は相利共生関係にあって中腸上部に用意された菌細胞に収納される*Wigglesworthia glossinidia*(以下*Wigglesworthia*)で,もう一方は消化管上皮などで見られるが,とくに存在場所の決まっていない片利共生者,*Sodalis glossinidius*である。*Wigglesworthia*,*Sodalis*ともにγ-プロテオバクテリアに属し,前者が一次共生体,後者が二次共生体である[31]。*Wigglesworthia*を除去したツェツェバエでは成長の遅延や妊性の低下がみられ,それらの症状はビタミンB群の投与によって改善されることから,宿主の栄養生理に重要な役割を果たしていることが示唆されていた[8]。

この*Wigglesworthia*のゲノムは697,724bpの染色体と5,280bpの小型のプラスミドからなり,G+C含量は22%であった[32](表2)。遺伝子組成としては,生理学的研究より明らかとなっていた知見と矛盾することなく,確かにビタミン合成系の遺伝子群が全般的によく保存されていた。これに対し,必須アミノ酸合成系の遺伝子は特に保存されてはいなかった。これは*Buchnera*では,必須アミノ酸合成系の遺伝子がよく保存される一方で,リボフラビン以外のビタミン合成に関わる遺伝子の多くが失われていたことと対照的であり,それぞれの共生系で重要な生理機能に関わる遺伝子が,それぞれの共生細菌において選択的に保存されている傾向を示すものである。

またオオアリ属のアリ(*Camponotus*)は中腸上皮にやはりγ-プロテオバクテリアに属する*Blochmannia floridanus*(以下*Blochmannia*)を持つ。オオアリの仲間はアブラムシやカイガラムシといった吸汁性昆虫の排泄物(甘露とよばれ,糖分が豊富な反面,有機窒素分に乏しい)を主要な食餌とする傾向があるが,雑食性であるため栄養要求は差し迫ったものではないはずである[33]。また成虫のアリは*Blochmannia*を除去しても問題なく飼育可能で,女王アリは時間の経過とともに徐々に*Blochmannia*を失って行く。これらのことからこの共生系は発生,ないし生育の初期段階で重要な役割を果たすのではないかと考えられている[34]。この*Blochmannia*のゲノム構造も先頃報告されたが,705,557bpの染色体のみからなり,G+C含量は27.38%であった[35](表2)。これまでのデータからわかるように,これらの細菌ゲノムには,系統によらず以下のような共通の特徴がみられる:①ゲノムサイズが小さい(=遺伝子数が少ない);②G+C含量が低い(=A+T含量が高い);③分子進化速度が速い。これらの性質は,共生というかたちであれ,寄生というかたちであれ真核生物の細胞内を生息場所とする細菌に共通する特徴と言ってよい[16,36]。

2.6 今後注目される菌細胞内共生細菌

アブラムシは半翅目,同翅亜目の腹吻群に属するが,この腹吻群にはアブラムシの他にキジラミ,コナジラミ,カイガラムシが含まれる(表1)。(ちなみにキジラミ,コナジラミは名前に「シラミ」という言葉がつくが,人畜に寄生する裸尾目のシラミとはまったくの別物である。)これら腹吻群昆虫は菌細胞内に一次共生体を持つが,それぞれが異なる細菌の分類群に属しており,独立の起源を持つことが明らかになっている[37~40]。

キジラミの一次共生体である *Carsonella ruddii* はやはり γ-プロテオバクテリアに属するが、この*Carsonella*のゲノムの部分配列に関する興味深い報告がある[41]。これはPCRで増幅した、合計約37kbという短いDNA断片の解析結果だが、次のような特徴が見られた。①G+C含量が極端に低い（19.9％）；②遺伝子間領域が縮小ないし欠如している；③本来16S rDNAの3'端にあるはずの、SD配列と結合する配列が欠如している；④ORF（＝タンパク質）のサイズが近縁種のオーソログと比較して平均10％程度小さい；⑤16S rDNA上流の-35，-10プロモーター領域にあたる保存配列が存在しない；⑥5S rDNAの後のrho因子非依存性ターミネーターに特徴的なinverted repeatが存在しない。これらのことから、*Carsonella*ゲノムはきわめて節約的かつ退化的な構造をしていることが示唆され、ゲノム全体の構造に興味が持たれる。これにもとづき筆者らは現在キジラミの一種である *Pachypsylla venusta* 由来の*Carsonella*の全ゲノム解析を進めている。

　またコナカイガラムシはアブラムシやキジラミと同様に菌細胞を持ち、この中のsymbiotic sphereとよばれる構造に共生細菌を収納していることが古くから知られていたが、近年、このsymbiotic sphere 自身がβ-プロテオバクテリアに属する共生細菌であり、この中にさらにγ-プロテオバクテリアに属する共生細菌を収納していることがわかった[42]。γ-プロテオバクテリアを持たない種がいる一方、β-プロテオバクテリアはすべてのコナカイガラムシに存在することから、このsymbiotic sphereと呼ばれてきたβ-プロテオバクテリアこそがコナカイガラムシの一次共生体であることがわかり、最近 *Tremblaya princeps* と命名された[43]。これまで知られている昆虫の一次共生体の多くがγ-プロテオバクテリアに属するなかで、*Tremblaya*はβ-プロテオバクテリアに属すること自体がユニークであるのみならず、さらに二次共生体を囲い込む入れ子状の共生系を構成するというきわめて興味深い特徴をもっている。またこの*Tremblaya*のゲノム構造に関しても興味深い報告がある。先ほどの*Carsonella*の場合と同様にPCRで増幅したDNA断片に関するもので、35kbと30kbの合計約65kbを使った解析である[44]。これによると、①G+C含量が高い（57.1％）；②遺伝子間領域と構造遺伝子のG+C含量に差がない；③遺伝子配列の保存の程度とG+C含量の間に相関がない；④rRNAオペロンとそれに近接する領域が複数コピー存在する、といった特徴が見られた。これらはこれまで報告されている菌細胞内共生細菌のゲノム組成とは異なる傾向といえる。一般にゲノムサイズとG+C含量の間には相関があることが知られており、高いG+C含量をもちrRNAオペロンが重複していることを考え合わせると*Tremblaya*のゲノムは他の菌細胞内一次共生体のゲノムほど縮小していない可能性もある。筆者らは現在、この*Tremblaya*の全ゲノム解析の準備も進めている。

2.7 宿主菌細胞の役割

　それでは共生のもう一方の主役である宿主菌細胞はどのような役割を担っているのだろうか。

第8章 昆虫の細胞内共生微生物

上に述べたように一般に共生細菌のゲノムは著しく縮小しており，宿主の栄養要求を満たすための遺伝子は保存しながらも，自らの生存にとって必須であると思われる遺伝子すらも欠いていることがしばしばである。こうした遺伝子の欠如によってもたらされる不都合は多くの場合，宿主菌細胞によって補償されているに違いない。また，菌細胞は共生微生物を囲い込むために特化した細胞であり，多くの場合，宿主昆虫の発生の初期を除いては分裂せず，そのサイズを変化させるのみである。このようなユニークな特性を発揮するために菌細胞はどのような遺伝子を発現しているのか。この問いに答え，菌細胞内共生系の存立基盤を理解するべく，筆者らは現在アブラムシ菌細胞の宿主由来EST（Expressed Sequence Tag）の解析を行っている。その詳細については近いうちに報告する予定である。

3 ゲスト微生物

3.1 *Wolbachia pipientis* による宿主の生殖撹乱

Wolbachia pipientis（以下*Wolbachia*）はα-プロテオバクテリアに属するリケッチアに近縁な細菌で，昆虫の他，ダニ，クモ，ダンゴムシなどの陸棲節足動物や線虫などに広く見られ，メスの卵を介して垂直感染する[45]。先にも述べたようにあらゆる細胞に侵入可能で，菌細胞のような存在を必要としない。全昆虫種の20～75％が*Wolbachia*に感染していると見つもられているが[46,47]，この細菌のもっともおどろくべき特徴は自らの分布を拡大するため，様々な方法で宿主の生殖を撹乱することである。その例として「雄殺し」，「雌化」，「単為生殖の誘導」そして「細胞質不和合」がある[45]。*Wolbachia*はごくまれに昆虫個体間で水平感染すると信じられているが，基本的には卵を介して母親からその子孫に伝えられる。細胞質をほとんどもたない精子からは排除されるため，父親から次の世代に伝えられることはない。これが*Wolbachia*によって引き起こされる生殖撹乱の前提条件である。

雄殺しはショウジョウバエやテントウムシで報告されており，将来雄になる卵だけが孵化前に殺されるという現象である。*Wolbachia*は細胞内でしか生存できないため，宿主を殺すことは自殺行為だが，ここで注意したいのは雄に感染した*Wolbachia*はいずれにせよ，次世代に伝えられるチャンスがないという点である。雄に感染した*Wolbachia*が宿主を道連れにすることで，生き残った雌は潜在的なライバルである兄弟がいない分だけ多くの食餌を得ることができるなど生存上有利となり，結果として*Wolbachia*の分布を拡大することにつながるものと思われる。しかし単に雄を殺すのではなく，雄を雌に性転換することができれば，雄に入った*Wolbachia*も次世代に伝えられることができ，*Wolbachia*にとってさらに好都合といえる。実際このような雌化現象が，チョウやガの仲間で起こることが知られている。昆虫類を通じてもっとも広く見られるのが

細胞質不和合とよばれる現象である。これは感染雄と非感染の雌が交配した場合にかぎって受精卵が死んでしまうというもので、*Wolbachia*に感染していない雌は、非感染の雄と交配したときだけしか子孫を残せないが、感染雌は雄が感染していてもいなくても繁殖に成功し、感染した子孫を残すことができる。このため世代を経るごとに宿主集団内の感染個体の割合が増加していく。雄に入った*Wolbachia*が捨て駒になって非感染雌の繁殖を妨害することで*Wolbachia*の分布を拡大する戦略といえる。(この細胞質不和合には程度の強弱があり、強いものだと感染雄と非感染雌の交配により生じた受精卵は全滅するが、弱いものだとある頻度で生き残る。これは宿主と*Wolbachia*の遺伝的バックグラウンドの組み合わせによって決まる。)

このように*Wolbachia*は自らの勢力を拡大するために動物の生殖様式を歪めることが可能で、生殖操作を利用した新技術の開発に応用できる可能性を秘めている。

3.2 *Wolbachia*ゲノム

モデル生物としてよく知られるキイロショウジョウバエ (*Drosophila melanogaster*) からも*Wolbachia* (wMel) が見出され、弱いながらも細胞質不和合性を示す。このwMelを用いてゲノム解析が行われたが[48]、そのゲノムは1,267,782bpの単一の環状染色体からなり、G+C含量は35.2%であった(表2)。この比較的小さいゲノムサイズと低いG+C含量は(いずれも菌細胞内共生細菌のゲノムよりは弱い傾向だが)、これまで見て来た他の細胞内共生細菌のゲノムと共通する特徴といえる。しかし、wMelゲノムのもっとも著しい特徴は反復配列や可動遺伝因子がきわめて多く含まれることである。先に述べたように一般に細胞内にすむ細菌のゲノムはサイズが小さく、こうした「無駄な」配列をほとんど含まないので、wMelゲノムは例外的な存在といえる。50bp以上の長さを持つ反復配列が合計で714検出され、158のファミリーに分けることが出来た。その多くは2コピーのみからなったが、39は3コピー以上存在し、最も多いものは89コピーからなった。また200bp以上の長さを持つものに限っても138の反復配列があり、19のファミリーに分けることが出来た。こうした反復配列はゲノム全体の14.2%を占めた。これらのうち15個が可動因子らしく、7種類の挿入配列 (IS: Insertion Sequence)、4種類のレトロトランスポゾンなどが含まれていた。その多くは転移酵素遺伝子が不完全になっており、自律的に転移することは出来そうにない。しかし一部はごく最近転移したとの状況証拠がある。また3つのプロファージが存在した。さらに遺伝子の重複が数多く見られ、これもゲノムサイズの小さい細胞内共生細菌では例外的な傾向といえる。

では機能遺伝子の構成はどうなっているのか。*Wolbachia*と近縁な細胞内寄生性リケッチア(ゲノムサイズは *Rickettsia prowazekii* で1,111,523bp, *Rickettsia conorii* で1,268,755bp)はADPとATPの交換輸送体を持ち、宿主からATPを直接奪い取ることが出来るが[49,50]、wMelゲノムには

第8章 昆虫の細胞内共生微生物

これをコードする遺伝子は見出せない。そのため自前でATPを合成しなければならず，リケッチアにはない解糖系，そしてAMP, IMP, XMP, GMPなどの合成経路がwMelでは保存されていた。他にリケッチアにはないがwMelに保存されている代謝経路としてスレオニン分解系，リボフラビン合成系などがあった。一方でリケッチアは浸透圧耐性に関わるプロリンやグリシンベタインの輸送系を比較的多く持つが，wMelにはそれらがわずかしかなかった。またリケッチアと比較してリポ多糖（LPS）合成系や細胞壁合成に必要な酵素をコードするものなど，cell envelope の生合成に関わる多くの遺伝子が欠落していることが分かった。

また細胞質不和合をはじめとして，宿主に対して様々な現象を引き起こすことが*Wolbachia*の興味深い点だが，これに関わる遺伝子の候補として，アンキリンリピートドメインを持つタンパク質をコードする数多くの遺伝子が見つかった。アンキリンリピートとは33のアミノ酸残基からなるタンデムモチーフで，おもに真核性のタンパク質に見られ，タンパク質どうしの相互作用に関与する。wMelゲノムからはこのリピートを持つタンパク質遺伝子が23個見出されたが，これは原核生物でこれまで知られる最も多い数である。多くの場合，アンキリンドメインの外側では機能既知のタンパク質との相同性が見出せなかったためwMelでのこれらタンパク質の機能を予測することは難しい。しかし，次のような理由からwMelのアンキリンドメインタンパク質が宿主の細胞周期や細胞分裂を制御したり，宿主の細胞骨格と相互作用したりしていると考えられる。①真核生物の多くのアンキリンリピートタンパク質が膜タンパク質を細胞骨格に結びつける[51]；②*Wolbachia*と近縁である *Ehrlichia phagocytophila* のアンキリンリピートタンパク質は宿主細胞の凝縮したクロマチンに結合し，宿主の細胞周期の制御に関わっているらしい[52]；③*D. melanogaster* で細胞周期を制御するタンパク質の活性を調節する複数のタンパク質がアンキリンリピートをもつ[53]；④寄生バチの一種である *Nasonia vitripennis* に感染する系統の*Wolbachia*はこれら細胞周期に関連するタンパク質と相互作用することによって細胞質不和合を起こすらしい[54]。

宿主である*D.melanogaster*[55]とそれに感染する *Wolbachia* wMel 双方のゲノム情報が得られたことで，宿主—ゲスト微生物間の相互作用の研究に使える遺伝子リストが出そろったことになる。さらに細胞質不和合などの程度が異なる*Drosophila*属の他の複数のショウジョウバエのゲノム解析も進んでおり，これらの比較により今後多くの知見が得られると期待される。

4 まとめと展望

これまで見て来たように，菌細胞内共生系は，昆虫の視点に立てば，きわめて有効に微生物資源を利用することに成功した例といえるだろう。しかし，人類による応用利用のための資源としては有望なものとは言いがたい。なぜなら菌細胞内共生細菌のゲノムは消化管内共生細菌ゲノム

のサブセットに過ぎず，共生を成立させるための「共生遺伝子」のような目新しい遺伝子はまったく存在しないことが明らかとなったからである．ではこれら共生系の利用法として何が有望であろうか？　逆説的ながらやはり害虫防除のための新規の標的，すなわち破壊の目標としての側面だろう．これを実現するにはまず共生系を維持するために宿主が果たしている役割を知らなければなるまい．筆者らはこの宿主機能を知るべく現在研究を進めているが，将来的にはRNAi (RNA interference) 法などを用いて共生系維持に関わる遺伝子の発現を抑制し，共生系を破壊することで，安全かつ効果的な害虫防除を行えるようにと考えている．

一方ゲスト微生物やその他の二次共生体は自由生活者としての能力をある程度残しているものが多いらしく，昆虫の生理機能を操作するための道具として使える可能性がある．今後のこの分野の発展に期待したい．

文　　献

1) Meinwald J & Eisner T, *Proc. Natl. Acad. Sci. U S A.* **92** (1), 14-8 (1995)
2) Dougals AE, *Biol. Rev. Camb. Philos. Soc.* **64** (4), 409-34 (1989)
3) 石川 統, 昆虫を操るバクテリア, 平凡社 p18 (1994)
4) Nakabachi A et al., *J. Invertebr. Pathol.* **82** (3), 152-61 (2003)
5) Houk EJ & Griffiths GW, *Ann. Rev. Entmol.* **25**, 161-187 (1980)
6) Ishikawa H, *Int. Rev. Cytol.* **116**, 1-45 (1989)
7) Sasaki T et al., *J. Insect. Physiol.* **37** (10), 749-756 (1991)
8) Nogge G, *Parasitology* **82**, 101-104 (1981)
9) Munson MA et al., *Int. J. Syst. Bacteriol.* **41**, 566-568 (1991)
10) Moran NA et al., *Proc. R. Soc. Lond.* B **253**, 167-171 (1993)
11) Nakabachi A & Ishikawa H, *Insect Biochem. Mol. Biol.* **27** (12), 1057-62 (1997)
12) Nakabachi A & Ishikawa H, *J. Insect Physiol.* **45** (1), 1-6 (1999)
13) Filichkin SA et al., *J. Virol.* **71** (1), 569-77 (1997)
14) Hogenhout SA et al., *J. Virol.* **74** (10), 4541-8 (2000)
15) Komaki K & Ishikawa H, *J. Mol. Evol.* **48** (6), 717-22 (1999)
16) Shigenobu S et al., *Nature* **407**, 81-6 (2000)
17) Tamas I et al., *Science* **296**, 2376-9 (2002)
18) van Ham RC et al., *Proc. Natl. Acad. Sci. U S A.* **100** (2), 581-6 (2003)
19) Perna NT et al., *Nature* **409**, 529-33 (2001)
20) Welch RA et al., *Proc. Natl. Acad. Sci. U S A.* **99** (26), 17020-4 (2002)
21) Wernegreen JJ, *Nat. Rev. Genet.* **3**, 850-61 (2002)
22) Moran NA., *Curr. Opin. Microbiol.* **6** (5), 512-8 (2003)

23) Chen DQ & Purcell AH, *Curr. Microbiol.* **34** (4), 220-5 (1997)
24) Fukatsu T *et al.*, *Appl. Environ. Microbiol.* **66** (7), 2748-58 (2000)
25) Thao ML *et al.*, *Curr. Microbiol.* **41** (4), 300-4 (2000)
26) Sandstrom JP *et al.*, *Mol. Ecol.* **10** (1), 217-28 (2001)
27) Russel JA *et al.*, *Mol. Ecol.* **12** (4), 1061-75 (2003)
28) Montllor CB *et al.*, *Ecol. Entomol.* **27**, 189-195 (2002)
29) Oliver KM *et al.*, *Proc. Natl. Acad. Sci. USA.* **100** (4), 1803-1807 (2003)
30) Tsuchida T *et al.*, *Science* **303**, 1989 (2004)
31) Aksoy S, *Parasitol. Today* **16** (3), 114-8 (2000)
32) Akman L *et al.*, *Nat. Genet.* **32** (3), 402-7 (2002)
33) Pfeiffer M & Linsenmair KE, *Insectes Soc.* **47**, 123-132 (2000)
34) Sauer C *et al.*, *Appl. Environ. Microbiol.* **68** (9), 4187-93 (2002)
35) Gil R *et al.*, *Proc. Natl. Acad. Sci. USA.* **100** (16), 9388-93 (2003)
36) Moran NA *et al.*, *Trends Ecol. Evol.* **15** (8), 321-326 (2000)
37) Unterman BM *et al.*, *J. Bacteriol.* **171** (6), 2970-4 (1989)
38) Munson MA *et al.*, *Mol. Phylogenet. Evol.* **1**, 26-30 (1992)
39) Clark MA *et al.*, *Curr. Microbiol.* **25**, 119-123 (1992)
40) Thao ML *et al.*, *Appl. Environ. Microbiol.* **66** (7), 2898-905 (2000)
41) Clark MA *et al.*, *J. Bacteriol.* **183** (6), 1853-61 (2001)
42) von Dohlen CD *et al.*, *Nature* **412**, 433-6 (2001)
43) Thao ML *et al.*, *Appl. Environ. Microbiol.* **68** (7), 3190-7 (2002)
44) Baumann L *et al.*, *Appl. Environ. Microbiol.* **68** (7), 3198-205 (2002)
45) Werren JH, *Annu. Rev. Entomol.* **42**, 587-609 (1997)
46) Werren JH & Windsor DM, *Proc. R. Soc. Lond. B Biol. Sci.* **267**, 1277-85 (2000)
47) Jeyaprakash A & Hoy MA, *Insect Mol. Biol.* **9** (4), 393-405 (2000)
48) Wu M *et al.*, *PLoS Biol.* **2** (3), 327-41 (2004)
49) Andersson SG *et al.*, *Nature* **396**, 133-40 (1998)
50) Ogata H *et al.*, *Science* **293**, 2093-8 (2001)
51) Hryniewicz-Jankowska A *et al.*, *Folia Histochem. Cytobiol.* **40** (3), 239-49 (2002)
52) Caturegli P *et al.*, *Infect. Immun.* **68** (9), 5277-83 (2000)
53) Elfring LK *et al.*, *Mol. Biol. Cell* **8** (4), 583-93 (1997)
54) Tram U & Sullivan W, *Science* **296**, 1124-6 (2002)
55) Myers EW *et al.*, *Science* **287**, 2196-204 (2000)

第9章　絶対共生微生物・アーバスキュラー菌根菌

斎藤雅典[*]

1　アーバスキュラー菌根菌とは何か?

　陸上植物の8～9割の種は,その根において菌類との共生系「菌根」を形成すると言われている[1]。主に草本類の根に共生するアーバスキュラー菌根菌（Arbuscular Mycorrhizal Fungi）はもっとも普遍的な菌根菌である。本菌類を扱う研究者集団の間では,アーバスキュラー菌根菌（あるいは AM Fungi, AM菌）という呼称が主に使用されているが，一般的にはVA菌根菌という用語も広く使用されている[1]。本稿では，以下AM菌の略称を用いる。

　AM菌は，50～500μm程度の球形の大型胞子を土壌中へ形成し，胞子から発芽した菌糸が植物根内に侵入し，共生特異的な器官・樹枝状体（arbuscule）を形成する（図1）。根から土壌中に伸張した菌糸からリンなどの養分を吸収し，それを植物へ供給することによって植物の生育を増進する[1]。このことから，この菌の農業利用が進められ，また，生態系における役割も重視されつつある[2]。この菌はこうした植物との共生によってのみ,子孫（新たな胞子形成）を残すことができる。AM菌は,他の寄生あるいは共生生物と異なり,ほとんど宿主特異性を欠いており，アブラナ科など一部の植物を除き,大半の植物と共生することが可能である[3]。

　AM菌の培養のためには,土壌から分離した胞子を植物の根へ接種し,共生関係を成立させる必要がある。菌を単独で培養しようという試みが,過去から数多くなされてきたが,いまだ成功していないため，絶対共生微生物と見なされている[4]。

2　アーバスキュラー菌根（AM）菌のライフサイクル

　AM菌のライフサイクルについて簡単に述べる。本菌類は,1個の胞子に数百から数千の核が存在する直径50～500μmの大型の胞子を主に土壌中に形成する。有性世代はいまだ確認されていない。従来は接合菌類に分類されていたが，最近の分子系統研究によって他の接合菌とは明らかに別系統であることから，新たな門（phylum）グロメロ菌類（Glomeromycota）が創設された[5]。適当な環境条件になると胞子は発芽し，宿主となる植物根を求めて発芽菌糸を伸張する。その菌

＊　Masanori Saito　　（独）農業環境技術研究所　化学環境部長

第9章 絶対共生微生物・アーバスキュラー菌根菌

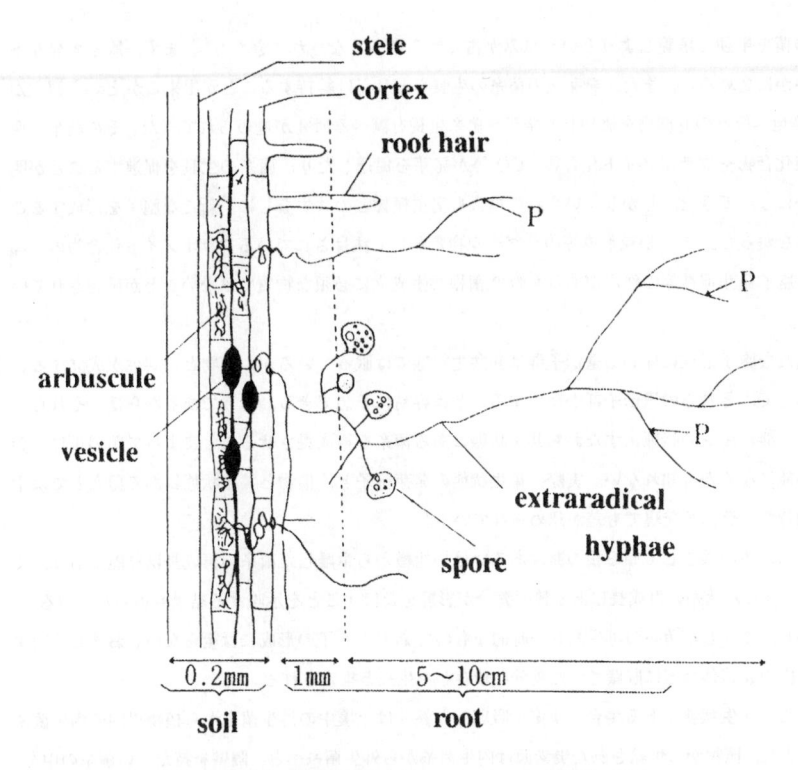

図1 土壌中へ菌糸を伸長するアーバスキュラー菌根菌（模式図）
Pは土壌溶液中のリン酸。

糸が根と遭遇すると根の表皮細胞表面に付着器が形成される。菌は，根内に内生菌糸（intraradical hyphae）を伸ばし，樹枝状体（arbuscule），嚢状体（vesicle）という共生特異的器官を形成する。この共生特異的な器官の存在によって，AM菌あるいはVA菌根菌と呼ばれることとなった。こうした根内での菌の増殖とともに，根から土壌中へ広く外生菌糸（extraradical hyphae）を伸張し，外生菌糸の先端部において新たな胞子の形成が行われる（図1）。

3　アーバスキュラー菌根（AM）菌はなぜ培養できないか？

　AM菌は農業上きわめて有用な微生物であるが，共生条件でしか増殖できないために，その培養には労力と時間がかかり，農業用接種資材としてはかなり高価なものになっている。そのため，

この菌を単独で培養しようという試みが古くから数多くなされてきた[4,6]。まず，胞子の発芽率をいかに高めるか，また，発芽後の菌糸の生長をどれだけ維持することが出来るか，という観点から，培地へ種々の有機物を添加して発芽や菌糸生長を調べる研究が進められてきた。その結果，亜硫酸化合物やフラボノイド化合物，CO_2等が発芽を促進したり，菌糸の生長を促進することが明らかになってきた。しかし，いずれの場合も宿主植物との共生なしに，新たな胞子を形成することはなかった。また，根粒形成等のシグナル物質として注目されているフラボノイド化合物の一部には胞子発芽促進等の作用があるものの，菌根共生成立に必須な物質ではないことが確認されている[7]。

新たな胞子形成に係わる遺伝子群は非共生状態では眠っているが，植物との共生が成立することによって，それらの遺伝子群が発現することは容易に予想できる。そうであるならば，それらの遺伝子群がオンの状態・すなわち共生状態にある菌糸を再成長させることによって菌の単独培養が可能になるかも知れない。実際，単生状態の発芽胞子と，植物と共生状態にある菌糸とでは生理的特性，遺伝子発現でも差が認められている。

実際，菌の共生している根の断片あるいは根組織から単離した菌糸の再成長は可能であり，また，こうした菌糸の再成長にある種の養分が影響を及ぼすことを示唆する結果も得られている[8]。しかし，こうした菌糸の再生長も一時的なもので，新たな胞子の形成には至らない。おそらく内生菌糸内の嚢状体などに貯蔵された養分に依存した生長と推定される。

また，共生状態にある場合，土壌で吸収した養分は土壌中の外生菌糸から植物根内の内生菌糸へ，また，植物から供給された炭素源は内生菌糸から外生菌糸へと，隔壁を持たない菌糸の中を，機能分化した小胞体等によって運搬される。このように植物根内の菌糸と根外の菌糸で生理的な機能分化が進んでおり，共生状態の菌は，根の内外の菌糸全体で一つの統合体として機能していると推定される[9]。たとえば，Harrisonらによって単離されたリン酸トランスポーターは外生菌糸でしか発現していない[10]。炭素代謝の面でも，内生菌糸はグルコースなどの糖を吸収利用できるが，外生菌糸は利用できないことなどが明らかになっている[9,11]。これらのことから，AM菌が増殖するためには，宿主からの炭素化合物を吸収する樹枝状体等の内生菌糸と土壌からリン酸などを吸収する外生菌糸が一体となってはじめて個体として増殖できる可能性は高い。このことがこの菌の増殖のための鍵になると思われる。

AM菌は，4億年以上前，高等植物が水圏から上陸した頃から，植物の根に共生してきたと考えられている[3]。この長い進化の過程で絶対的に植物に依存した生活様式（絶対共生）をとることになったと考えられる。なお，最近*Paenibacillus*属細菌の1種との共存によって，単生での増殖可能性を示唆する実験結果が報告され，注目を集めている[12]。

4 アーバスキュラー菌根(AM)菌の機能解明：遺伝子からアプローチする

　自然界における培養困難微生物を把握する現在もっとも一般的な手法は，PCRで目的の遺伝子を増幅し，それをシーケンスし，系統解析することである。環境中の細菌と違って，AM菌の場合，その菌体（胞子あるいは菌糸）を生物顕微鏡下で土壌などから採取することができるので，菌体よりDNAを抽出し，PCRを行うことができる。しかしながら，大型の胞子や菌糸には，多数の他の微生物が寄生・共生しており，特に，類縁の菌類が寄生している場合，AM菌特異的プライマーによる増幅とは言え，本当に目的のAM菌の遺伝子を増幅したのかどうか，注意が必要である。Nature誌に掲載された記事の中にも，こうした寄生菌の遺伝子をAM菌と誤って報告した例がある[13]。

　共生機構に関わる遺伝子探索のためには，菌と共生している根と菌の共生していない根で発現している遺伝子をディフェレンシャルディスプレイ法，サブトラクション法などで比較し，共生特異的遺伝子を探し出すという手法が広く用いられてきた。しかし，ゲノム情報の増大とバイオインフォマティクスやハイスループットの遺伝子解析技術の発展に伴って，発現している大量の遺伝子を網羅的に把握して，共生機構を解明しようという研究が進んでいる。発現遺伝をEST (Expressed Sequence Tag) としてデータベース化し，得られたESTに基づくDNAアレイ法による解析や，in silico（計算機上での）解析によって，共生特異的な遺伝子発現を網羅的に把握しようというものである。AM菌 *G. intraradices* と *M. truncatula* や毛状根との共生系[14~16]で，研究が進められている。こうしたアプローチによって，機能未知の遺伝子が多数発見されており，今後の展開が期待される。

　しかし，こうした方法にはいくつか解決すべき問題がある。cDNAライブラリーは通常菌根，すなわち菌の共生している植物根組織から作成される。そのため，このライブラリーには菌と植物の両方の遺伝子が含まれる。それも圧倒的に植物側遺伝子の割合が多い。そのため，植物側の遺伝子解析に使えるが，共生成立過程の菌の側の遺伝子の発現解析が難しい。

　さらに，AM菌は単独で培養できないので，形質転換法は確立されていない。また遺伝的に多様な核を多核（1つの胞子に数千個）として個体内に有しており，遺伝的取り扱いが確立されていない。分子遺伝学的手法がほぼ確立されている植物側では共生機構解明へ向けてさらに研究が加速すると予想される。しかし，AM菌の側での分子機構解明のためには，さらに技術的なブレークスルーが必要である。

5 アーバスキュラー菌根（AM）菌の機能解明：顕微鏡によるアプローチ

　AM菌の菌糸は太く隔壁もないため，菌糸中の原形質流動を光学顕微鏡で容易に観察することができる。流動はきわめて活発であり，さまざまな形態の粒子や不定形の液胞状構造物が，毎秒数μmの速さで移動する。また，トルイジンブルー等による染色によって，ポリリン酸様粒子が菌糸内に多数存在することが観察される。こうした観察などから，外生菌糸で吸収されたリン酸は，ポリリン酸として液胞に蓄えられ，原形質流動で宿主根内へ運搬され，そこで，加水分解されリン酸が植物へ供給されるという古典的図式ができあがり，長い間信じられてきた[17]。しかし，レーザー共焦点顕微鏡や各種蛍光プローブによる観察などによって，そのような古典的図式では説明できないことが明らかになってきた。

　糸状菌の液胞は，Ashfordらによる管状液胞（tubular vacuole）の発見によって，そのイメージが一新された[18]。蛍光プローブ carboxyfluorescein diacetate 誘導体は細胞内でエステラーゼによって加水分解された後，液胞膜のアニオントランスポーターによって液胞内に取り込まれ，液胞内で蛍光を発することから液胞マーカーとして広く用いられている。Ashfordらは，外生菌根菌である *Pisolithus tinctorius* の細胞内には，不定形の大きな液胞が微小な管状の液胞によって連結されており，それらが蠕動運動のような動きをすることを見出し，こうした蠕動運動が液胞内の貯蔵物質の菌糸内輸送を担っていると考えた。このような管状液胞は他の多くの糸状菌についても見出されていたが，AM菌についてはこれまで観察例はなかった。筆者らのグループは，AM菌 *Gigaspora margarita* の液胞が，他の菌類とは著しく異なり，非常に発達した束状の管状構造をしており，それらの液胞が束になって動く様を初めて見出した[19]（図2）。

　ポリリン酸は微生物のリン酸貯蔵体として知られている。AM菌の菌糸に比較的多量のポリリン酸が蓄積しており，リン酸輸送の主要な形態の一つと考えられている。外生菌糸では長い鎖長のものが多いが，内生菌糸では鎖長の短いものが多く，このことは内生菌糸で加水分解されやすくなるためではないかと推定される[20]。真核生物におけるポリリン酸合成機構はまだよく解明されていないが，液胞膜に存在するATPaseによる液胞の酸性化が必要であると考えられている。しかし，先に観察した管状液胞のpHはおよそ6前後でそれほど酸性ではなかった。そこで，動物細胞の酸性コンパートメントであるライソゾームの蛍光プローブとして用いられているライソトラッカーを用いて菌糸を観察すると，前述の管状液胞は染色されず，菌糸内に多数の0.5μm程度の小胞が見出され，原形質流動に伴って活発に移動していた[21]。この小胞は，トルイジンブルーやDAPIで染色されるポリリン酸様粒子と大きさが類似しているが，この酸性小胞がポリリン酸の貯蔵輸送体であるか否かは検討が必要である。

　菌は植物から光合成産物を単糖として取り込むことが，トレーサー実験[11]や^{13}C-NMR[9]によ

第9章　絶対共生微生物・アーバスキュラー菌根菌

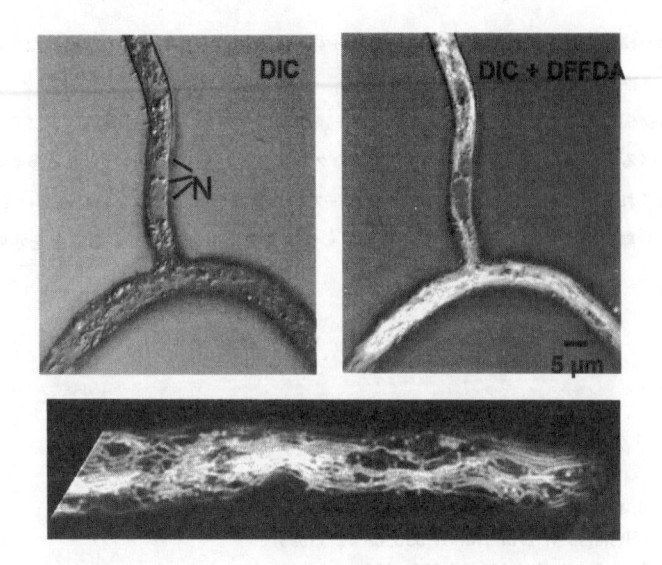

図2　アーバスキュラー菌根菌 Gigaspora margarita 発芽管の管状液胞
左上：菌糸の微分干渉像（Nは核），右上：同じ部分を蛍光像（液胞）を重ね合わせた。
下：菌糸に充満する管状液胞（文献18）

って明らかにされている。菌に取り込まれた糖類は，脂質（トリアシルグリセロール）あるいはグリコーゲンへと変換され，原形質流動によって，内生菌糸から外生菌糸へ輸送され，外生菌糸における炭素源となる。炭素の主要な移動形態である中性脂肪を染色すると，大小さまざま粒子（脂肪体lipid body）が菌糸内を移動する様子が観察できる。蛍光プローブを用いた二重染色によって，酸性小胞は，脂肪体および液胞のいずれとも異なる器官であることが明らかになった。

　AM菌の液胞がきわめて発達した管状構造を示し，また，菌糸内に多数の小胞が存在するなど，菌糸細胞内の微細構造は複雑であり，それらの細胞内小器官がリン酸や炭素の物質輸送にどのように関わっているのかはまだよく分かっていない。菌糸を通ったリン酸移動に関する古典的図式を，根本的にあらためる必要があるが，まだ次の図式を描くには至っていない。

6　遺伝資源としてのアーバスキュラー菌根菌

　アーバスキュラー菌根菌を増殖するためには，宿主である植物との共培養が必須である。また，凍結乾燥等による長期保存法も確立していない。毛状根を用いた継代培養も進められているが，

まだわずかの種類でしか二員培養は成功しておらず，依然として大半の菌の増殖のためには，植物栽培を伴う継代培養が必要である[22]。

野外の植物根に共生しているアーバスキュラー菌根菌のシーケンスを特異的PCRプライマーで増幅して調べると，菌根菌の系統樹の中で未知のクラスターとして位置付けられる多数のシーケンスが見出される。このことは，単にデータベースへの登録データが少ないためだけではなく，我々がまだ分離できていない多様なアーバスキュラー菌根菌の存在していることを示唆している。

文　献

1) 斎藤雅典: 化学と生物，**36**, 682-687（1998）
2) van der Heijden, M. *et al. Nature* **396**, 69-72（1998）
3) 斎藤雅典: 化学と生物：**42**, 252-257（2004）
4) 斎藤雅典: *Microbes and Environments*, **14**, 179-184（1999）
5) Schuessler, A.*et al.: Mycol. Res.*, **105**, 1413-1421（2001）
6) Azon-Aguilar, C. *et al.* "Mycorrhiza, 2nd ed." Ed. A.Varma and B. Hock, Springer Verlag. p.391-408（1999）
7) Becard, G. *et al. Mol. Plant Microb. Interact.* **8**, 252-258.（1995）
8) Gryndler, M. *et al. Mycol. Res.*, **102**, 1067-1073（1998）
9) Pfeffer, P.E. *et al.: New Phytol.* **150**, 543-554（2001）
10) Harrison, M. J. & van Buuren, M. L. *Nature* **378**, 626-9（1995）
11) Solaiman, M. Z. & Saito, M. *New Phytol.* **136**, 533-538（1997）
12) Hildebrandt, U. *et al.: Appl.Environ. Microbiol.* **68**, 1919-1924（2002）
13) Sanders, I.R.: *Nature*, **399**, 737-739（1999）
14) Sawaki, H. and M. Saito: *FEMS Microbiology Letters* **195**, 109-113（2001）
15) Journet, E. P. *et al.: Nucleic Acids Res* **30**, 5579-92（2002）
16) Wulf, A. *et al. Mol Plant Microbe Interact* **16**, 306-14（2003）
17) Smith, S. E. & Read, D. J. Mycorrhizal Symbiosis（Academic Press, London, 1998）
18) Cole, L. *et al. Fungal Genet Biol* **24**, 86-100（1998）
19) Uetake, Y. *et al. New Phytol.* **154**, 761-768（2002）
20) Solaiman, M. *et al. Appl. Environ. Microbiol.* **65**, 5604-6（1999）
21) Saito, K. *et al. Plant Soil*（in press）（2004）
22) 斎藤雅典：微生物遺伝資源マニュアル（9），農業生物資源研究所（2001）

第10章　植物の内生窒素固定細菌

南澤　究[*]

1　はじめに

　生物的窒素固定は，炭酸固定（光合成）とならんで生物界の二大固定反応であり，地球レベルの物質循環や農業生産に深く関わっている。窒素固定を行う生物は細菌やラン藻などの原核生物に限られ，植物と共生して窒素固定を行う場合が多い。根粒菌とマメ科植物の共生窒素固定については，昔から良く知られており，内部共生細菌である根粒菌は一般に培養可能であると思われている。しかし，本稿で紹介するように植物体内での分化が進むと他の共生微生物と同様に培養困難になる場合がある。また，近年，イネ科植物の内生している窒素固定細菌が，植物の窒素獲得に寄与している可能性が分かっており，それらの窒素固定細菌は窒素固定エンドファイトと呼ばれている。窒素固定エンドファイトの場合も，単離培養が可能なものだけでなく，宿主植物体内で窒素固定に特化するために培養困難な状態になるものや，複数の微生物の共同体としてはじめて機能が現れるコンソーシアムの存在などが最近報告されている。本稿では，培養性および難培養性という切り口から，根粒菌と窒素固定エンドファイトについて紹介する。

2　根粒菌の生活環

　マメ科植物が土壌を肥沃にする不思議な力のあることはローマ時代から認識され，その原因が根粒菌による共生窒素固定であることが，約110年前に明らかにされた。その後，土壌や根粒菌の純粋培養菌体の接種が行われ，根粒菌は農業用の微生物接種資材として最も長い歴史がある。根粒菌の宿主特異性（宿主マメ科植物との共生可能な関係）は意外と狭い。例えば，ダイズ根粒菌はダイズに，アルファルファ根粒菌はアルファルファ，ミヤコグサ根粒菌はミヤコグサになどという宿主特異性が認められ，従来はこの組合せを交互接種群とも言われていた。
　マメ科作物を栽培すると，土壌中には根粒菌が土壌細菌として住みつき菌密度が上がり，翌年にその土着根粒菌が根粒を着生させる場合が多い。したがって，根粒菌は，宿主植物内における

---

[*]　Kiwamu Minamisawa　東北大学大学院　生命科学研究科　生態システム生命科学専攻
教授

難培養微生物研究の最新技術

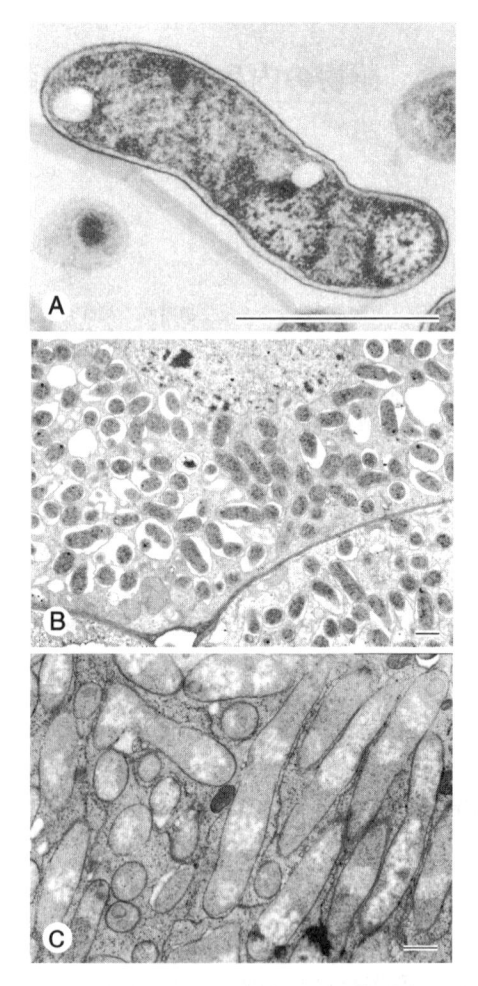

図1 単生および共生の根粒菌の透過型電子顕微鏡写真
(A) 単生のミヤコグサ根粒菌*Mesorhizobium loti* MAFF303099株の透過型電子顕微鏡写真。
(B) ミヤコグサ根粒菌*Mesorhizobium loti* MAFF303099株によって形成されたミヤコグサGifuの根粒中の根粒菌バクテロイド。ミトコンドリアやクロロプラストのように植物由来の膜(ペリバクテロイドメンブレン)に包まれている。
(C) アルファルファ根粒菌1021株によって形成されたアルファルファ根粒中の根粒菌バクテロイド。アルファルファ根粒菌は、ミヤコグサ根粒菌と比較して、バクテロイドが大型化していることが分かる。バーは全て1μm。

共生生活と，土壌中における単生生活のライフサイクルを持つ細菌であると言える。図1に，単生のミヤコグサ根粒菌（図1A）と根粒内の細胞内共生を行っているミヤコグサ根粒菌（図2A）の写真を示す。ミヤコグサ根粒菌の場合，単生でも共生でも2～3μmの長さの桿菌である。しかし共生状態の根粒菌（バクテロイド）は，植物由来の膜（ペリバクテロイドメンブレン）に包まれ，ミトコンドリアやクロロプラストの細胞内器官のような状態になるのでシンビオソームとも呼ばれている。一方，アルファルファ根粒菌は，共生状態の根粒バクテロイドでは，約8μmの長さまで大型化する（図1C）。

3 根粒バクテロイドの難培養性

宿主植物の細胞内共生している根粒菌（バクテロイド）が通常の微生物培地で，再増殖できるか否かについて過去に論争があった。エンドウ，アルファルファ，クローバ根粒のバクテロイドはほとんど再増殖できないとされ，一方，ダイズ根粒のバクテロイドの大部分は，再増殖可能と報告されてきた[1]。この相違には，根粒菌と宿主植物の種類，使用培地の影響を受けるが，実験的に最も議論になったのは，感染途上の根粒菌と宿主細胞内で共生窒素固定している完成型のバクテロイドを区別することが難しい点であった[2～4]。そこで，ペリバクテロイドメンブレンを含んだシンビオソームから完全分化した根粒菌を分離するプロトプラスト法，浸透圧保護培地の使用，検鏡計数と培地上でのコロニー形成数の比率が検討され，菌種により再増殖が異なることが明らかとなった[2～4]。形態変化が少ないダイズ根粒菌（*Bradyrhizobium japonicum*）のバクテロイドは再増殖可能であるが，クローバ根粒菌（*Rhizobium leguminosarum bv. trifolii*）の大型に分化したバクテロイドは培地上における増殖能力を失っていた[4]。このような知見から，共生バクテロイドの大型化などのバクテロイド分化の激しい根粒菌に限って自由生活における増殖能力を失っていると考えられている。しかし，バクテロイドの再増殖ができないクローバ根粒菌のような根粒菌は，共生から単生へ戻るサイクルが切れているので，子孫を残すことも含めると相利共生が少し崩れはじめているようにも見える。

全ゲノム塩基配列が決められたミヤコグサ根粒菌 *Mesorhizobium loti* が再増殖についてどちらのタイプであるか検討した例を図2に示す。この実験では，構成的に発現するプロモーターの下流に *gfp* 遺伝子を導入しGFP蛍光標識したミヤコグサ根粒菌の培養菌体（図2A）をミヤコグサに接種して形成された根粒からバクテロイドを分離し（図2B），バクテロイド細胞をスライドカルチャー上で3日間培養した（図3C）。その結果，一部のバクテロイド細胞からマイクロコロニーが形成されていることが分かった（図3C）。ミヤコグサ根粒菌の場合，この実験条件で再増殖できるバクテロイド細胞の割合は約4割程度であった（未発表データ，南澤）。したがって，ミヤ

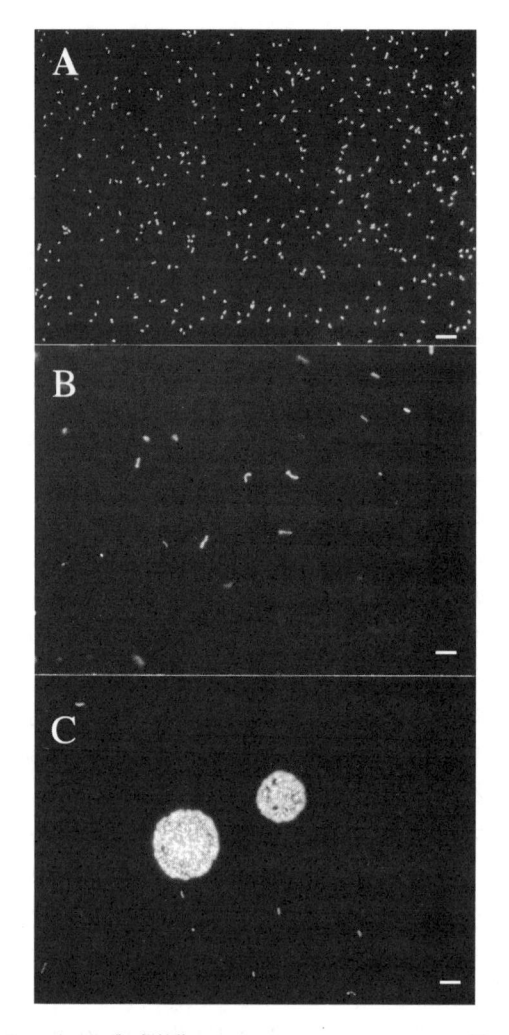

図2 ミヤコグサ根粒菌 *Mesorhizobium loti* バクテロイドの再増殖
(A) 培養細胞，(B) ミヤコグサ根粒から調製したバクテロイド，(C) バクテロイドをスライドカルチャーにより3日間培養して形成されたマイクロコロニー。バクテロイド細胞の一部のみが，細胞分裂しマイクロコロニーを形成している。いずれもGFP標識されたミヤコグサ根粒菌BN02株を使用し，蛍光顕微鏡で観察した。バーは全て10μm。

第10章　植物の内生窒素固定細菌

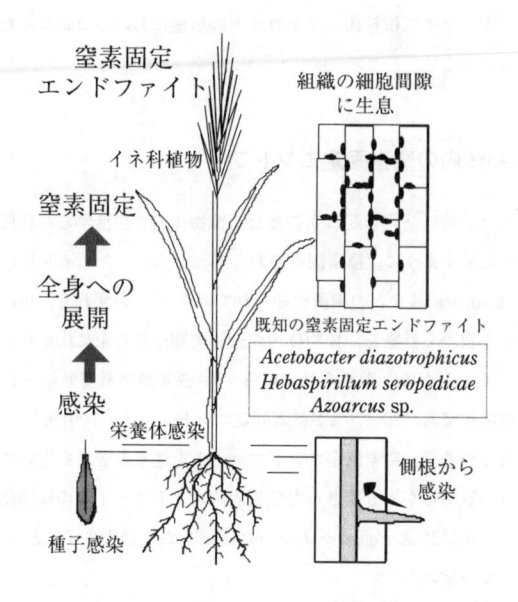

図3　窒素固定エンドファイト

図中ラベル：
- 窒素固定エンドファイト
- イネ科植物
- 窒素固定
- 全身への展開
- 感染
- 栄養体感染
- 種子感染
- 組織の細胞間隙に生息
- 既知の窒素固定エンドファイト
  Acetobacter diazotrophicus
  Hebaspirillum seropedicae
  Azoarcus sp.
- 側根から感染

コグサ根粒菌は，共生バクテロイドの再増殖可能なダイズ根粒菌タイプであった。ただ，この観察ではミヤコグサ根粒菌のバクテロイドは培養菌体より少し大きい傾向がみられた（図2A，B）。

4　根粒菌の共生モードから単生モードへの切り換えの意味

根粒菌の遺伝子発現状態や細胞の代謝・生理は土壌中や根圏における単独生活と宿主植物内の共生生活に応じて，激しく変化する。根粒菌が共生モードに入ると，共生窒素固定系のみでなく，それを支える有機酸輸送系，エネルギー生成系，酸素呼吸系なども共生専用の代謝系を準備する[5]。実際，ミヤコグサ根粒菌の共生バクテロイド細胞の遺伝子発現を単生培養細胞と網羅的に比較したところ，共生窒素固定遺伝子が集中している共生領域（共生アイランド）全体が共生でまとまって発現しており，その他の領域の遺伝子発現は強く抑えられており，共生モードと単生モードでは遺伝子発現のプロファイルが全く異なっていた[6]。したがって，再増殖可能な根粒菌にとっても，共生から単生に生活モードを切り替えることは，その生理，遺伝子発現の面で大変な出来事であり，ある意味では死の危険と隣り合わせであるとも言える。面白いことに，宿主植物がこの単生生活モードへの切り換えを助ける場合があるらしい。ダイズ植物体の根や根粒抽出液中の

197

ある熱不安定性物質が，ダイズ根粒菌バクテロイドの培地におけるコロニー形成能力を促進していることが報告されている[4]。

5 イネ科植物体内の窒素固定エンドファイト

エンドファイトとは，特に病兆を起こすことなく植物体内で生活する糸状菌や細菌などの微生物を意味する。図3に示すように，窒素固定能力を持ったエンドファイトとして，Acetobacter属，Herbaspirillum属，Azoarucus属などの細菌が知られている[7,8]。いずれも，根粒などの特殊な器官は形成せずに，種子や根から感染し，植物体内の細胞間隙や維管束に広がり，植物から炭素源を得て窒素固定を行っているものと考えられている[7,8]。長年無肥料で栽培されてきたブラジルのサトウキビでは，植物体窒素の20〜70%が窒素固定エンドファイトに由来していることが^{15}Nトレーサー法で推定されている[9]。窒素固定エンドファイトを従来の培地を用いてイネ科植物から分離したという報告は多数あるが，分離された窒素固定エンドファイトの植物体内における窒素固定能の評価は，サトウキビと Acetobacter diazotrophicus[10] および野生イネと Herbaspirillum sp.[11] 以外は明らかにされていない。

6 野生のイネ科植物の分離困難な窒素固定細菌共同体

火山泥流地帯などの荒廃土壌の植生回復において，まず侵入してくるパイオニア植物はススキなどのイネ科植物である。窒素固定エンドファイトは，こういったイネ科植物の窒素獲得に寄与していることが期待される。著者らは，東南アジアに自生している野生イネとともイネ科パイオニア植物の窒素固定エンドファイトについてRennie培地を用いた従来法による窒素固定菌の分離[11]を試みたが，単離が進むと窒素固定活性が消失し，最終的に窒素固定菌が分離できなくなった。

一般に共生微生物は難培養性である場合が多いことは知られているが，この場合は分離途中まで活性があるので，大変奇妙である。そこで，複数の細菌の相互作用によって窒素固定活性が発現している可能性を検討した。窒素固定活性（ARA）陽性の培養液から，Rennie寒天平板培地を用いて好気条件および嫌気条件でシングルコロニー単離を行い，それぞれの単離株は好気条件のRennie半流動培地ではすべてARA陰性であった。そこで，それぞれの単離菌を混合し培養を行ったところ，嫌気単離株を含む場合ARA陽性となった。得られた嫌気単離株の大部分は，初期酸素分圧が0.3%程度以下では単独でも窒素固定活性を示した。以上の結果より，野生のイネ科植物体内には，窒素固定能を持つ偏性嫌気性細菌と窒素固定能を持たない好気性（通性嫌気性）細菌の両方が生息しており，分離過程で両者が少なくとも酸素分圧を介して共同し窒素固定活性

第10章 植物の内生窒素固定細菌

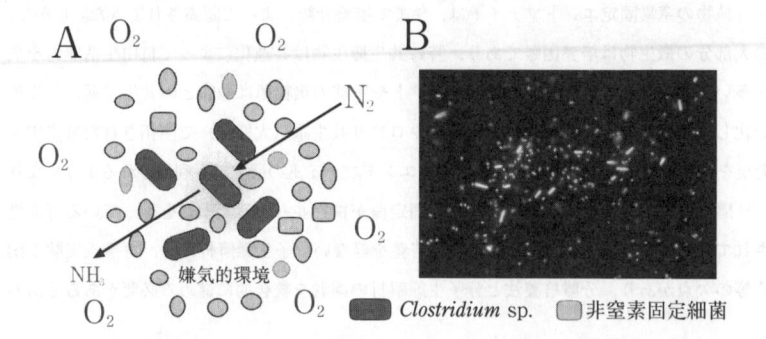

図4 イネ科植物から分離された嫌気窒素固定コンソーシアム（Anaerobic nitrogen-fixing consortium, ANFICO）のモデル（A）と試験管内で観察されたANFICO（B）

を発現していることが明かになった。著者らは，このような複合微生物系を「嫌気窒素固定コンソーシアムANFICO（Anaerobic Nitrogen-fixing consortium）」と名付けた（図4）[12]。

一旦ANFICOの原理が分かると，種々のパイオニア植物や野生イネにおいてもANFICOの存在が明かとなるとともに，ANFICO構成メンバーが，偏性嫌気性窒素固定細菌が*Clostoridium*属細菌であり，非窒素固定細菌はグラム陰性および陽性細菌を含む多様な細菌であることが分かった。一部のANFICOでは，非窒素固定細菌から*Clostoridium*属細菌の窒素固定発現を誘導する物質が分泌されている場合もあった[12]。野生のイネ科植物から見つかった嫌気窒素固定コンソーシアムANFICOは，ある機能を担う微生物が難培養性である一つの理由が，微生物共同体の存在であることを示している。

7 植物体内で培養困難になる*Azoarcus*属窒素固定エンドファイト

*Azoarcus*属窒素固定エンドファイトは，パキスタンのパンジャブ地方の高塩湛水土壌に自生しているKalar grassの根内から分離された窒素固定細菌で，単独培養でも微好気条件で窒素固定活性を示す細菌である。しかし，*Azoarcus*属細菌を分離源のKallar grassやイネに接種すると，植物体内において窒素固定活性を発現するが，不思議なことに分離できなくなる[8, 13]。*Azoarcus*属細菌は，低酸素分圧で呼吸系を変化させ，膜構造の発達したdiazosomeと呼ばれる特殊な分化をすることが知られており[8, 14]，diazosome化のような分化が植物体内における本菌の培養困難性と関係しているかもしれない。培養を介さないDNA直接抽出法では，*Azoarcus*属細菌がイネ根圏でも検出されており，植物内生窒素固定細菌として広く分布している可能性がある[8, 13]。

非マメ科植物の窒素固定エンドファイトは，今まで培養分離によって認識されてきた。しかし，自然界の大部分の微生物は培養困難であり，特に共生微生物は共進化によって自由生活能力を失う場合が多い。*Azoarcus*属窒素固定エンドファイトや一部の根粒菌は植物との共生に適した生理状態に分化し，増殖能力を失うと理解できる。シロアリ共生系（大熊ら）で開拓された窒素固定遺伝子発現を直接モニターする手法が，窒素固定エンドファイトの研究でも利用されるようになり[13]，イネ科植物体内でも未知の培養困難な窒素固定菌が根粒並みの窒素固定を行っている可能性も指摘されている（T. Hurek私信）。しかし，培養を経ない分子生態解析にも，再構成実験が困難である等の欠点があり，分離培養法と分子生態解析の両者を統合的に進める必要があるであろう。

謝辞

顕微鏡写真を撮影した東北大学大学院生命科学研究科の三井久幸氏，葉繽氏，板倉学氏およびGFP標識ミヤコグサ根粒菌を分譲して頂いた大阪大学理学研究科の佐伯和彦氏に感謝致します。

文　献

1) H. C. Tsien *et al*., *Appl. Environ. Microbiol.* **34**, 3096-3102（1977）
2) P. M. Gresshoff *et al. Plant Sci. Lett.* **10**, 299-304（1977）
3) P. M. Gresshoff *et al*., *Planta* **142**, 329-333（1978）
4) C. H. Zhou *et al*., *Planta* **163**, 473-482（1985）
5) T. Uchiumi *et al*., *J. Bacteriol.* **186**, 2439-2448（2004）
6) 三井久幸，南澤　究，農業技術，**58**, No. 5, 223-228（2003）
7) 南澤　究，農化，**77**, No.2, 126-129（2003）
8) B. Reinhold-Hurek and T. Hurek, *Trends Microbiol.* **6**, 139-144（1998）
9) R. M. Boddy *et al*., *Crit. Rev. Plant Sci.*, **14**, 263-279（1995）
10) M. Sevilla *et al*., *Mol. Plnat-Microbe Interact.*, **14**, 356-366（2001）
11) A. Elbeltagy *et al*., *Appl. Environ. Microbiol.* **67**, 3096-3102（2001）
12) K. Minamisawa *et al*., *Appl. Environ. Microbiol.* **70**, 3096-3102（2004）
13) T. Hurek *et al*., *Mol. Plant-Microbe Interact.* **15**, 233-242（2002）
14) T. Hurek *et al*., *Mol. Microbiol.* **18**, 225-236（1995）

第3編　微生物資源としての難培養微生物

第1章　eDNAによる培養困難微生物資源へのアクセス

長谷部　亮*

1　はじめに

　21世紀に入り微生物産業はパラダイムシフトが，今まさに起ころうとしている。これは本稿で紹介するeDNAの産業応用が現実味を帯びてきたからである。eDNAの利用技術の一つ，メタゲノム解析は，20世紀の終わりの数年で飛躍的に進展してきた技術であるが，17世紀のレーウエンフックによる顕微鏡の発明，19世紀のコッホなどによる純粋分離法の開発に次ぐ微生物学の三大発明の一つと捉える見方もある[1]ほど重要な技術革新と位置づけられつつある。eDNAによりこれまでアクセス不可能であった自然界の培養困難微生物群から未知遺伝子資源の利用が現実になりつつあり，本稿ではこれまでのeDNA研究の流れとともに研究の最前線の最新情報を紹介する。

2　eDNA，メタゲノム解析とは

　eDNAとは environmental DNA の略語で，環境試料（土壌や環境水）から培養過程を経ずに得た微生物由来DNAのことを言う。微生物生態学では今や常識となっているが，自然界の微生物のほとんどが我々人類にとって培養困難で，さらに培養が可能な微生物は自然界の微生物遺伝資源プールのわずか1％以下に過ぎないことから，eDNAのほとんどすべてがこれまで人類が手にすることができなかった培養困難微生物由来の未知のDNA資源と言える。

　eDNAを環境微生物群集全体の遺伝子プールと考え，培養法に依存しないでこの微生物群集のゲノムを解析することをメタゲノム（metagenome）解析と呼んでいるが，さらに進めてeDNAを直接クローニングしライブラリー化を図り，また遺伝子発現系を工夫することによって，培養困難な微生物遺伝子資源に直接アクセスする試みのことも広くメタゲノム解析と呼んでいる。eDNAの利用研究は大きく①特定微生物の検出・動態解析研究，②微生物多様性研究，③遺伝子資源への利用研究に分けることができるが[2]，メタゲノム解析はeDNA研究の一応用場面と見ることができる。ちなみに用語的にはメタゲノムの方がeDNAに比べて早く使われ始め，1998年に

---

　*　Akira Hasebe　　(独)農業環境技術研究所　化学環境部　有機化学物質研究グループ
　　　研究グループ長

は論文の中で初めて使われた[3]。一方,eDNAについては2001年に論文のタイトルとして初めて使われている[4]。

3 eDNAとメタゲノム解析による研究実績と内外の研究動向

eDNAを利用したメタゲノム解析でどのような微生物遺伝子資源がこれまでに解析されたのか? その一覧を表1にまとめた。本稿では,これまでに行われた研究を新規酵素探索研究と新規生理活性物質探索研究に分けて整理してみた。なお,海外の研究動向についてはわが国に初めてこの分野の動向を紹介した植田の報告[5]や,最近NEDOが実施した報告[6]があるのでそちらも参照されたい。

3.1 新規酵素探索

これまでに探索が進められた酵素は,リパーゼ,アミラーゼ,セルラーゼ,キチナーゼなど産業上重要な酵素が主である。また,そのほとんどが加水分解酵素である。これは発現解析などスクリーニングが比較的容易であったことにも起因する。このような産業用酵素開発研究は,米国での研究も多いが,どちらかというと欧州,特にドイツで現在力を入れて進められているようである。

3.1.1 多糖類分解酵素

(1) セルラーゼ

eDNA利用研究では,新規酵素探索の歴史は古く,実は生理活性物質探索より早くから始められている。なぜかあまり引用されることが少ないが,世界で初めてメタゲノム解析で新規酵素探索を試みたのはフロリダ大学のHealyらのグループであろう[7]。彼らは干し草を原料とした高温嫌気消化槽(いわゆる複合微生物群より構成されるコンソーシア)よりeDNAを抽出し,大腸菌pUC19系でeDNAライブラリー(彼らはこのライブラリーのことを"zoolibrary"と称した)を構築した。さらに得られた形質転換体をセルロースの人工基質であるCMC(carboxy methyl cellulose)などでスクリーニングしたところ4クローンが取れ,このすべてがセルラーゼ活性を持ち,至適温60〜65℃,pH6〜7であることを明らかにした。そしてこれらのセルラーゼが,これまで培養法で得られている既知のセルラーゼとはアミノ酸配列が大きく異なることを明らかにし,新規酵素探索にとってzoolibraryが有効な方法であることを実証した。

(2) キシラナーゼ

eDNAを利用したメタゲノム解析研究開発をしているカナダのベンチャー企業にTerraGen社がある。TerraGen社は1998年にはキシランを分解する酵素,キシラナーゼを土壌から得た

第1章 eDNAによる培養困難微生物資源へのアクセス

表1 eDNAからのスクリーニング研究一覧

	対象物質・遺伝子	分離源	手法(ライブラリー系など)	著者
酵素関係				
	テトラサイクリン不活化酵素	口腔	TopoXLライブラリー	Diaz-Torres et al. (2003)
	アルコール酸化還元酵素	土壌、底質	pSK発現ベクター	Knietsch et al. (2003a, 2003b)
	アガラーゼ、ペクチン酸リアーゼ	土壌	コスミドライブラリー	Voget et al. (2003)
	リパーゼ	温泉水	eDNA PCR	Bell et al. (2002)
	アルカリプロテアーゼ	土壌	pUC18ライブラリー	Gupta et al. (2002)
	αアミラーゼ	土壌、海洋	詳細不明	Richardson et al. (2002)
	アミラーゼ	海洋底質	TOPO-TAライブラリー	Wilkinson et al. (2002)
	インテグラーゼ	土壌	eDNA PCR	Nield et al. (2001)
	トランスフェラーゼなど	土壌、底質	eDNA PCR	Sokes et al.(2001)
	キチナーゼ	海洋	TOPO-TAライブラリー	Cottrell et al. (2000)
	リパーゼ、エステラーゼ	土壌	pBluescriptライブラ	Henne et al. (2000)
	ナフタレン分解酵素	土壌	eDNA PCR	Laurie et al. (2000)
	DNAase、アミラーゼ、リパーゼなど	土壌	BACライブラリー	Rondon et al. (2000)
	キチナーゼ	土壌	eDNA PCR	Williamson et al. (2000)
	ジオキシゲナーゼ	土壌	eDNA PCR	Yeates et al. (2000)
	キチナーゼ	海洋	λファージライブラリー	Cottrell et al. (1999)
	4ヒドロキシ酪酸分解酵素	土壌	pBluescriptライブラリー	Henne et al. (1999)
	ナフタレン分解酵素	土壌	eDNA PCR	Lloyd-Jones et al. (1999)
	キシラナーゼ	土壌	eDNA PCR	Radomski et al. (1998)
	セルラーゼ	高温嫌気消化槽	pUC19ライブラリー	Healy et al. (1995)
生理活性物質関係				
	I型ポリケチド合成遺伝子	土壌	シャトルベクター、eDNA PCR	Courtois et al. (2003)
	長鎖Nアシルチロシン誘導体*	土壌	コスミドライブラリー	Brady et al. (2002)
	ターボマイシンA,B*	土壌	BACライブラリー	Gillespie et al. (2002)
	ビオラセイン	土壌	コスミドライブラリー	Brady et al. (2001)
	ビオチン	土壌	コスミドライブラリー	Entcheva et al. (2001)
	Indirubin	土壌	BACライブラリー	MacNeil et al. (2001)
	Na/Hアンチポーター	土壌	pBluescriptライブラ	Majernik et al. (2001)
	長鎖N-acyl-L-tyrosine*	土壌	コスミドライブラリー	Brady and Clardy (2000)
	テラジン*	土壌	巨大DNAライブラリー(詳細不明);放線菌を宿主とする。	Wang et al. (2000)
	ポリケチド合成(PKSs)遺伝子	土壌	eDNA PCR	Seow et al. (1997)

*新規天然化合物

eDNAから得ることに成功し,その手法とともに特許を取得している[8]。彼らは,土壌DNAをテンプレートとして既知のキシラナーゼ遺伝子配列から設計されたプライマーを用いて,新規キシラナーゼ遺伝子をPCRで取得することを試みた(以下,eDNA-PCR法と呼ぶ)。得られた部分断片から完全長を得るのにも成功し,16種の新たなキシラナーゼ遺伝子を取得している。

(3) キチナーゼ

キチンを分解するキチナーゼについては，海洋と土壌でeDNAからの探索が進められた。米国デラウエア大学のCottrellらのグループでは，沿岸域や河口付近の水から大腸菌-ラムダファージ系でeDNAライブラリーを作成した。このライブラリーに対してキチンの人工基質によりスクリーニングを行った結果，河口域ライブラリー75,000クローン中9クローン，沿岸域ライブラリー75万クローン中27クローンが活性を示した。得られたクローンのタンパク抽出精製物を用いて酵素活性を調べたところ，エキソ型キチナーゼ，エンド型キチナーゼあるいはキトビオシダーゼのいずれかであることを明らかにしている[9]。このほか，土壌DNAからも英国の大学とTerraGen社との共同で放線菌由来キチナーゼの探索がeDNA-PCR法により試みられている[10]。

(4) アガラーゼ

アガロースを分解する酵素，アガラーゼについても研究が進められている。ドイツ，ゲッチンゲン大学のVogelらの研究グループでは，土壌から新規アガラーゼを得るために，寒天を加えた液体集積培養系からeDNAコスミドライブラリーを作出した。その発現解析を行ったところ，12種の異なるアガラーゼ遺伝子を含む4クローンを得た。また，同様な方法でペクチン酸リアーゼ遺伝子も得ており，集積培養系からのeDNAライブラリースクリーニングは高頻度に目的遺伝子を得る有用な方法であることを示した[11]。

(5) アミラーゼ

デンプン分解酵素，アミラーゼについてはメタゲノム解析のベンチャー企業として有名な米国Diversa社の研究がある[12]。残念ながら分離源の詳細は論文の中でも明らかにされていないが，eDNA（2,000種のライブラリー，約50,000クローン）より新たなαアミラーゼのスクリーニングが進められ，Ca無添加でも95℃で活性のあるαアミラーゼが得られた。このうちの3クローンで特性解析を進めその配列情報から，約21,000のキメラ配列を作成し，最終的に非常に効率の良い人工酵素を得ることができたという。この研究はeDNA資源と酵素工学との融合により今までにない人工酵素開発が可能なことを示唆している。

3.1.2 アルコール，有機酸分解酵素

(1) アルコール酸化還元酵素

ドイツ，ゲッチンゲン大学のKnietschらは，グリセロールや1,2-プロパンジオールを基質として土壌1種類，底質3種類を用いた液体集積培養を行い，これらからeDNAライブラリー（ベクターはpSK+）を構築した。10万クローンを調べた結果，24クローンでポジティブであり，このうち16クローンはカルボニルを生成し，8クローンはアルコール酸化還元活性があることを明らかにしている[13]。

第1章　eDNAによる培養困難微生物資源へのアクセス

(2) 酪酸分解酵素

　同じくドイツ，ゲッチンゲン大学のHenneらは，3種類の土壌（牧草地，テンサイ畑，窪地）からeDNAライブラリーを構築した。約93万クローンを用いて4-ヒドロキシ酪酸の利用能を調べたところ，36個のポジティブクローンが一次スクリーニングの結果得られ，そのうち5クローンについてシークエンスを進めたところ，2クローンは既知配列と相同性があったが残りの3クローンは相同性を持つものはないことを明らかにしている[14]。

3.1.3　脂質分解酵素
(1) リパーゼ

　脂質を分解するリパーゼについても研究が進んでいる。土壌からの探索では米国ウイスコンシン大学のRondonらの研究[15]，ドイツ，ゲッチンゲン大学のHenneらの研究[16]がある。Rondonらの研究グループでは土壌からeDNAを抽出後，BAC（bacterial artificial chromosome）ベクターを用いてライブラリーを作成した。なお，ヒトゲノムも含めて真核生物のゲノム解析で汎用されていたBACベクターをメタゲノム解析に応用したのは彼らが最初である。彼らはこのライブラリーを用いて各種酵素等（β lactamase, cellulase, protease, keratinase, chitinase, lipase, esterase, DNase, siderophore, 溶血活性）について活性をスクリーニングしたところ，リパーゼ（2クローン）のほかDNase（1クローン），抗菌物質産生（1クローン），アミラーゼ（8クローン）が得られている。Henneらの研究グループでは，3種の異なる土壌から得られたeDNAライブラリーを用いてリパーゼ，エステラーゼ活性をスクリーニングしたところ，73万クローン中，リパーゼ1クローン，エステラーゼ3クローンを認めた。塩基配列解析の結果，リパーゼは *Streptomyces albus* のそれと30％相同であった。エステラーゼは *Streptomyces coelicolor* や *Acinetobacter* のそれと40％前後の相同性であり，いずれも既知の配列と相同性が低かった。また，オーストラリアMacquarie大学のBellらの研究グループでは，温泉水中からリパーゼ遺伝子を探索するために，オリーブオイルを加えた環流培養装置でリパーゼ分解菌の集積を行い，PCR-eDNA法で新規のリパーゼ遺伝子の獲得を試みている。その結果，得られたリパーゼは既知の約70種のリパーゼと比べて一番相同性が高いものでも，20％前後と低いことを明らかにしている[17]。

3.1.4　タンパク質分解酵素
(1) アルカリプロテアーゼ

　洗剤産業で重要なアルカリプロテアーゼについては，ドイツの研究機関BRAIN Aktiengesellschaftの研究がある[18]。アルカリ性レス（黄色土）土壌のeDNAからその8～12kbp断片をpUC18でクローニングし，スキムミルクの分解活性でスクリーニングしたところ，約10万クローンの中から新規なプロテアーゼを発見することに成功している。

3.1.5 難分解性有機化合物分解酵素ほか

上記，生体主要構成成分である炭水化物（多糖類，有機酸，アルコール），脂質，タンパク質の分解酵素の探索研究のほか，環境汚染物質となる難分解性有機化合物の分解酵素探索研究もeDNAで試み始められている。ニュージーランドの研究グループでは，ナフタレン分解酵素の多様性研究のため，ナフタレン汚染土壌からeDNA-PCRを行い，今まで容易に分離されるナフタレン分解菌から得られた*nah*遺伝子のほかに，土壌には最近培養困難株から発見された*phn*遺伝子が同程度に分布することを明らかにしている[19, 20]。また，オーストラリアの研究グループも芳香環ジオキシゲナーゼの多様性に着目し，汚染土壌及び非汚染土壌からeDNA-PCRを行い，その結果，環境クローンは6グループに分かれ，既知の配列と相同なグループが一つあるほかは，他のグループは相同性が低くそのうちの一つのグループがどの土壌試料からも検出され広く分布していることを明らかにしている[21]。

変わったところでは，抗生物質不活化酵素の単離も英国のグループで進められている。ヒトの口腔中の細菌群集を対象としてeDNAライブラリーを作出し，大腸菌クローンで抗生物質テトラサイクリンに耐性を示すクローンを解析したところ，*tet*Xと呼ばれるNADPH要求性の酸化還元酵素と近縁の新しい*tet*遺伝子が発見され，*tet*(37)と命名されている[22]。

3.2 新規生理活性物質探索

ワックスマンが放線菌からストレプトマイシンを発見して以来，これまでに抗生物質などの新規生理活性物質の宝庫として様々な土壌から土壌微生物が分離され探索が進められてきた。これまでは培養可能な微生物を対象としてきたが，従来の培養法を頼りにした新規有用生理活性物質発見のペースが鈍化していることから，eDNA技術の進展により培養困難な微生物から新規生理活性物質を探索する試みが進められている。この一見無謀とも思えるアイデアで，本当に新規物質や新規遺伝子が取れるかどうかに注目が集まっていたが，ようやく最近になって続々と米国のグループによりこれまで報告例のない新規天然物質及びその生合成遺伝子がこの方法で発見されている（表1）。eDNAの利用で得られた抗生物質等生理活性物質の詳細については本書別項（第3編第4章）や作田らの最近の解説[23]で紹介されているのでここでは省略したい。

4 eDNA研究の技術的課題

eDNAによる新規有用物質探索研究は，高々10年の歴史しかなく，産業技術として展開を図るためには更なる手法の改良の必要性が叫ばれている。ここでは塩基配列ベース研究と，遺伝子発現ベースの研究に分けて現在進められている手法開発研究の動向について紹介してみたい。この

第1章 eDNAによる培養困難微生物資源へのアクセス

事項についてはいくつかの総説[1, 24~26]があり，そちらも参照されたい。

4.1 塩基配列ベース研究（eDNA-PCR研究）

未知資源から新規物質を得る場合，一つの方法として，既知物質を生産する遺伝子配列情報を手がかりとして，プライマーを設計しeDNAに対してPCRを行い，ある機能を持った既知物質（例えば酵素）の類似物質を見つけようという試み（eDNA-PCR研究）がある。この場合eDNAライブラリーも作らずにeDNAに対して直接PCRをかける研究事例もある。eDNA-PCR研究では，主に新規酵素の探索が進められてきた。当然のことながらこの方法で得られる遺伝子並びにその産物は，既知物質の遺伝子塩基配列情報をもとにしていることから，その多様性には限界があり，今までにない全く新たな物質が取れるということではない。しかし酵素の機能改良研究であればeDNA-PCRで十分である。また，後述する発現ベース研究では，宿主中でクローン化された遺伝子が過剰発現して宿主に対する毒性のためうまくスクリーニングできない場合もあり，まずeDNA-PCRで当たりをつけてから発現解析系を工夫して新規酵素を得ることも試みられている。実際，Bellらは，PCRプライマーを工夫することで，eDNAから新規のリパーゼ遺伝子の一部を獲得し，この配列よりeDNAライブラリーを利用したゲノムウォーキングによりリパーゼ遺伝子の全長を得ている。このリパーゼ遺伝子を大腸菌で普通に発現させると毒性が高く大腸菌が死滅してしまい，プロモーターを改良して低発現型に変えてみたところ目的とするリパーゼを単離することに成功している[17]。また同じeDNA-PCR手法でもプライマーとして転移因子の一種であるインテグロンの一部を利用（gene cassette PCR）することで，インテグロンの内部に取り込まれた未知遺伝子（ORF）を完全長で得られることも最近報告されている[27]。

4.2 発現ベース研究

抗菌物質のように今までにない新規物質の探索のためにはPCR-eDNA法では不十分で，発現クローニングを行う必要がある。

4.2.1 eDNA回収法：できるだけマイルドに大きなサイズのDNA断片を得る。

通常，二次代謝産物などの化合物は単一の遺伝子に支配されているのではなく，オペロン構造をとって複数の遺伝子がその生合成に関与している。そのため，eDNAを調整する際にもより大きなサイズのDNA断片が必要となり，eDNAの回収に当たってはDNAのシアリングを避け，できるだけマイルドな方法が必要となる。eDNAの回収法の進歩については紙面の都合上から本稿では言及せず，興味ある方は文献[1, 2]を参照されたい。

4.2.2 BACライブラリーの利用：より大きなDNA断片をクローニングする。

eDNAのライブラリー化に当たっては，いろいろなベクターが試されているが，回収された巨

大DNA断片をクローニングするために，ゲノム全塩基配列決定研究でヒトゲノムの解析などに利用されたBAC (bacterial artificial chromosome) ベクターがeDNA解析の分野でも注目され利用されるようになった[3]。最初にBACベクターの利用を試みたのは，ウィスコンシン大学のRondonらのグループで，土壌から得られたeDNAよりBACベクターでそれぞれ平均サイズ27kbp, 44.5kbpのeDNAから構成される総計1Gbpの二種類のライブラリーを構築し，各種酵素や抗菌物質のスクリーニングを進めている[15]。また，eDNA回収法を改善することにより最大1MbまでのDNAをBACベクターにクローニングすることができるとする報告も現れ，方法は急速に進歩している[28]。

4.2.3 進むBACベクターの改良：大腸菌以外の宿主で発現させる。

微生物を用いた遺伝子工学は大腸菌を中心に発展してきたため，eDNAの遺伝子発現についても大腸菌を宿主として進められてきた。BACベクターは大腸菌宿主を前提として開発されてきたが，未知の抗菌物質の探索のためにはストレプトマイシンの例を見ても分かるように放線菌を宿主としてeDNAの遺伝子発現ができないか早くから関心があった。用いたベクターについての記載がないのは残念であるが最初に放線菌を宿主にして発現解析を行ったのはTerraGen社のWangらのグループである。彼らは2000年にこのスクリーニング系を用いて新規物質の単離に成功し，この物質をテラジンと命名している[29]。同じく2000年にはイタリアのSocioらにより，大腸菌，放線菌の両方で働くシャトルBACベクターが開発され，大腸菌でクローニングしたeDNA-BACライブラリーを放線菌に移して，遺伝子発現解析をすることが可能となった[30]。BACベクターはその後さらに改良され，大腸菌内でのコピー数制御が可能なベクター (superBAC1)[1] や，放線菌のほか，環境細菌である *Psuedomonas putida* を使って遺伝子発現も調べることのできるベクター (pMBD14) が開発され[31]，eDNAの発現解析ができる宿主は徐々に拡大しつつある。大腸菌は放線菌や枯草菌に比べプロモーターの認識や翻訳開始に関する要求性など遺伝子の発現調節系が緩やかで，多くの外来の遺伝子を発現しやすい宿主とも言われているが[32]，Aventis社のMartinezらのグループは実際，同じ既知抗生物質遺伝子を大腸菌，放線菌，*P. putida* に組み込み発現させてみたところ，抗生物質の種類によって発現宿主が異なることが確認され，eDNAを利用して医薬品開発を進めるためには，できるだけ多くの異なる宿主で網羅的に発現解析することの重要性が改めて確認されている[31]。

4.2.4 スクリーニング効率を上げる

eDNAを利用したスクリーニングの場合，対象が限定されずあらゆる微生物の全ゲノムがライブラリー化されてしまうため，目的とする新規生理活性物質や酵素などを得るためには膨大なクローンの全てについてスクリーニングせねばならず，そのためヒットする確率も非常に低いことが難点とされている。実際，コスミドライブラリーでは数万から数十万のクローンからわずか数

第1章 eDNAによる培養困難微生物資源へのアクセス

クローンしかポジティブクローンが得られていない例が多い。BACライブラリーでも，数千クローンから数クローンのポジティブクローンしか取れないのが一般的である。これを解決することはeDNAの原理上困難であり，現在進められているのは，それぞれの操作をロボット化することで効率を上げるしか今のところ手だてはないようである。例えばAventis社のグループでは大腸菌のライブラリーから放線菌や *P. putida* にクローンを接合伝達させ，形質転換体を効率的に得るハイスループットスクリーニング手法を提案している[31]。

一方，スクリーニング効率を高めるために，天然の環境資源からではなく，ある選択圧をかけた人工の集積培養系を構築後，そこに棲息する複合微生物群（いわゆるコンソーシア）からeDNAライブラリーを作成し解析を進めている例もある。実際，土壌を接種源とした液体集積培養系や嫌気発酵槽から効率的に酵素などが得られている[7, 13, 17, 33]。このような研究戦略は従来の培養微生物の単離研究の延長線上にあるとも言え，バイアスのかかった遺伝資源しか取れないとの批判もあるが，従来の培養可能な微生物研究と培養困難な微生物研究の中間に位置する研究とも言え興味深い。

5 おわりに

「微生物に不可能なことはない。」これは，発酵学の泰斗，坂口謹一郎先生の至言である。著者も全く同感である。最近，テレビを見ていると，新規医薬品開発のために微生物資源を求めて活動している微生物ハンターに関する番組があった。彼らは，アイスランドの氷河の奥地まで，スノーモービルに乗ってキャンプをしながら数日をかけてようやくたどり着いた，地下マグマの噴出源であるらしい温泉環境から環境試料を採取するというものであった。このように極域や熱帯に限らず，深海底や火山噴出口など極限環境に棲息する微生物が地球上のありとあらゆる場所から新規医薬品や産業酵素を得るために収集され，開発企業の研究部門で日夜スクリーニングがされている。これからもこの果てしない作業は進められるであろうが，今までは微生物ハンターがサンプリングし企業でスクリーニングされてきたのは培養可能な微生物が中心であった。これからは折角，費用をかけて入手困難な環境試料を探索に出かけるのであれば，特異な環境試料からeDNAを回収してスクリーニングするという方向に変わっていくのが自然な姿となろう。

近代微生物学はコッホ以来，純粋分離技術を得たおかげで急速な発展をしてきた。その一方で，純粋分離が困難な自然界の大多数の微生物群については，微生物生態研究以外は遺伝資源的価値だけでなくほとんどその存在すら無視されてきたとも言える。この間隙を埋めるために，近代微生物学の反省として，より複雑な複合微生物系（コンソーシア）の解析やeDNA研究に注目が集まり関心が高まっているのは自然の成り行きである。一方eDNA的なアプローチについては，生

物学として微生物をとらえる学問的立場からは強い批判もあることも事実であるが，産業利用という応用的視点では，そのポテンシャルは高く今後大いに研究開発が進み活用されていくに違いないと著者は確信している。

なお，未同定のeDNAを大腸菌等でライブラリーを作り活用する実験は，これまでわが国では「組換えDNA実験指針」の対象とされ大臣確認が必要な実験であったが，平成16年2月に施行された「遺伝子組換え生物等の使用等の規制による生物の多様性の確保に関する法律」でも同様に大臣確認が必要な実験に位置づけられている。このため実験を開始するに当たっては手続き等に留意する点があることを最後に銘記しておく。

文　　献

1) J. Handelsman *et al.*, *Methods in Microbiol.*, **33**, 241-255 (2002)
2) 長谷部亮, エンバイオ, **1**, 45-49 (2001)
3) J. Handelsman *et al.*, *Chem. & Biology*, **5**, 245-249 (1998)
4) S. F. Brady *et al.*, *Org. Lett.*, **3**, 1981-1984 (2001)
5) 植田徹,「新・土の微生物 (5)」, pp189-201.日本土壌微生物学会編, 博友社 (2000)
6) NEDO国際共同研究先導調査報告 (2004)
   http://www.nedo.go.jp/itd/fesendo/h15/gaiyou/theme11.html
7) F. G. Healy *et al.*, *Appl. Microbiol. Biotechnol.*, **43**, 667-674 (1995)
8) C. C. A. Radomski *et al.*, US Patent, 5,849,491 (1998)
9) M. T. Cottrell *et al.*, *Appl. Environ. Microbiol.*, **65**, 2553-2557 (1999)
10) N. Williamson *et al.*, *Antonie van Leeuwenhoek*, **78**, 315-321 (2000)
11) S. Voget *et al.*, *Appl. Environ. Microbiol.*, **69**, 6235-6242 (2003)
12) T. H. Richardson *et al.*, *J. Biol. Chem.*, **277**, 26501-26507 (2002)
13) A. Knietsch *et al.*, *Appl. Environ. Microbiol.*, **69**, 1408-1416 (2003)
14) A. Henne *et al.*, *Appl. Environ. Microbiol.*, **65**, 3901-3907 (1999)
15) M. R. Rondon *et al.*, *Appl. Environ. Microbiol.*, **66**, 2541-2547 (2000)
16) A. Henne *et al.*, *Appl. Environ. Microbiol.*, **66**, 3113-3116 (2000)
17) P. J. Bell *et al.*, *Microbiology*, **148**, 2283-2291 (2002)
18) R. Gupta *et al.*, *Appl. Microbiol. Biotechnol.*, **59**, 15-32 (2002)
19) G. Lyoyd-Jones *et al. FEMS Microbiol. Ecol.*, **29**, 69-79 (1999)
20) A. D. Laurie *et al.*, *Appl. Environ. Microbiol.*, **66**, 1814-1817 (2000)
21) C. Yeates *et al.*, *Envrion. Microbiol.*, **2**, 644-653 (2000)
22) M. L. Diaz-Torres *et al.*, *Antimicrob. Agents Chemother.*, **47**, 1430-1432 (2003)
23) 作田庄平ら,化学と生物, **40**, 600-605 (2002)

第1章 eDNAによる培養困難微生物資源へのアクセス

24) 津田雅孝ら,環境バイオテクノロジー学会誌, **3**, 69-78 (2004)
25) P. D. Schloss *et al., Curr. Opin. Biotechnol.,* **14,** 303-310 (2003)
26) M. R. Rondon *et al. Trends Biotechnol.,* **17**, 403-409 (1999)
27) H. W. Stokes *et al., Appl. Environ. Microbiol.,* **67**, 5240-5246 (2001)
28) A. E. Berry *et al. FEMS Microbiol. Lett.,* **223**, 15-20 (2003)
29) G. Wang *et al., Org. Lett.,* **2**, 2401-2404 (2000)
30) M. Socio, *et al., Nature Biotechnol.,* **18**, 343-345 (2000)
31) A. Martinez, *et al., Appl. Environ. Microbiol.,* **70**, 2452-2463 (2004)
32) P. Lorenz, *et al., Curr. Opinion Biotechnol.,* **13**, 572-577 (2002)
33) P. Entcheva, *et al., Appl. Environ. Microbiol.,* **67**, 89-99 (2001)

第2章　難培養性真核微生物のEST解析
―シロアリ腸内の絶対共生性原生生物をモデルとして―

守屋繁春[*]

1　「培養されていない」微生物から遺伝子資源を探す

　最近の分子生物学的技術の進展は様々な生物学的なブレイクスルーをもたらした。そのような例のひとつとして微生物生態学上の知見の大幅な増大をあげることができる。微生物の研究は近年まで単離培養によって環境・生態系から分離精製された状態で行われるのが通例であった。しかしながらPCR法や *in situ* hybridization法，シークエンスの解析速度向上による 16S ribosomal DNA クローンライブラリーの大規模化といったさまざまな技術の発展は，これまで必ず経なくてはならなかった微生物の単離培養というステップから，部分的にではあるが微生物学者を解放した。それと同時に，生態系中にはこれまで知られてきた微生物を遙かに上回る未知の微生物群が存在し，むしろこれまでに単離培養をベースとした方法で調べられてきた微生物の方が圧倒的に少数派であることが分かってきた。リボゾームDNAのクローンライブラリー解析は生物の三界全てを対象として様々な環境や生態系に対して行われてきており，それらの研究の結果得られてきている「遺伝子配列のみが知られる微生物」は，棲息個体数だけではなく，種類数の面でもいまや既知の微生物群を凌ぐ勢いがあり[1,2]，微生物生態学上の議論は今や培養できない微生物の機能を推測すること無しには成り立たない場合も多々見られるようになってきている。

　しかし，この様な環境中からの微生物マーカー遺伝子配列の取得は，解析対象とした環境中に未知の微生物が存在して，何らかの機能を果たしていることは示唆するものの，実際にそれらの微生物群がそれぞれどのような働きを行っているのかという情報は与えない。しかも，同じ分離源より微生物の分離培養を試みても同一のマーカー遺伝子を持つ微生物の分離に成功することは多くの場合稀である。このため，最近では，微生物を培養することなく環境中より直接DNAまたはRNAを抽出し，そこからPCR法などを用いて特定の機能遺伝子の配列を取得し，分析するという手段が発展してきている。そして，そのような研究法の延長線上に，環境中のDNAを断片化しその環境中に含まれる全生物の機能遺伝子を網羅的に直接ライブラリー化するという手法が開発されてきている。メタゲノムと呼ばれるそのような手法は，未知の微生物から特定の機能を担う遺伝子産物を網羅的に探索する道筋を付けることに成功し，多くの実例が発表されつつあ

---

　　*　Shigeharu Moriya　　（独）理化学研究所　工藤環境分子生物学研究室　研究員

第3章　難培養性真核微生物のEST解析—シロアリ腸内の絶対共生性原生生物をモデルとして—

る[3]。ごく最近では，二つの独立した研究グループからほぼ同時にメタゲノムライブラリーより未培養微生物のゲノムを完全に再構成したという論文も発表されている[4,5]。このことは，興味の持たれる生物機能を担っている酵素のアミノ酸配列が分かっており，それが部分的にでも異なる生物間で比較的保存されている場合や，比較的簡単にその活性をアッセイできるような場合などには，単離培養を行わなくても未知の微生物群を対象として遺伝子資源の網羅的な探索を行うことが可能であることを意味している。それは，さらに言えば，これまで研究されてきた，単離培養された微生物の陰に隠れていた，広大な，微生物学的に言って未踏査であった領域に足を踏み入れることが可能となったことをも意味している。

2　環境cDNAライブラリー

ところで，そのようなメタゲノム的なアプローチにおいて構築したライブラリー中には，その環境中に存在する全ての生物の遺伝情報が発現量に関係なく存在している。しかし一方で，本当に必要な遺伝情報は対象となる生物群がその生息場所で行っている主たる生物機能に関するものである場合が多く，そのような場合，往々にしてそれに関係する遺伝子産物は，非常に活発に働く生物機能を支えるために，その生物群中で相対的に多く発現している可能性がある。発現量と得られるクローンの量比が相関していないメタゲノムライブラリーでは，そのような発現量の多い遺伝子でも他の遺伝子とクローン数は変わらない。しかし，もしそのようなコミュニティーからcDNAライブラリーを構築したならば，得られる各遺伝子ごとのクローン数は発現量と相関することとなり，生物群内の主要な発現産物を中心に配列を収集することが可能となる。これについては，cDNAを選択的に合成することが難しいバクテリアや古細菌では今後の技術的なブレイクスルーが必要であるが，すでに方法が確立されている真核生物の場合は，そのようなライブラリー，いわば「環境cDNAライブラリー」は，メタゲノムライブラリーと比較して比較的簡単に構築することができる。例えば，メタゲノムライブラリーでは一般的に非常に長い断片をクローニングできる特殊なベクターを使用し，DNAの抽出にも細心の注意を払う必要があるが，cDNAライブラリーの場合はそのような長鎖のDNAを使用することはないので，一般的なファージベクターか，または通常のプラスミドベクターをベクターとして用いることが可能である。

3　シロアリの共生原生生物

未培養の真核微生物集団にはいろいろなものがあるが，最も興味深いもののひとつとしてシロアリ腸内に共生する原生生物があげられる。シロアリの腸内には，大きく分けて2つのタイプの

鞭毛虫が棲息している。Parabasalia門の原生生物とMetamonada門Oxymonads目の原生生物である[6,7]。半世紀以上に及ぶ原生生物除去実験や顕微鏡的観察等の様々な実験・観察の結果から[8〜10]，これらの原生生物はシロアリの摂取した木片を細胞内に取り込み，シロアリに利用可能な形である酢酸にまでこれをほぼ完全に分解することが示唆されている。しかし，木材を形成する結晶性セルロースはその緊密な結晶構造のために通常酵素のアクセス性が非常に悪く，一般的には生物学的な分解が起こりにくいこともまた知られている。すなわち，シロアリに共生する鞭毛虫群は難分解性の結晶性セルロースをほぼ完全に酢酸にまで分解することが可能である未知の系を持っている可能性が示唆される。この，シロアリの共生原生生物はシロアリの種ごとにほぼ一定の種類がそれぞれ決まった量比で棲息している。そのため，特定の機能を持ち，かつ一定の集団構造を持つ真核微生物集団を材料として，再現性良く「環境cDNAライブラリー」を構築できる可能性が期待できる。

そこで我々は，日本で最も普通に見ることができるヤマトシロアリ (*Reticulitermes speratus*) の腸内原生生物群を主に用いてcDNAライブラリーを構築・解析することを試みている。

4　微生物集団からのcDNAライブラリー構築の実際

我々のグループでは，シロアリ共生原生生物の集団全体から全長cDNAライブラリーを構築し，その後ランダムにその5'末端側の配列を決定してESTデータベースを構築している。

ライブラリーの構築法としては，Biotinylated CAP trapper 法を用いている。林崎らによって開発されたこの方法は，真核生物のmRNAの5'末端部分に存在するCAP構造部を化学的にビオチンでラベルすることによりmRNAの全長を濃縮してライブラリーを構築する方法で[11]，得られるライブラリーには発現している遺伝子の全長がクローニングされる。また我々は，この他に菅野らの開発した，CAP構造を酵素反応的に oligo RNA で置換する Oligo CAPPING法[12] もライブラリー構築に用いており，この方法についてもシロアリ共生原生生物の集団全体から全長cDNAライブラリーを問題なく構築できることを確認している。

この様な完全長cDNAライブラリーは，通常のcDNAライブラリー構築法で得られる5'末端側が欠けたクローンが数多く含まれるcDNAライブラリーと比較して，発現している遺伝子の完全な構造を得ることができるという点とアノテーションを行う際に相同性検索に3'末端だけではなく5'末端側の配列もESTとして利用することができるという点において有利である。特に遺伝子の完全な構造が5'-RACEを行うことなく得られるという点は，複数の生物の混合系を対象とした場合には非常に重要である。実際に，そのような多種類の微生物が同時に棲息する材料を用いた5'-RACEでは，天然集団中にかなりの頻度で存在する遺伝子多型や，工程上で生じる配列上のキ

第3章　難培養性真核微生物のEST解析—シロアリ腸内の絶対共生性原生生物をモデルとして—

メラの影響等によって，目的とする遺伝子の5'末端の配列を得ることが困難な場合が経験上多く見られる。完全長cDNAライブラリーはこの困難性を事前に回避できるという点で，この様な「環境cDNAライブラリー」構築の際には通常のcDNAライブラリー構築法に対して非常に大きな利点があるといえる。

　得られたライブラリーは，通常の単一生物から構築された完全長cDNAライブラリーで行われる，クローンの重複性や5'末端の非転写領域の取得割合などのチェックの他に，ライブラリー中の多様性の保持に関する確認が行われる必要がある。cDNAライブラリーの構築においては，構築の工程上の様々な段階でクローニングされる配列に対するバイアスがかかる可能性がある。例えば，逆転写酵素反応の際に二次構造を作りやすい配列を持つmRNAや，相補鎖合成の際に反応効率が比較的低いGC含有率の高い配列を持つ遺伝子などは，それぞれのステップで他の配列に比べて負のバイアスがかかる可能性がある。もしこの様なバイアスによって，異なる生物が共存する混合系から得られた配列集団中から，ある特定の生物の配列が排除されるような傾向があった場合，そのようなライブラリーは「環境cDNAライブラリー」としての価値は低いと考えられる。我々はそのような可能性を考慮するために，構築したライブラリー中において出現頻度の比較的高いハウスキーピング遺伝子である転写伸長因子EF-1αを例に取り，その配列をライブラリーよりプラークハイブリダイゼーション法によって回収し，その由来生物の多様性を分子系統学的解析によって調べた（図1）。その結果，得られた系統樹はヤマトシロアリの腸内で確認されている原生生物の種数と同じ11のクラスターに分岐した。このことは，構築されたライブラリー中には，材料である原生生物集団の全ての生物よりEF-1α遺伝子がほぼ等しく回収されていることを示している。すなわち，Biotinylated CAP trapper法は，少なくともヤマトシロアリの共生原生生物集団を出発材料とした場合，比較的バイアス無しに，集団を構成する生物それぞれの遺伝子をライブラリー化することが可能であることが示された。

　この，シロアリ共生原生生物群の多様性が比較的保持された形で得られたライブラリーを用いて，次に我々はESTデータベースの構築を行った。ESTとは Expressed Sequence Tag の略で，文字通り発現している遺伝子の「タグ」を収集したものである。多くの場合このESTデータベースは，cDNAライブラリーからクローンをランダムに取り出して，その末端からの one pass sequence を行うことによって得られる，cDNAライブラリーコンテンツの部分配列の集合である。そして，この個々の部分配列をコンテンツ個々のタグとみなす。これらのタグは当然cDNAライブラリーを構築した元の生物細胞内で発現していた遺伝子の部分配列である。そのため，それらのタグ配列をqueryとして公共遺伝子データベースを相同性検索することによって，そのライブラリーを構築するのに用いた生物集団中で発現していた遺伝子の組成を明らかとすることができる。また，ライブラリーが完全長のcDNAライブラリーである場合は，そのタグを元として

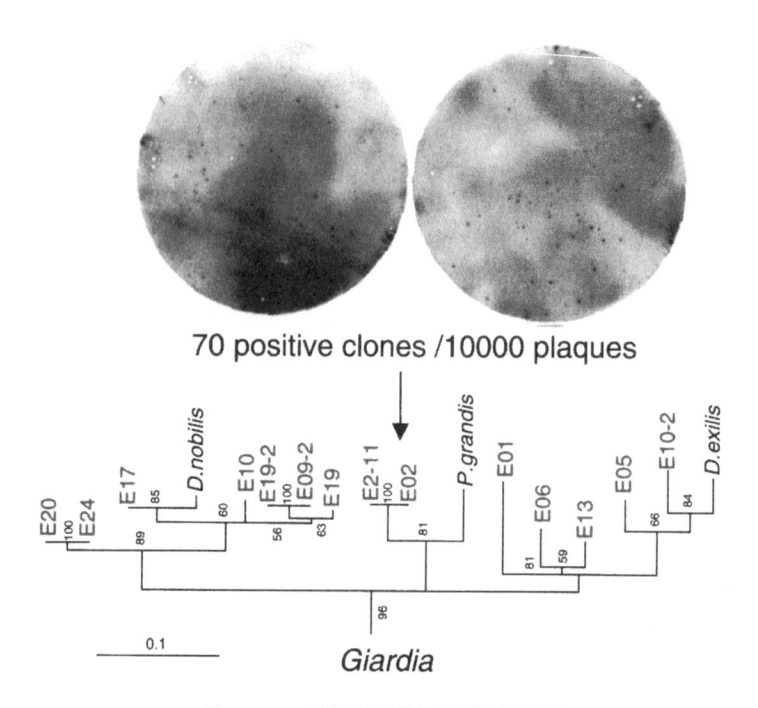

図1 EF-1α遺伝子の取得と分子系統学的解析

興味のもたれる遺伝子の全長を得ることもできる。

実際の工程として，我々のライブラリーでは5'末端側の配列を約1000クローン分ランダムにone pass sequence し，タグの収集を行った。収集されたタグはDDBJ/EMBL/Genbank/Swissprot/PDB等の公共DNA・タンパク質データベースを対象としてfastaxプログラムを用いて相同性検索を行った。fastaxプログラムはfastaと同じアルゴリズムによる相同性検索プログラムであるが，検索の際にデータベース中のアミノ酸配列を対象として，queryを自動的に全てのフレームで翻訳したものとの間で相同性検索を行う[13]。このプログラムを用いることで，データベース上に含まれる情報のうち，実際にタンパク質をコードする遺伝情報のみを検索対象とすることができる。これは，ゲノムプロジェクトやESTプロジェクトの結果生み出される膨大な量の未アノテーション配列が相同性検索の結果の上位にヒットした場合，そのqueryの機能を類推するのはほぼ不可能であるのに対し，そのような配列を最初から検索対象としなければ，有意に相同な機能タンパク質配列を見いだす確率が上昇する場合があるためである。筆者らはこの工程は手動で行ったが，配列数が1000を越えると手動での検索は効率が悪くなるので，一般的にはPerl等

を用いたプログラムを組むことによって，作業を自動化する場合が多い。

次に相同性検索の結果より，e-valueの大きさによって有意にホモロジーのある遺伝子の種類の判定をおこなう。e-valueとは相同性検索の結果得られたquery配列と特定配列との間の相同性の指標=スコアが，検索に用いたqueryが全くランダムな配列だと仮定した場合に出現する確率である。すなわち，この値が低ければ低いほど，そのようなスコアが出現することは偶然の事象であるとは仮定できなくなり，逆に言えば統計的に有意に相同性がある可能性が強いということができる。モデル生物での同じような検索と異なり，これまで全く解析されたことのない未知生物を材料とした場合，得られる遺伝子の配列と既知のアミノ酸配列や塩基配列との一致率が著しく低い場合が多く，相同性のスコアや%identityのみを相同性の指標とすることは大変困難であるが，このe-valueを指標とすることによって有意なホモログを仮定することが可能である。通常e-value = 1e-08以下のものを有意にホモロジーがあるとする場合が多い。

この様にして，ホモロジーのある遺伝子の情報を元にアノテーションを付けたEST配列は，適当な形でデータベース化し，必要な情報を取り出して利用する。この様にして，ある程度の数の配列決定さえ可能であれば，環境中の未培養の微生物群の機能に関係する遺伝情報が濃縮されたライブラリーおよびデータベースは特別な設備が無くても比較的簡単に整備できる。

5 シロアリ腸内共生原生生物群のEST解析

この様にして得られたシロアリ共生原生生物群「環境cDNAライブラリー」のESTデータベースを解析してみると，916クローンのランダムに取得したESTはfastaxによる解析の結果，577の異なるクラスターに分けられ，その内52.1%がe-value = 1e-08以下の有意に相同な既知遺伝子をホモログに持つ配列であった。その内容について見てみると（図2），驚くべきことに，有意なホモログ遺伝子を持たないクローンも含めた全ESTエントリーの実に8.3%が糖質加水分解酵素ファミリー（GHF）に属する酵素遺伝子であった。上述の通り，シロアリの原生生物はシロアリ腸内共生系の中で主にセルロース等の木質成分由来の多糖類の分解をその主たる機能としていると考えられており，今回の結果は，主要な機能に関係した遺伝子が他に突出して発現しているというひとつの好例と考えられる。発見されたGHF関連遺伝子は，GHF7 セロビオハイドロラーゼ（CBH）（5.1% of the total clones），GHF7エンドグルカナーゼ（EG）（0.5%），GHF5 CBH（0.3%），GHF5 EG（0.3%），GHF45 EG（0.4%），Xylanase, Xylosidase/ α-L-arabinosidase（GHF10, 11, 43）（1.2%），α-L-arabinosidase（0.3%），endo-1,4-b-mannanase（0.1%）and GHF3 β-glucosidase（0.1%）である。

この非常にバイアスのかかった遺伝子発現様式の中で，ひときわ目立つのがGHF7のCBHの単

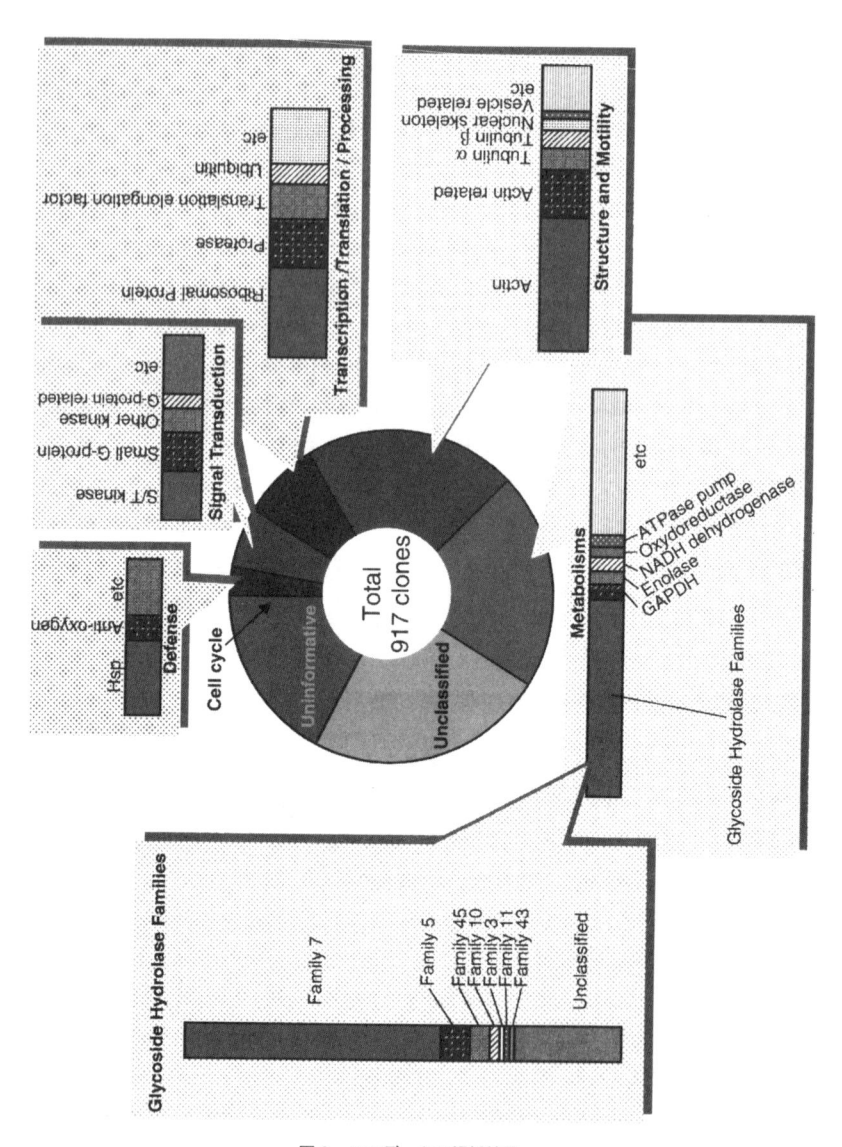

図2　ESTデータの解析結果

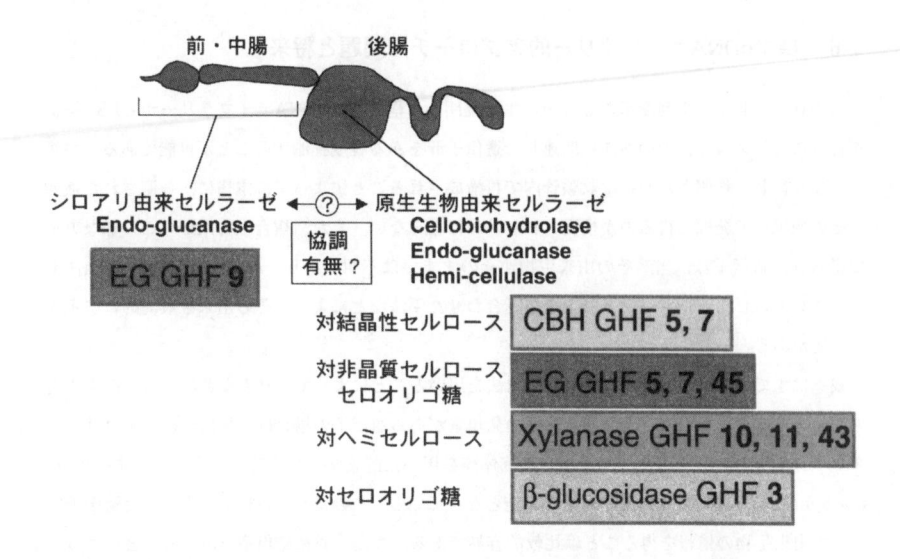

第3章　難培養性真核微生物のEST解析—シロアリ腸内の絶対共生性原生生物をモデルとして—

図3　EST解析の結果推測されたヤマトシロアリ腸内原生生物群のセルロース分解システム

独での非常に高い出現頻度である。このGHF7のCBHはプロセッシブタイプのexo型セルラーゼで，難分解性の結晶性セルロースを分解しうる酵素のひとつである[14, 15]。ひとつの有力な可能性として，このセルラーゼが原生生物の高いセルロース分解性を実現している分解系のメインエンジンとなっている可能性は充分に考えられる。次に発現量の多い酵素はXylanaseやArabinosidaseといったヘミセルラーゼであり，結晶性セルロースを取り巻く非晶質の多糖類を分解することによって，メインエンジンであるCBHの作用を助けている可能性が考えられる。現在我々のグループでは，Oligo CAPPING法を用いて，食性の異なるコウシュンシロアリ（乾材シロアリ），オオシロアリ（湿材シロアリ）からも完全長「環境cDNAライブラリー」とそのコンテンツデータであるESTデータベースを整備しているが，現在までに得られている結果をまとめると半地下性シロアリであるヤマトシロアリで得られた，このGHFsの組成（図3）は，量比の違いはあるもののいずれのシロアリ共生原生生物群でもほぼ保存されている可能性が示されつつある。このことは，シロアリ腸内共生原生生物群というシステムでは，その共通祖先の段階で上で述べたようなセルラーゼ・ヘミセルラーゼファミリーから構成される系を採用することによって，非常に高い結晶性セルロース資化能を実現してきたという可能性を示している。

6 環境cDNAライブラリー的アプローチの問題と将来

　この様に，特定の機能を果たしている生物集団から構築したcDNAライブラリーからEST解析を行うことによって，その機能に関連した遺伝子群をある程度推測することが可能である。当然このようにして推測された系は試験管内で再構成されることによって，本当に，推測された機能をその環境中で発揮し得るのか検証されなければならない。また，複合生物系からこの様な方法で得られた遺伝子は，当然その由来生物がそのままでは不明であり，*in situ* hybridization法やマイクロマニピュレーションとPCRを組み合わせた手法などによってその由来を最終的に決定する必要がある。

　我々はすでに，単一の細胞よりRT-PCR法を用いることによって，様々な遺伝子の，由来生物の同定を可能としている。またある程度の発現量がある遺伝子の場合は，検出時にアルカリフォスファターゼをコンジュゲートした二次抗体等を用いた酵素学的な増感を行うことによって *in situ* hybridization による由来の同定も可能となっている。このため，特に興味を持った遺伝子について由来生物の情報を得ることは比較的容易である。また，異種発現系を用いることによって得た遺伝子を発現することは，一般的に行われている技術であり，未培養の生物集団から得られた発現遺伝子情報により推測された反応系を試験管内で再構成することも実験的には比較的容易である。シロアリ共生原生生物のケースでは，発現している遺伝子に関する情報は，その生物集団の持つ主要な機能に関係する遺伝子の候補を提供した。しかしながら，残念なことにシロアリの共生原生生物のセルロース分解系の酵素タンパク自身に関しては，異種発現の際に強い活性のあるセルラーゼが得られないという困難に遭遇している。この様なケースでは何らかの補助因子が活性の発現に関与している可能性もあり，シロアリ自身の腸管組織のcDNAライブラリーやその他のバクテリアや古細菌のメタゲノムライブラリーのコンテンツといった，宿主生物や周辺に生息する他の微生物の発現遺伝子群の情報もさらに参考にする必要があるかもしれない。

　現在，我々はポリシストロニックな転写様式を持つバクテリアの遺伝子に焦点を絞ったcDNAライブラリー構築を，サイズフラクショネーション法を中心として試みており，バクテリアからの，リボゾームRNAの配列をほぼ含まない形でのcDNAの取得のための条件検討を行っている。もしこの試みが成功した場合，本稿でこれまで述べてきたアプローチはバクテリアにも拡大して適応することが可能となる。この様な試みも含め，比較的容易にその構築が可能であり，得られる情報量も多いこのcDNAライブラリー・EST解析によるアプローチは，今後様々な共生系・環境サンプル・極限環境下の生物集団などの培養困難な微生物集団に適応されていくことが望まれる。

第 3 章　難培養性真核微生物のEST解析—シロアリ腸内の絶対共生性原生生物をモデルとして—

文　献

1) Cleveland, L.R., *Biological Bulletin.* **46**, 177-225. (1924)
2) Dawson, S., *et al., Proc Natl Acad Sci U S A.*. **99**, 8324-8329. (2002)
3) DeLong, E., *et al., Syst Biol.*. **50**, 470-478. (2001)
4) Schloss, P., *et al., Curr Opin Biotechnol.*. **14**, 303-310. (2003)
5) Tyson, G., *et al., Nature.* **428**, 37-43. (2004)
6) Venter, J., *et al., Science.* **304**, 66-74. (2004)
7) 大熊盛也, *et al.,* 化学と生物. **39**, 542-548. (2001)
8) Yamin, M., *Sociobiology.* **4**, 5-119. (1979)
9) Yoshimura, T., *et al., Holzforschung.* **50**, 99-104. (1996)
10) Yamaoka, I., *Zoological Magazine.* **88**, 174-179. (1979)
11) Carninci, P., *et al., Methods Enzymol.*. **303**, 19-44. (1999)
12) Maruyama, K., *et al., Gene.* **138**, 171-174. (1994)
13) Pearson, W., *Methods Mol Biol.*. **132**, 185-219. (2000)
14) Davies, G., *et al., Structure.* **3**, 853-859. (1995)
15) 苅田修一, *et al.,* 三重大生物資源紀要. **19**, 71-96. (1997)

第3章　難培養微生物をいかに系統保存化するのか

辨野義己[*1], 伊藤　隆[*2]

1　はじめに

　今日までに多種多様な微生物群が分離培養されてきているが，「これまでに分離培養できている微生物は全微生物の1％未満であり，ほとんどの微生物は未だに分離培養ができていない」という認識が既に常識化しているように思われる。その一方で近年は分離・培養を介さずに微生物を環境中のDNAから直接検出する手法が発展し，その結果さまざまな環境中には既知の微生物種とは系統学的に異なる微生物（フィロタイプ）が数多く存在することが明らかにされてきた。この様なこれまでに分離培養できなかった微生物やフィロタイプのみ知られた微生物はしばしば"難培養微生物"として扱われているが，これらは必ずしも培養不可能な（uncultivable）微生物を意味するわけではなく，その時にその微生物に適した分離・培養法が知られていなかっただけの可能性がある。これに対して分離培養された微生物株の中には微生物研究者の多大なる努力・工夫によってようやく分離・培養できるようになった微生物もある。この様に考えると分離培養されてこなかった微生物と実際に分離培養された微生物とを厳密に区別する生物学的根拠は乏しいと言わざるを得ない。したがって難培養性微生物には分離培養が困難であっても努力・工夫の結果，分離培養し得るものを含んでいる，と考えても良いであろう。とはいいながら難培養微生物の分離培養にはそれなりの工夫や相当な努力が必要であると考えられるが，それでもなお難培養微生物の分離培養を試みる研究が盛んに行われてきている。そうした背景には次のような理由が考えられよう。すなわち(1) 難培養性微生物には既知の微生物種とは異なる系統を有するものが多く存在すること，(2) 環境中に限られたグループ（または種）の難培養微生物だけが多数を占めることがあること，(3) その環境において物質循環やエネルギー変換の鍵を握っている可能性もあること，(4) 難培養微生物のハンドリング技術の向上によって新たな難培養微生物の分離培養に応用できること，等があげられよう。さらに分離・培養できた難培養微生物は培養・保

---

　　*1　Yoshimi Benno　(独)理化学研究所　バイオリソースセンター　微生物材料開発室
　　　　室長
　　*2　Takashi Itoh　(独)理化学研究所　バイオリソースセンター　微生物材料開発室
　　　　先任研究員

第3章　難培養微生物をいかに系統保存化するのか

存法の要領を習得すれば，それ以後は安定して培養・保存を行うことも可能である。したがって難培養性微生物株は新たな遺伝子資源の宝庫と捉えることができ，こうした微生物を分離・培養し，系統保存化することは微生物系統保存機関（カルチャーコレクション）としてきわめて重要な責務である。

本章においては新たな資源として難培養微生物の分離培養取り組みについてを概説し，さらに培養法の知られていない微生物を含めた難培養微生物の系統保存及び難培養性の原核生物における命名について言及する。

2　難培養微生物とその分離培養法

一般に難培養性微生物が分離培養困難である理由として次のようなことが考えられよう。
① 環境における密度・生育量・生育速度が遅いためにが競合する微生物から分離できない
② 培地組成・生育条件に特殊な因子を必要とする
③ 培地成分等に生育阻害因子がある，あるいは代謝産物によって生育阻害を受ける
④ 他の生物と共生状態でないと生育できない
⑤ 容易にVNC（viable but non-culturable）状態に陥る

これらの事項は一部重複している面もあるものの，難培養微生物の分離培養法を考察するには便利であろう。①のいわば難分離性の微生物に対しては，平板分離法や集積培養法の改良の他，MPN法，マイクロドロップ法，ゲルマイクロドロップ／フローサイトメトリー法，光ピンセット法などがある。②については一般的な培地成分（炭素源・窒素源・電子受容体・電子供与体・ビタミン類など）の検討の他，その多の因子としてcAMP・N-acyl homoserine lactones（AHL）等の細胞間シグナル伝達物質，生息環境由来の物質などの添加が有用であることもある。③では，有害物質を希釈する意図で希釈培地での培養，あるいは代謝産物の阻害を除去する意味では透析培養，電気培養などが考えられる。④ではその共生因子（物質，生育環境）を特定できれば目的とする微生物を純粋培養できる可能性もあろう。また必ずしも純粋培養できなくても宿主生物の保存や共生状態での保存も必要であろう。⑤ではVNC状態への誘導因子となるストレス（例えば温度，栄養，塩分濃度など）を緩和することが重要であろう。

以下にまた難培養微生物と考えられたウシルーメン内の偏性嫌気性菌，ヒト口腔内のトレポネーマ，陸上温泉に生息する好熱性古細菌の分離培養例を紹介する。

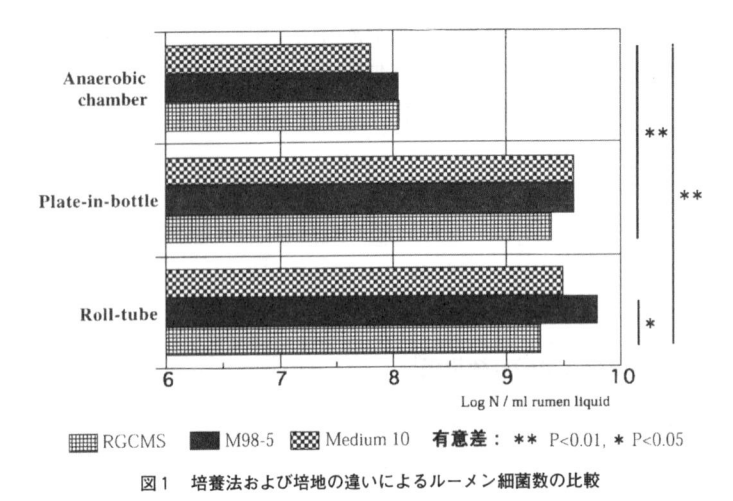

図1　培養法および培地の違いによるルーメン細菌数の比較

3　牛ルーメン内難培養偏性嫌気性菌の単離・培養

　米国のHungate[1]による反芻動物の第一胃内セルロース分解菌の分離に用いられる嫌気性ロールチューブ（以下，RT）法はそれまで培養困難とされていた高度の嫌気度を要求する嫌気性菌の培養にとって画期的な方法である。これがヒトや動物の腸内嫌気性菌の分離・培養に大きな影響を与え，腸内細菌の検索に優れた方法であることが確認されている。Mitsuoka et al[2]は簡便かつ確実な高度嫌気性培養法として"プレート・イン・ボトル（以下，PIB）法"を考案し，またDrasar[3]およびAranki et al[4]は完全嫌気性の空間を作り，ゴム手袋を介してすべての操作を嫌気性条件下で行う"嫌気性チャンバー法"を考案した。いずれもHungateの嫌気性RT法の原理を用いて寒天表面上に集落をつくらせるための方法であり，"Pre-reduced media法"ともいわれている。

　RT法：一般的に嫌気性培養とは寒天平板を用いて，炭酸ガスや窒素ガス加嫌気性培養が行われている。本法の特徴は培地成分の気相そのものがすでに還元されており，酸素の混入がまったくなく，ルーメン偏性嫌気性細菌の検出が可能となった。

　本法を用いてルーメン偏性嫌気性細菌の検出を試みたところ，総菌数のほんの数％しか検出されていないが，RT法による Rumen fluid-Glucose-Cellobiose寒天培地[1]を用いて培養してみると，これまで検出されたことが無い数多くの微生物が検出され，ようやく，10％程度の偏性嫌気性細菌（群）が検出されるようになったのである。

第3章　難培養微生物をいかに系統保存化するのか

表1　ルーメン細菌の分離・培養に用いられる培地とその成分

培地名	RGCMS	M98-5	M10	PYG	Sweet E	EG
ルーメン液(ml/L)	300	400			300	
短鎖脂肪酸混合液(ml/L)						500
ウマ肉浸出液						
トリプチケース・ペプトン(BBL)(g/L)		2	2	10	0.5	10
イーストイクストラクト(Difico)(g/L)		0.5	0.5	10	0.5	5
グルコース(g/L)	0.25				1	
可溶性デンプン(g/L)	0.5				1	
セロビオース(g/L)	0.25				1	
麦芽糖(g/L)					1	
アラビノース(g/L)	0.25				1	
ショ糖(g/L)					1	
グリセロール(g/L)		0.3				
ゼラチン(g/L)					3	
塩類液(ml/L)	500	50	75	40	500	
ヘミン・ビタミン溶液(ml/L)	5	1	1	5	5	
硫安(g/L)					0.5	5
リン酸水素ナトリウム(g/L)						
ウマ無菌血液(ml/L)						50

その他、0.05%レサズリン溶液、0.5〜2ml; 10%消泡剤、2ml; 5%システイン塩類溶液、10ml; 25%アスコルビン酸溶液、2ml; 4%炭酸水素ソーダおよび寒天18〜20g/Lを含む。気相は炭酸ガスのみとした。

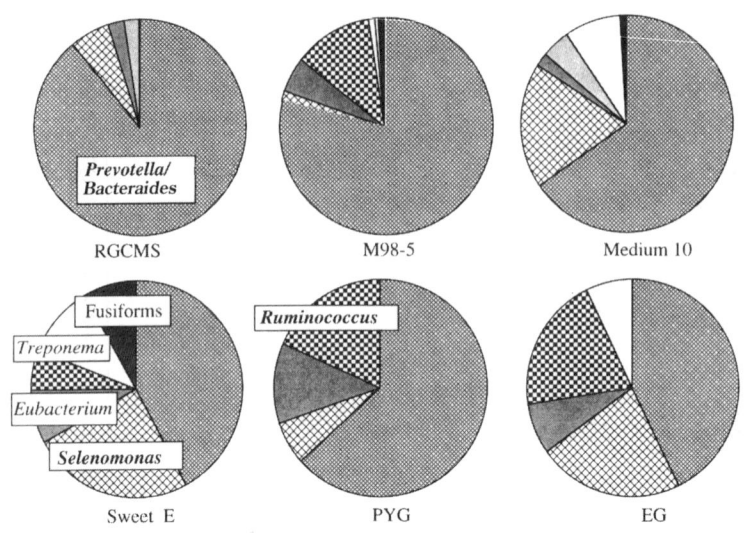

図2 各培地による分離ルーメン細菌の構成比率

 これまでルーメン偏性嫌気性細菌の分離法としてRT法が広く用いられているが，さまざまな嫌気性培養法との比較がなされていない。そこで，嫌気性RT法に加えて，プレートインボトル法（PIB）及び嫌気性チャンバー法（AC）を併用してルーメン偏性嫌気性細菌の分離に最も適した方法を比較検討を行ったところ（図1），ACに比べRTおよびPIBが優れた培養法であり，培地表面に集落を形成できる点からPIBは，ルーメンの有用菌の分離を推進していく上で優れているようである。
 ルーメン液を加えた培地：Rumen fluid-Glucose-Cellobiose加寒天培地でこれまでの化学成分を中心にして作成されてきた培地を，牛のルーメンより得られた新鮮なルーメン液を30%濃度になるようにして培地を作成する（表1）。ルーメン偏性嫌気性細菌の検出のために様々な培地成分が検討され，今日に至っている。こうした培地はその後の嫌気性菌を扱い方のも影響を与え，嫌気性菌の分離用培地に関する研究が進展したのである。
 実際にルーメン内容物より偏性嫌気性菌の分離を行うために，培地成分としてRumen fluid-Glucose-Cellobiose-Maltose-Starch agar（RGCMS），M98-5，Medium 10（M10），Sweat E，PYGおよびEGの有効性を比較したところ（図2），M98-5，M10及びRGCMSの各培地よりルーメンの嫌気性菌が高率に分離された。さらに，培地成分により分離される嫌気性菌にも特徴が見られ，RGCMSおよびM98-5から*Prevotella/Bacteroides*が全分離株数の80%以上を占めていたが，

第3章　難培養微生物をいかに系統保存化するのか

M10およびPYGからは60%, Sweat EおよびEGからは40%であった。また, 常在菌のひとつであるSelenomonasはM10, Sweat EおよびEGで高い比率で検出され, RuminococcusはM98-5, PYGおよびEGで高い比率で検出された。以上の成績よりルーメン細菌の分離培養用の培地としてM10, M98-5およびSweat Eを併用することが望ましいとされている。

以上のように, 歴史的にみて, 培養困難とされていたルーメン細菌の分離・培養は考案された新しい嫌気性培養技術の開発ならびに培地の考案により, 飛躍的に進展したのみならず, その後の様々な材料, とくに腸内および口腔内難培養嫌気性菌の解析に大きな影響を及ぼしたのである。

4　ヒト口腔内難培養トリポネーマの単離・培養法の確立

ヒト口腔内トリポネーマ（*Treponema*）は歯周病患者の直接塗抹標本中で口腔内細菌の30%を占めていることが知られているが, 永年, 難培養口腔内細菌のひとつとされてきた。なぜならば, これらは酸素にきわめて敏感であり, 特異的な栄養成分が必要であり, 培養期間がきわめて長いことなどによるためである。

トリポネーマの分離・培養に用いる培地成分にはウサギ血清, 短鎖脂肪酸を必須とされている（表2）。さらに培養にはRT法や嫌気チャンバー法など用いなければならない。さらに抗生物質を含まない培地が本菌属の生育には必要であるが, そのような条件では他の菌種も出現することになり, 単離することは困難とされてきた。しかしながら, トリポネーマの寒天上での集落性状は他の菌種に比べて特異な性状を有しているため, 区別が容易であるとされている。

培養法としてPIB法と嫌気性チャンバー法を用いて, 表2に示す各培地でトリポネーマの検出を行ったところ, PIB法によるリファンピシリン添加M10培地で高率に検出されたが, 継代培養可能な菌株を効率よく検出された培地はプレートインボトル法によるM10, ルーメン液添加M10, 血清添加M10, また, 嫌気性チャンバー法によるNOSおよびaOTIの各培地が優れていることが明らかにされている。

以上のような培地・培養法の応用により, これまで分離・培養困難とされてきたトリポネーマが容易に検出することが可能となり, 今日, 歯周病の起因菌としてクローズアップされるようになっている。

5　好熱性古細菌の分離・培養

火山周辺に湧出する多くの温泉は温度が高くまた酸性度が高いため, 生物が生存して行くには過酷な環境にある。しかし, こうした温泉には多様な好熱性古細菌が生息していることが示され

表 2 口腔内トリポネーマ分離用培地の検討

培地名	M10	リファンピシン添加M10 プレートインボトル法(100%炭酸ガス)	ルーメン添加M10	血清添加M10	M10-AC 嫌気性チャンバー法	口腔スピロヘータ培地	リファンピシン添加培地	トリポネーマ培地	血液寒天培地
培養法および気相(ガス)									
窒素源(g/L) [a]	2.5	2.5	2.27	2.27	2.5	23.9	23.9	14.2	18.9
炭素源(g/L) [b]	1.5	1.5	1.36	1.36	1.5	1.91	1.91	3.77	
不活化家兎血清(ml/L)				90.9		19.1	19.1	50	
無菌馬血液(ml/L)			90.9						47.2
ルーメン液(ml/L)									
短鎖脂肪酸(ml/L) [c]	3.1	3.1	2.79	2.79	3.1	0.4	0.4	3.1	
ヘミン(mg/L)	4	4	3.6	3.6	4				4.72
ビタミンK(mg/L)									0.94
コカルボキシレイト(mg/L)				5.45		5.74	5.74	7.08	
リファンピシン(mg/L) [c]		2					2		
ミネラル類(g/L)	5.57	5.57	5.07	5.07	1.97	1.91	1.91	6.83	4.72

a) 窒素源はトリプチケース・ペプトン, ポリペプトン, 可溶性デンプン, ブレイン/ハート浸出液, ハート浸出液, イーストイクストラクトおよびバクトペプトンを含む。
b) 炭素源はグルコース, セロビオース, 可溶性デンプン, ショ糖, 麦芽糖, リポース, ピルビン酸ナトリウムおよびペクチンを含む。
c) 短鎖脂肪酸には酢酸, 酪酸, プロピオニン酸, イソ酪酸およびDL-2-メチル酪酸を含む。
[c] ミネラル類: NaCl, NaH$_2$PO$_4$, Na$_2$HPO$_4$, K$_2$HPO$_4$, MgSO$_4$, CaCl$_2$ およびNa$_2$CO$_3$

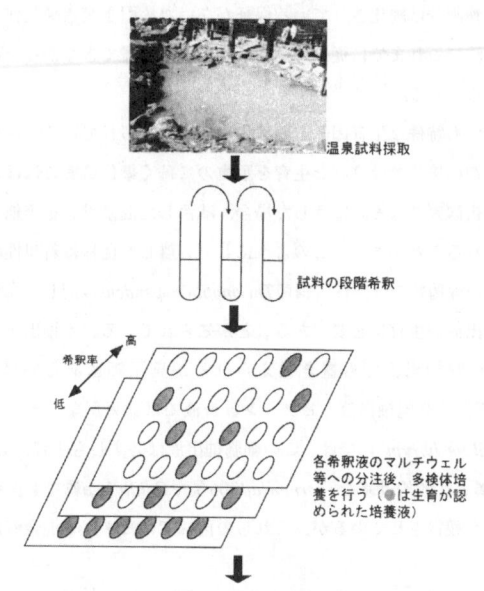

第3章　難培養微生物をいかに系統保存化するのか

図3　MPN法を応用した好熱性微生物分離法の概要

ている．生育温度が高く，嫌気性菌の多い好熱性古細菌は平板培養による分離が困難であるため，集積培養を行った後に限界希釈法などによって純化した菌株を得るのが一般的である．しかしこの方法では生育量の最も多いか最も早い生育を示す菌株しか分離できない．裏返してみれば培養は可能であるものの，継代培養等によってmajorityである菌株によって排除されてしまい，結果として分離培養できない"難分離性"の好熱性菌が多々あることが推察されよう．こうした"難分離性"の菌株を分離するにはいくつかの工夫が必要となる．その一つは光ピンセットの利用である．光ピンセットは光の放射圧を利用したもので，ターゲットとなる細胞をその他の細胞群集から引き離すことが可能である．これを別のキャピラリー等に移動させ，その中で培養を行えば，ワンステップで純化した菌株を得ることができる．実際に数種の好熱性古細菌が本方法によって分離されているが，本装置は高価であり，またその操作には熟練を要するものと思われる．一方，温泉試料（または集積培養液）を段階的に希釈し，それらを96穴マイクロプレートなどに分配し培養することによってポピュレーションの少ない菌株でも確率的に分離培養できる可能性がある（図3）．この方法は生菌数の計測に用いられる最確値法（most probable number法）を応用し

たものである．各培養画分は純化されている保証がないため引き続き純化作業を行う必要があるが，比較的単純な方法でこれまでに従来の集積培養法では分離できなかった新規好熱性古細菌を分離することに成功している．

　好熱性古細菌の中にも特殊な生育因子を要求するものが知られている．温泉試料から最初の集積培養において，最初の培養では良好な生育を示すのに続く継代培養ではほとんど生育が見られないと言う現象が時折観察される．こうした場合，滅菌した温泉試料を培地に添加することによってある程度改善されることがある．このようにして分離した菌株は新規性の高い好熱性古細菌であった．また細長い桿菌状の好熱性古細菌 *Thermofilum pendens* は同じ生息地に共存する他の好熱性古細菌の細胞抽出液が生育に必要であることが知られている．本抽出液はメタン生成古細菌など他の古細菌の細胞抽出液でも置き換えられるが真正細菌あるいは細胞壁を有さない *Thermoplasma* 属古細菌の細胞抽出液，ビタミン混合液では効果がないという．また本属の他の未同定株（'*Thermofilum librum*'）では，この細胞抽出液は必ずしも生育に必須ではないという．一方，*Thermofilum* 属と比較的近縁な *Thermocladium* 属や *Caldivirga* 属でも古細菌細胞抽出液によって著しい生育促進が観察されているが，これらの菌株ではビタミン混合液によって置き換えることが可能である．

6　難培養性微生物の系統保存

　分離培養された難培養性微生物の保存は，基本的に他の微生物と同様と考えて良いであろう．しかしながら死滅しやすい菌株も多いと予想されることから，継代培養も含めてできるだけ複数の保存法を実施するべきである．また混合系培養物の保存においては構成する微生物種で保存法の適否が異なることがあることも念頭に置くべきである．

　一方，まだ分離・培養法が知られていない微生物ではその遺伝子断片（16S rRNA遺伝子，18S rRNA遺伝子，その他の機能性遺伝子）を保存することも重要である．すでに環境中から回収したDNA断片（PCR増幅したものを含む）をプラスミド（ベクター）中に組み込み，これを保有する組み換え体を保存することは通常のこととして行われている．組み換え体の保存自身は遺伝子資源の保存という意図が強いため，その系統保存では遺伝子情報の検索法も視野に入れる必要がある．特に今後は機能性遺伝子や機能未知な遺伝子を含んだ組み換え体保存の増加も予想されるが，アノテーションやそのデータベース化を充実させることも必要であろう．組み換え体の分譲については難培養微生物ではないが，経済産業省製品評価機構バイオテクノロジー本部（DOB）のゲノム解析部門が塩基配列決定時に使用した微生物種のゲノムDNAクローンの分譲は系統保存体制の参考となろう．同施設から現在分譲可能な細菌のゲノムDNAクローンは *Pyrococcus*

第3章 難培養微生物をいかに系統保存化するのか

horikoshii OT, *Aeropyrum pernix* K1, *Sulfolobus tokodaii* 7, *Staphylococcus aureus* N315および*S. aureus* MW2の計5菌株である。今後も完全長のDNAクローンが解読されれば，随時，公開・分譲されるものと思われる。一方，米国のDiversa社（http://www.diversa.com/）は環境中の遺伝子資源探索を積極的に行っており，その中にはまだ培養されていない微生物由来の機能性遺伝子クローンが含まれているという。この様な情勢から今後は難培養微生物の遺伝子資源の系統保存も本格的になってくるのかもしれない。

7 難培養性原核生物の命名

　原核生物における種名の命名では純粋培養された基準株（type strain）が恒久的微生物保存機関に寄託され，それを誰もが容易に入手できる必要性がある。したがって純粋培養されていない原核生物株や維持保存の困難な原核生物株を基に正名を提案することはできない。これに対して1994年にMurrayとSchleifer[5]は推定上の分類群として明確ではないという意味の"*Candidatus*"というカテゴリーを提案した。これは純粋培養することができない原核生物に対して暫定的な命名上の立場を与えるものである。菌種の表現法は"*Candidatus*属名・種名"となっており，記載事項として16S rDNA塩基配列などの塩基配列以外に細胞形態，代謝などの性状と当該微生物が検出されうる生息環境が記載された記事（論文）の掲載が義務づけられている。その後Candidatusの定義を"培養困難あるいは継代培養が困難"とすることが提案された[6]。したがって，同属の他菌種が培養可能であっても，継代培養ができないために，"*Candidatus*"属にまとめることも提案されている。現在，International Journal of Systematic Evolutional Microbiology（IJSEM）に掲載されている"*Candidatus*"属種には約50菌種が提案され，他誌に掲載されている菌種は38菌種が提案されている（表3）。こうした"*Candidatus*"属種にははいずれ培養可能となるものがでてくる可能性があるが，その時点で命名規則に則って学名が提案されればその学名が優先権を得ることになる。

233

難培養微生物研究の最新技術

表3 登録されている難培養性原核生物 (2004年7月現在)

"菌種名"	16S rDNA塩基配列	文献
"Candidatus Arsenophonus triatominarum" Hypsa and Dale 1997	GenBank U91786	Int. J. Syst. Bacteriol., 1997, 47, 1140-1144
"Candidatus Arthromitus" Snel et al. 1995	EMBL X80834	Int. J. Syst. Bacteriol., 1995, 45, 780-782
"Candidatus Blochmannia floridanus" Sauer et al. 2000	GenBank X92549	Int. J. Syst. Evol. Microbiol., 2000, 50, 1877-1886
"Candidatus Blochmannia herculeanus" Sauer et al. 2000	GenBank X92550	Int. J. Syst. Evol. Microbiol., 2000, 50, 1877-1886
"Candidatus Blochmannia rufipes" Sauer et al. 2000	GenBank X92552	Int. J. Syst. Evol. Microbiol., 2000, 50, 1877-1886
"Candidatus Burkholderia kirkii" Van Oevelen et al. 2002	GenBank AF475063	Int. J. Syst. Evol. Microbiol., 2002, 52, 2023-2027
"Candidatus Blochmannia floridanus" Sauer et al. 2000	GenBank AY331187 and AY332003	Int. J. Syst. Evol. Microbiol., 2004, 54, 961-967
"Candidatus comitans" Jacobi et al. 1996	EMBL X91814	Int. J. Syst. Bacteriol., 1996, 46, 119-122
"Candidatus Glomeribacter gigasporarum" Bianciotto et al. 2003	Genbank X89727, AJ251634, AJ251635, AJ251636 and AJ251633	Int. J. Syst. Evol. Microbiol., 2003, 53, 121-124
"Candidatus Helicobacter bovis" De Groote et al. 1999	GenBank AF127027	Int. J. Syst. Bacteriol., 1999, 49, 1707-1715
"Candidatus Helicobacter suis" De Groote et al. 1999	GenBank AF127028	Int. J. Syst. Bacteriol., 1999, 49, 1769-1777
"Candidatus intracellularis" Murray and Stackebrandt 1995	GenBank L15739	Int. J. Syst. Bacteriol., 1995, 45, 186-187
"Candidatus Liberobacter africanum" Jagoueix et al. 1994	GenBank L22533	Int. J. Syst. Bacteriol., 1994, 44, 379-386
"Candidatus Liberibacter africanus subsp. capensis" Garnier et al. 2000	GenBank AF137368	Int. J. Syst. Evol. Microbiol. 2000, 50, 2119-2125
"Candidatus Liberobacter asiaticum" Jagoueix et al. 1994	GenBank L22532	Int. J. Syst. Bacteriol., 1995, 45, 186-187
"Candidatus magnetobacterium" Murray and Stackebrandt 1995	EMBL X71838	Int. J. Syst. Bacteriol., 1995, 45, 186-187
"Candidatus Microthrix parvicella" Blackall et al. 1996	EMBL X82546	Int. J. Syst. Bacteriol., 1996, 46, 344-346
"Candidatus Mycoplasma haemodidelphidis" Messick et al. 2002	GenBank AF178676	Int. J. Syst. Evol. Microbiol., 2002, 52, 693-698
"Candidatus Mycoplasma haemofelis" Neimark et al. 2001	GenBank U88563, U95297, AF178677	Int. J. Syst. Evol. Microbiol., 2001, 51, 891-899
"Candidatus Mycoplasma haemolamae" Messick et al. 2002	GenBank AF306346	Int. J. Syst. Evol. Microbiol., 2002, 52, 693-698
"Candidatus Mycoplasma haemominutum" Foley and Podersen 2001	GenBank U88564	Int. J. Syst. Evol. Microbiol., 2001, 51, 815-817
"Candidatus Mycoplasma haemomuris" Neimark et al. 2001	GenBank U82963	Int. J. Syst. Evol. Microbiol., 2001, 51, 891-899
"Candidatus Mycoplasma haemosuis" Neimark et al. 2001	GenBank U88565 and AF029394	Int. J. Syst. Evol. Microbiol., 2001, 51, 891-899
"Candidatus Mycoplasma ravipulmonis" Neimark et al. 1998	GenBank AF001173	Int. J. Syst. Bacteriol., 1998, 48, 389-394
"Candidatus Mycoplasma wenyonii" Neimark et al. 2001	GenBank AF016546	Int. J. Syst. Evol. Microbiol., 2001, 51, 891-899
"Candidatus Nostocoida limicola" Blackall et al. 2000	Ver1 EMBL Y14595, Ver2 EMBL Y14596, Ben67 EMBL Y14597, Ben17 EMBL X85211, Ben18 EMBL X85212	Int. J. Syst. Evol. Microbiol., 2000, 50, 703-709
"Candidatus Odysella thessalonicensis" Birtles et al. 2000	AF069496 (strain L13)	Int. J. Syst. Evol. Microbiol., 2000, 50, 63-72
"Candidatus Pasteuria usgae" Giblin-Davis et al. 2003	GenBank AF254387 (strain S-1)	Int. J. Syst. Evol. Microbiol., 2003, 53, 197-200
"Candidatus Phlomobacter fragariae" Zreik et al. 1998	GenBank U91515	Int. J. Syst. Bacteriol., 1998, 48, 257-261
"Candidatus Phytoplasma aurantifolia" Zreik et al. 1995	GenBank U15442	Int. J. Syst. Bacteriol., 1995, 45, 449-453
"Candidatus Phytoplasma australasia" White et al. 1998	EMBL Y10097	Int. J. Syst. Bacteriol., 1998, 48, 941-951
"Candidatus Phytoplasma australiense" Davis et al. 1997	GenBank L76865	Int. J. Syst. Bacteriol., 1997, 47, 262-269
"Candidatus Phytoplasma brasiliense" Montano et al. 2001	GenBank AF147708	Int. J. Syst. Evol. Microbiol., 2001, 51, 1109-1118
"Candidatus Phytoplasma castaneae" Jung et al. 2002	GenBank AB054986	Int. J. Syst. Evol. Microbiol., 2002, 52, 1543-1549
"Candidatus Phytoplasma fraxini" Griffiths et al. 1999	GenBank AF092209	Int. J. Syst. Bacteriol., 1999, 49, 1605-1614
"Candidatus Phytoplasma japonicum" Sawayanagi et al. 1999	GenBank AB010425	Int. J. Syst. Evol. Microbiol., 1999, 49, 1275-1285
"Candidatus Phytoplasma oryzae" Jung et al. 2003	GenBank D12581 and AB052873	Int. J. Syst. Evol. Microbiol., 2003, 53, 1925-1929
"Candidatus Phytoplasma phoenicium" Verdin et al. 2003	AF515636	Int. J. Syst. Evol. Microbiol., 2003, 53, 833-838
"Candidatus Phytoplasma ulmi" Lee et al. 2004	GenBank AY197655	Int. J. Syst. Evol. Microbiol., 2004, 54, 337-347
"Candidatus Phytoplasma ziziphi" Jung et al. 2003	GenBank AB052875-AB052879	Int. J. Syst. Evol. Microbiol., 2003, 53, 1037-1041
"Candidatus Procabacter acanthamoebae" Horn et al. 2002	EMBL/GenBank/DDBJ AF177427, EMBL/GenBank/DDBJ AF352393	Int. J. Syst. Evol. Microbiol., 2002, 52, 599-605
"Candidatus Rhabdochlamydia porcellionis" Kostanjsek et al. 2004	GenBank AY223862	Int. J. Syst. Evol. Microbiol., 2004, 54, 543-549
"Candidatus Xenohaliotis californiensis" Friedman et al. 2000	GenBank AF133090	Int. J. Syst. Evol. Microbiol., 2000, 50, 847-855
"Candidatus Xiphinematobacter americani" Vandekerckhove et al. 2000	GenBank AF217460	Int. J. Syst. Evol. Microbiol. 2000, 50, 2197-2205
"Candidatus Xiphinematobacter brevicolli" Vandekerckhove et al. 2000	GenBank AF217462	Int. J. Syst. Evol. Microbiol. 2000, 50, 2197-2205
"Candidatus Xiphinematobacter rivesi" Vandekerckhove et al. 2000	GenBank AF217461	Int. J. Syst. Evol. Microbiol. 2000, 50, 2197-2205

第3章 難培養微生物をいかに系統保存化するのか

表3 登録されている難培養性原核生物（2004年7月現在）つづき

IJSB/IJSEM 以外の雑誌で提案された"菌種名"	16S rDNA塩基配列	文献
"Candidatus Accumulibacter" Hesselmann et al 1999		Syst. Appl. Microbiol., 1999, 22, 454-465
"Candidatus Accumulibacter" Kortstee et al. 2000		Biochemistry (Mosc), 2000, 65, 332-340
"Candidatus Accumulibacter phosphatis" Hesselmann et al. 1999		Syst. Appl. Microbiol., 1999, 22, 454-465
"Candidatus Accumulibacter phosphatis" Kortstee et al. 2000		Biochemistry (Mosc), 2000, 65, 332-340
"Candidatus Actinobaculum timonae" Drancourt et al. 2004	GenBank AY008311	J. Clin. Microbiol., 2004, 42, 2197-2202
"Candidatus Amoebinatus massiliae" Greub et al. 2004		Emerg. Infect. Dis., 2004, 10, 470-477
"Candidatus Amoebophilus asiaticus" Horn et al. 2001		Environ. Microbiol., 2001, 3, 440-449
"Candidatus Arcobacter sulfidicus" Wirsen et al. 2002	GenBank AY035822	Appl. Environ. Microbiol., 2002, 68, 316-325
"Candidatus Bacteroides massiliae" Drancourt et al. 2004	GenBank AY126616	J. Clin. Microbiol., 2004, 42, 2197-2202
"Candidatus Baumannia cicadellinicola" Moran et al. 2002		Environ. Microbiol., 2003, 5, 116-126
"Candidatus Brocadia anammoxidans" Jetten et al. 2001		Curr. Opin. Biotechnol., 2001, 12, 283-288
"Candidatus Caedibacter acanthamoebae" Horn et al. 1999		Environ. Microbiol., 1999, 1, 357-367
"Candidatus Captivus acidiprotistae" Baker et al. 2003		Appl. Environ. Microbiol., 2003, 69, 5512-5518
"Candidatus Carsonella ruddii" Thao et al. 2000	GenBank AF211143	Appl. Environ. Microbiol., 2000, 66, 2898-2905
"Candidatus Chlorothrix halophila" Klappenbach and Pierson 2004		Arch. Microbiol., 2004, 181, 17-25
"Candidatus Chryseobacterium massiliae" Greub et al. 2004		Emerg. Infect. Dis., 2004, 10, 470-477
"Candidatus Chryseobacterium timonae" Drancourt et al. 2004	GenBank AY244770	J. Clin. Microbiol., 2004, 42, 2197-2202
"Candidatus Competibacter phosphatis" Crocetti et al. 2002		Microbiology, 2002 148, 3353-3364
"Candidatus Ehrlichia walkerii" Brouqui et al. 2002		Ann. N. Y. Acad. Sci., 2003, 990, 134-140
"Candidatus Endobugula sertula" Haygood and Davidson 1997	GenBank AF006607	Appl. Environ. Microbiol., 1998, 64, 1587
"Candidatus Hemoatobacterium ranarum" Zhang and Rikihisa 2004		Environ. Microbiol., 2004, 6, 568-573
"Candidatus Hepatincola porcellionum" Wang et al. 2004		Arch. Microbiol.
"Candidatus Kuenenia stuttgartiensis" Schmid et al. 2000		Syst. Appl. Microbiol., 2000, 23, 93-106
"Candidatus Magnospira bakii" Snaidr et al. 1999		Environ. Microbiol., 1999, 1, 357-367
"Candidatus Paracaedibacter acanthamoebae" Horn et al. 1999		Environ. Microbiol., 1999, 1, 357-367
"Candidatus Paracaedibacter symbiosus" Horn et al. 1999		Environ. Microbiol., 1999, 1, 357-367
"Candidatus Pelagibacter ubique" Rappe et al. 2002		Nature, 2002, 418, 630-633
"Candidatus Peptostreptococcus massiliae" Drancourt et al. 2004	GenBank AY244772	J. Clin. Microbiol., 2004, 42, 2197-2202
"Candidatus Portiera aleyrodidarum" Thao and Baumann 2004		Appl. Environ. Microbiol., 2004, 70, 3401-3406
"Candidatus Prevotella massiliensis" Drancourt et al. 2004	GenBank AF487886	J. Clin. Microbiol., 2004, 42, 2197-2202
"Candidatus Rhizobium massiliae" Greub et al. 2004		Emerg. Infect. Dis., 2004, 10, 470-477
"Candidatus Rickettsia tarasevichiae" Shpynov et al. 2003		Ann. N. Y. Acad. Sci., 2003, 990, 162-172
"Candidatus Roseomonas massiliae" Greub et al. 2004		Emerg. Infect. Dis., 2004, 10, 470-477
"Candidatus Salinibacter" Anton et al. 2000		Appl. Environ. Microbiol., 2000, 66, 3052-3057
"Candidatus Scalindua brodae" Schmid et al. 2003	EMBL AJ133744	Syst. Appl. Microbiol., 2003, 26, 529-538
"Candidatus Scalindua wagneri" Schmid et al. 2003	EMBL AJ242998	Syst. Appl. Microbiol., 2003, 26, 529-538
"Candidatus Tremblaya princeps" Thao et al. 2002	GenBank AF47082	Appl. Environ. Microbiol., 2002, 68, 3190-3197
"Candidatus Veillonella atypica" Drancourt et al. 2004	GenBank AY244769	J. Clin. Microbiol., 2004, 42, 2197-2202

8 おわりに

Schleifer(2004)によれば現在の地球上には生息する原核生物(細菌及び古細菌)は百万種以上,菌類でも百五十万種に達すると推定されている。その一方で我々が実際に認知している種の数はそれぞれ五千と七万二千種に過ぎず,自然界にはいかに未知の微生物に満ちあふれているのかが理解できよう。こうした微生物の大半は難培養性微生物と考えてよく,難培養微生物へのアプローチ無くしてこうした地球上における微生物の多様性への理解を深めることはかなわないであろう。一方,微生物学の研究には微生物の生理生化学的性状や細胞構成成分の解析,生態学的役割,遺伝子の発現・機能を十分に理解するため,微生物そのものの分離培養が必要である。これからの微生物系統保存施設にはこうした未知微生物の探索研究を支援していくことが強く求められている。

文 献

1) R. E. Hungate, *Bacteriol. Rev.*, **14**: 1-49 (1950)
2) Mitsuoka *et al.*, *Jpn. J. Microbiol.*, **13**: 383-385 (1969)
3) B. S. Drasar, *J. Pethol. Bacteriol.*, **94**: 417-427 (1967)
4) A. Aranki *et al.*, *Appl. Microbiol.*, **17**: 568-576 (1969)
5) R.G.E. Murray and K.H. Schkeifer, *Int. J. Syst. Bacteriol.*, **44**: 174-176 (1994)
6) E. Stackebrandt *et al.*, *Int. J. Syst. Evol. Microbiol.*, **52**, 1043-1047 (2002)

第4章　難培養性微生物からの生物活性天然物質の探索

作田庄平[*]

1　はじめに

　微生物は多種多様な二次代謝産物を生産する。それら二次代謝産物は医薬，農薬等の有用物質の宝庫でありリード化合物の探索源として極めて重要である。微生物の生産する有機化合物の構造と生物活性の多様性は人類の創造力を遙かに越えている。これまで新たな生物活性を持つ新しい活性物質が微生物の代謝産物から次々と発見されてきた。しかし近年，土壌等より分離した菌を培養し生産される物質を対象に活性物質の探索を行う従来の方法では基礎科学や産業への応用に大きなインパクトを与える化合物が得られる例が大幅に減少している。ひとつには医薬品等のリード化合物を得る手法としてコンビナトリアルケミストリー等による合成化合物のライブラリーが主に用いられるようになり，分離・同定に時間を要する微生物の代謝産物を利用する割合が減ったことが理由にある。しかしもっと根源的な問題として，微生物より見出される活性天然物が飽和に近づいて来ているとの危惧がある。

　現在我々は，微生物が生産し得る天然物質の何割程度を同定し終えたのであろうか。現状では推定は難しいが，その目安として近年のゲノム解読結果がある。即ち，二次代謝産物生産菌として重要な放線菌[1,2]，糸状菌[3]が一菌株あたり数十の二次代謝産物生合成遺伝子クラスターを有することが明らかになり，それら微生物は想像以上の二次代謝産物生産能を持つことが示された。さらに難培養性微生物の無限性を考えると，二次代謝産物生合成の遺伝子資源はほとんど手付かずと言ってもよく，それら遺伝子により生み出されることが可能な化合物のポテンシャルは膨大であると推定できる。つまり，従来の手法のままでは資源の枯渇は避けられないが，未知の生合成遺伝子を利用し新たな生物活性物質生産につながる画期的な手法を開拓できれば人類は今後も微生物の代謝産物という宝の山の恩恵に預かることが可能となる。

　放線菌等の生産する二次代謝産物の生合成遺伝子に関する研究は近年急速に進み，主要抗生物質を中心に有用誘導体の生産，異種宿主による生産等の生合成工学の領域へと大きく進展している[4]。微生物二次代謝産物の生合成遺伝子は通常クラスターとして存在し，その一部が得られれば全体像を捉えることができるという特徴を持つ。生合成遺伝子のクラスター状での存在は生合

---

　[*]　Shohei Sakuda　東京大学　大学院農学生命科学研究科　助教授

成工学を考える上では非常に大きな利点となる。しかし、クラスター内の遺伝子発現は経路特異的転写活性化因子等により厳密に制御されている場合が多く、生合成遺伝子クラスターを得ることとそこにコードされる活性物質を得ることはイコールではない。また二次代謝物生合成を司る酵素の基質特異性は予想以上に高く、酵素遺伝子を変化させての化学構造の大幅な改変は難しいとされる。こうした中、土壌等のeDNAに含まれる二次代謝産物生合成遺伝子クラスターを利用して新規活性物質の生産を試みる報告が最近いくつかなされてきた。現状では新規活性物質を得るための手法としての確立には至っていないが将来の新世代技術としての期待はますます高まっている。本章では、eDNAを用い新規活性物質を得る研究の現状を以下に紹介する。

2　eDNAを用いた放線菌のタイプⅡ型ポリケチド生合成遺伝子の多様性解析

筆者らはeDNAの持つ二次代謝産物生合成遺伝子の多様性の実際を、放線菌のタイプⅡ型ポリケチド生合成遺伝子を例に調べてみた[5]。放線菌はタイプⅡ型ポリケチド化合物を種々生産し、その生合成遺伝子に関する情報は微生物二次代謝産物の中で最も多く蓄積されている[6]。タイプⅡ型ポリケチド生合成遺伝子には縮合反応酵素（KS; ketoacyl synthase）、鎖長決定因子（CLF; chain length factor）およびアシルキャリアータンパク質（ACP; acyl carrier protein）をコードする minimal PKS 部分が存在し、それらわずか3個のタンパク質の働きにより特定の鎖長のポリケチド鎖が生合成される。生じたポリケチド鎖ではアルドール縮合等の反応が自然に起こり、一本のポリケチド鎖から構造の異なる数種の化合物へと変換される。CLFはポリケチド鎖の鎖長と折りたたみ方を決めていることより、新規CLFの取得は新しい化合物の生産につながると考えられる。筆者らはeDNAを用いKS遺伝子の多様性を調べさらに新規CLF遺伝子の取得を試みた。

東京大学構内の土壌よりeDNAを抽出しKS中の保存度の高いアミノ酸配列をもとにPCRを行い、得られた約0.5kbのDNA断片を大腸菌に形質転換しKS遺伝子のライブラリーを作製した。また比較のために同じ土壌より得られた放線菌コロニーからも同様にKS遺伝子断片を得た。eDNA、コロニー由来のKS遺伝子をそれぞれ約30個ずつシークエンスしたところ両者の間で一致するものは一つもなかった。さらにアミノ酸配列の系統樹解析を行ったところ、コロニー由来のKS遺伝子は一つのクラスターを形成しているのに対し、eDNA由来のものは広く分散していた。これらの結果はKS遺伝子を持つ細菌の多くは一般的な放線菌用培地では培養できず、それら難培養性細菌の持つKS相同遺伝子は極めて多様であることを示していた。eDNA由来のKS遺伝子は多様化していたがその中に97％以上の相同性を示すクローンが9個存在した（A群と仮称）。そのA群は実験に用いた土壌中での優勢種であると考えられ、定量的PCR法により存在比を計算した結果、全細菌の約1.5％であると推定された。また3ヶ月ごとに3回にわたり同じ場所で採取した土

第4章 難培養性微生物からの生物活性天然物質の探索

壌中でのA群の存在を調べたところ季節による変動は見られなかった。さらに，コロニーとして得られる放線菌がA群に特異的なKS遺伝子を有するかどうかを4種の培地を用いて単離した計250株について調べたが，持つ株は皆無であった。つまり新規なKS遺伝子を持つA群細菌は，土壌中に季節を問わず数多く棲息するがそれらは難培養性であることが強く示唆された。

minimal PKS を構成するKS，CLF，ACPの3遺伝子はこの順序で遺伝子クラスター内にコードされる場合が多い。従って，KSとACPの保存領域をもとにPCRを行えばeDNAよりCLF全長を取得することが可能であると考えられ，実際にeDNAから抗生物質型に属する新規CLF遺伝子を得た[7]。得られたCLFを Streptomyces lividans に形質転換したところ親株とは異なる二次代謝産物の生産パターンが認められた。それがCLFの働きによるものかどうかの証明は難しいがeDNA由来の遺伝子の利用方法の一つであると考えられる。SeowらはeDNAよりCLF遺伝子を取得し放線菌に形質転換したが新規化合物の生産は認められなかったとの報告をしている[8]。

3 eDNA由来の生合成遺伝子を利用した天然物質の生産

eDNA断片を無作為に大腸菌等のホストに形質転換し発現させる操作は危険を伴う。例えば，土壌等に存在する病原菌由来のタンパク質毒素を生産する大腸菌を作製する可能性が十分にある。従って通常の実験設備では機能の判明している遺伝子以外はeDNAからクローニングできず，日本ではeDNA由来の生合成遺伝子クラスターの発現実験はこれまで行われていない。

二次代謝産物の生合成遺伝子クラスターは通常数10～100kb程度のDNAにコードされることが知られる。従って遺伝子クラスター全長を含むDNA断片を得る可能性を高くするには，eDNAから出来るだけ大きなサイズのDNA断片のライブラリーを作製することが必要となる。そのため数10kb程度のコスミドライブラリーを利用する場合に加え，100kb以上のDNA断片も大腸菌等で安定に保持できるBAC（bacterial artificial chromosome）ライブラリーの利用へと進展している[9]。また，遺伝子クラスターを発現させ化合物を生産させるホストには大腸菌 Esherichia coli，放線菌 S. lividans が利用されているが最近 Pseudomonas putida を用いる手法も報告されている[10]。

DaviesのグループはeDNA由来のコスミドライブラリーで S. lividans を形質転換し，得られた1020の組み換え体に関してその代謝産物をLC-MSで分析した[11]。その結果，2株の組み換え体がテラジン（図1）と命名された新規化合物群を生産することを見いだした。テラジン類の生合成に，組み込まれたeDNA由来の遺伝子にコードされる酵素が直接関与するかどうかは不明であり，またテラジン類は抗菌活性等の生物活性を有しなかったが，eDNAライブラリーから新規化合物の生産に結びつけることに成功した。

Clardy，Handelsmanのグループは土壌由来のeDNAコスミドライブラリーを大腸菌にて作製

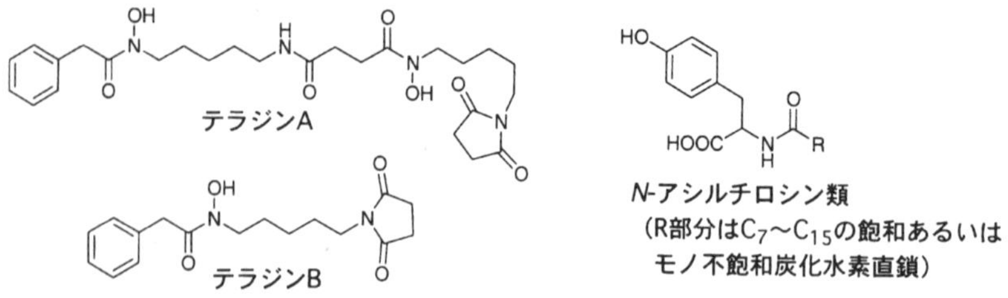

図1 テラジン類および*N*-アシルチロシン類の構造

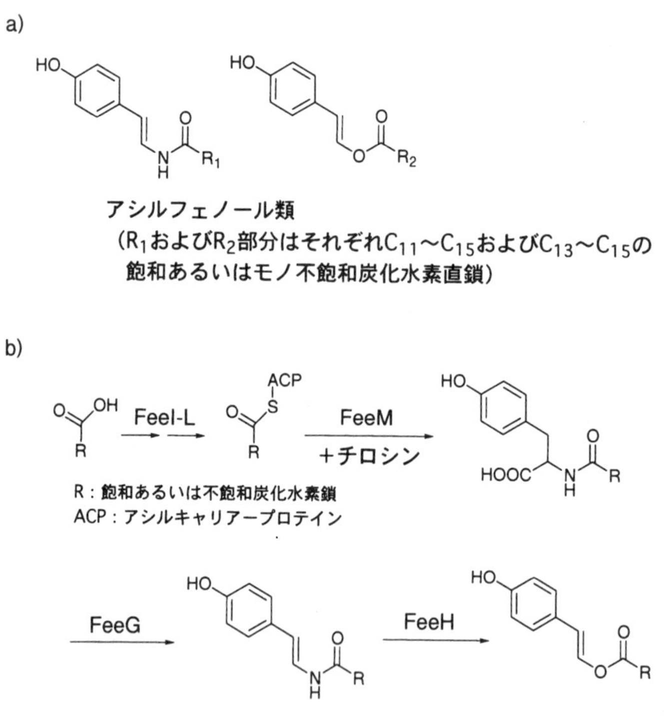

アシルフェノール類
（R_1およびR_2部分はそれぞれC_{11}〜C_{15}およびC_{13}〜C_{15}の飽和あるいはモノ不飽和炭化水素直鎖）

R：飽和あるいは不飽和炭化水素鎖
ACP：アシルキャリアープロテイン

図2 アシルフェノール類の構造（a）と推定生合成経路（b）

第4章　難培養性微生物からの生物活性天然物質の探索

し，枯草菌*Bacillus subtilis*に対する抗菌活性物質生産，あるいは色素生産を指標に組み換え体の解析を行った。その結果，組み換え体のひとつCSL12株が抗菌活性を有する一連の新規 *N*-アシルチロシン類（図1）を生産することを見いだした[12]。CSL12株にはeDNA由来の*N*-アシルトランスフェラーゼ類似の酵素をコードする遺伝子が組み込まれており，その酵素により*N*-アシルチロシン類が生合成されることが示された。ひとつの酵素により生合成される化合物ではあるが，これら*N*-アシルチロシン類は明白にeDNA由来の遺伝子により生産が認められた二次代謝産物の最初の例となった。CSL12株では一遺伝子の関与であったが，抗菌活性物質を生産する他の組み換え大腸菌CSLC-2株では13個のORFを持つ遺伝子クラスター（*feeA*-M）が生合成を司るアシルフェノール類（図2）の生産が認められた[13]。遺伝子クラスター内の各遺伝子のホモロジー解析より図2bに示す経路によりそれら化合物が生合成されると推定された。CSLC-2株の例はeDNA由来の生合成遺伝子クラスターが大腸菌において発現する場合があることを実証しその意義は大きい。色素生産に関しては青色色素を生産する組み換え体CSL51株よりビオラセイン類（図3）を同定した[14]。ビオラセインは既知の化合物であったがeDNA由来の連続した4遺伝子がビオラセインの生合成に関与しておりCSLC-2株の場合と同様に生合成遺伝子クラスターが大腸菌において発現している。HandelsmanのグループはeDNAの大腸菌BACライブラリーも作製し代謝産物の解析を進めている。一組み換え体が抗菌物質ターボマイシンAおよびB（図3，ターボマイシンBは新規化合物）を生産することを見いだし，その生合成にはeDNA由来の一遺伝子が関与

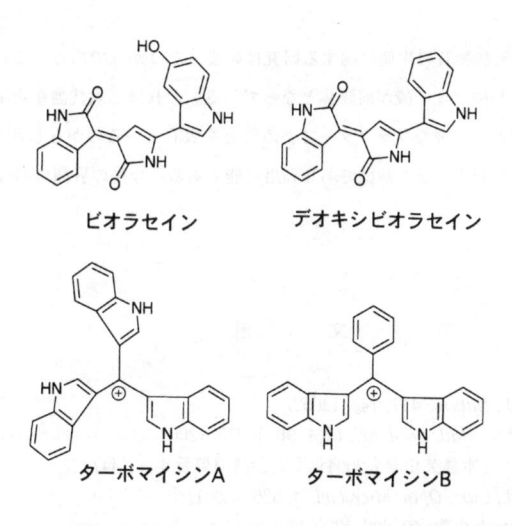

図3　ビオラセイン類およびターボマイシン類の構造

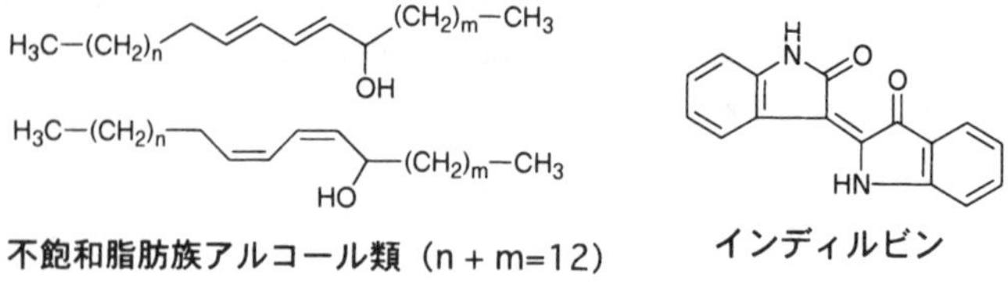

図4　不飽和脂肪族アルコール類およびインディルビンの構造

することを示している[15]。

　Osburneのグループも前述のふたつのグループと類似の手法によりコスミドライブラリーおよびBACライブラリーを作製し組み換え体が生産する化合物の分析を行っている。コスミドライブラリーは大腸菌および放線菌で作製され，組み換え体を数種の培地で培養し，得られた培養液抽出物をHPLCを用いて分析した。その結果，HPLC上の12,000個のピークのうち100個程度が未同定化合物であり，その中から新規化合物である不飽和脂肪族アルコール（図4）が同定された[16]。同グループは大腸菌のBACライブラリーからはインディルビン（図4）を生産する組み換え体を見いだしている[17]。

4　おわりに

　eDNAを用いた有用天然物質の生産に関する研究は始まったばかりである。これまでに得られた化合物は脂肪酸や芳香族アミノ酸が前駆体となっている。これは二次代謝産物生産を考える場合，ホストの一次代謝系も重要なファクターであることを表しているのかもしれない。eDNAに含まれる生合成遺伝子は間違いなく多様であり利用可能である。今後の展開に期待したい。

文　　献

1) S. D. Bentley et al., Nature., **417**, 141 (2002)
2) S. Omura et al., Proc. Natl. Acad. Sci. USA, **98**, 12215 (2001)
3) P. R. Juvvadi et al.,日本農芸化学会2004年度大会講演要旨集，p.447
4) E. Rodriguez et al., Curr. Opin. Microbiol., **4**, 526 (2001)
5) 作田庄平 et al., 化学と生物, **40**, 600 (2002)

第4章 難培養性微生物からの生物活性天然物質の探索

6) R. McDaniel et al., *J. Am. Chem. Soc.*, **117**, 6805 (1995)
7) 河内　隆 et al., 日本農芸化学会2001年度大会講演要旨, p.215
8) K.-T. Seow et al., *J. Bacteriol.*, **179**, 7376 (1997)
9) M. R. Rondon et al., *Appl. Environ. Microbiol.*, **66**, 2541 (2000)
10) A. Martinez et al., *Appl. Environ. Microbiol.*, **70**, 2452 (2004)
11) G. Wang et al., *Org. Lett.*, **2**, 2401 (2000)
12) S. F. Brady et al., *J. Am. Chem. Soc.*, **122**, 12903 (2000)
13) S. F. Brady et al., *J. Am. Chem. Soc.*, **124**, 9968 (2002)
14) S. F. Brady et al., *Org. Lett.*, **3**, 1981 (2001)
15) D. E. Gillespie et al., *Appl. Environ. Microbiol.*, **68**, 4301 (2002)
16) S. Courtois et al., *Appl. Environ. Microbiol.*, **69**, 49 (2003)
17) A. MacNeil et al., *J. Mol. Microbiol. Biotech.*, **3**, 301 (2001)

第5章　海綿由来の生理活性物質と共生微生物

伊藤卓也[*1]，小林資正[*2]

1　はじめに

　海綿やソフトコーラルは石サンゴとともにサンゴ礁域に多く生息している底生海洋生物である。一般に，岩などに固着して生息するこれらの海洋生物は寿命の長いものも多く，棘や固い殻などの物理的防御手段を持たないにもかかわらず，他の捕食者に捕食されることが少ない。これらの海洋生物は，防御物質を産生することで，魚などによる捕食，病原性微生物の侵入などから自身の身を守っていると考えられる。すなわち，陸上とは異なった環境で生育している海洋生物は，陸上生物とは異なった代謝系あるいは生態防御系をその進化の過程で発達させ，化学的な防御機構を身につけていったと考えられ，これら生物が代謝・生産する二次代謝産物の中には，新規な化学構造を有し，非常に強力で特異な生物活性を示す医薬シード化合物の存在が期待されている。近年，アクアラングによる潜水技術の進歩により，水深50mくらいまでに生息している海洋生物が採取可能となり，数多くの新規海洋天然物が見出されてきている。そのため，医薬リード化合物の探索の観点から，海洋生物はますます重要な研究対象となってきている。我々も含めて，世界中の海洋天然物化学者が世界各地の沿岸やサンゴ礁域において，精力的に底生海洋生物から新規活性物質を探索してきた。その中には，抗がん剤として認可されたAra-Cや，現在，臨床開発中の有望な海洋天然物があり，近い将来の上市が期待されている[1,2]。

　海綿は，海綿動物門Poriferaに属し，器官や組織が未発達な下等多細胞生物である。その表面は微細孔のある皮膜で覆われており，海水はこの微細孔から取り込まれ，鞭毛細胞により栄養分を摂取して生育している。また，海綿はスポンジ状構造を有することから，様々な微細生物の格好の"すみか"となっている。実際に海綿の体内には40%ものバクテリアが生息しており，これらのバクテリアは，海綿と共生関係にあるといわれている。海綿は，バクテリアに対して"すみか"を提供し，バクテリアは海綿に対して炭素や窒素固定して栄養分を供給しているとともに，海綿の二次代謝産物の生産に関与していると考えられている。このことは，海綿から見出された活性物質が微生物から見出された化合物と非常に近似した構造を有する場合があることからも支

---

*1　Takuya Itoh　　大阪大学大学院　薬学研究科　天然物化学分野　博士研究員
*2　Motomasa Kobayashi　大阪大学大学院　薬学研究科　天然物化学分野　教授

第5章 海綿由来の生理活性物質と共生微生物

持されている。

　海洋生物由来の天然物の中には，医薬品として応用される可能性のある化合物も少なくない。しかしながら，強力な作用を示す海洋天然物質の生産は非常に微量で，*in vivo* 試験や臨床試験などに十分な量を供給できないのが現状である。また，自然保護の観点から，海綿などの天然資源をむやみに乱獲することもできない。これらの問題を克服するために，これら活性物質の"真の生産者"と言われている共生微生物を利用した物質生産の方法が検討され，共生微生物の分離・培養方法やバイオテクノロジーを使った研究が進められている。

2　海洋生物由来の医薬品資源

　これまで，海綿などの底生海洋生物からは，抗腫瘍活性，抗微生物活性，酵素阻害活性を示す新規化合物が数多く見出されている。特に，抗がん剤の開発が活発に行われており，いくつかの化合物は臨床試験の段階にあり，医薬品の候補物質として非常に有望である。

　Ecteinascidin（ET-743）は，海綿と同じ底生生物ホヤ *Ecteinascidia turbinata* から見出されたアルカロイドである。ET-743は，広範囲スペクトルの抗腫瘍効果を示し，その中でも，肉腫や肺がんなどの固形がんに対して非常に有効である。近似した化学構造を有する微生物代謝産物のサフラマイシンからの半合成により供給され，すでにアメリカやヨーロッパで1,000人以上もの患者がET-743による化学治療を受けているという。さらに，ヨーロッパにおいては第Ⅱ相試験まで開発が進んでおり，近い将来，医薬品として応用されることが期待されている[3]。この化合物は，DNAのアルキル化[4]を起こすことにより，細胞を死滅させるという作用機序を持っている。また，腫瘍に対して既存の抗がん剤が効かなくなる多剤耐性（MDR）という現象がよく知られるようになったが，その原因遺伝子であるMDR1の転写抑制があることも明らかにされている[5]。

　Aplidineは，地中海産ホヤ *Aplidum albicans* から見出されたデプシペプチドで，カリブ海産ホヤ *Tridemmnum solidum* から単離された didemnin B のデオキシ類縁体である。Didemnin B は，タンパク合成阻害活性を有する抗がん剤として第Ⅱ相試験[6]まで進んだが，毒性が強いために開発が中断された。一方，類縁体aplidineは，didemnin B より毒性が弱く，10倍以上強い抗腫瘍活性を有している。また，固形がんや白血病など幅広い抗腫瘍効果が認められており，第Ⅱ相臨床試験が行われている[7]。

　海洋生物から見出された活性物質は，抗がん剤を中心に開発が行われてきたが，近年，抗腫瘍活性以外の薬理活性，生物活性を示す海洋天然物も数多く見出されている。海綿 *Petrosia contignata* から見出されたステロイド化合物contignasterolとxestobergsterolは，マスト細胞からのヒスタミン遊離を抑制する活性が認められた。その後，種々の構造活性相関研究が行われ，そ

245

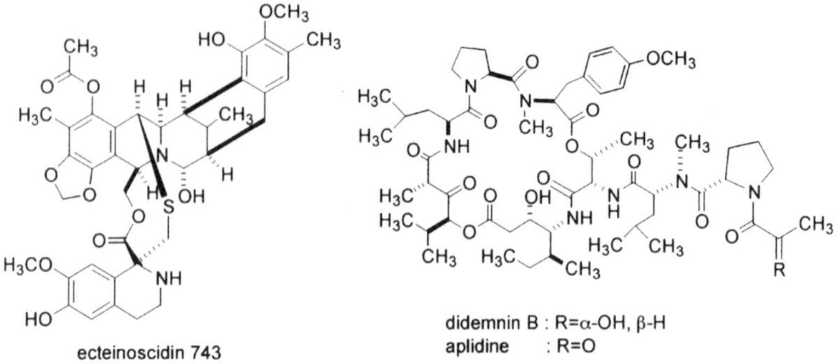

ecteinoscidin 743

didemnin B : R=α-OH, β-H
aplidine　　　: R=O

図1

の誘導体IPL576,092は，抗喘息薬として臨床試験が開始されている[8]。

現在，最も臨床での応用が近いziconotideは，25個の異常アミノ酸などから構成されて，3つのジスルフィド結合をもつ環状ペプチドである。Ziconotideは，イモガイ *Conus magus* から単離され，Ca^{2+}イオンチャンネルの阻害活性が認められた。すでに，アメリカにおいては，鎮痛剤として第III相まで治験が進んでおり，鎮痛作用としてはモルヒネより10倍程度強いことが証明されている[9]。

この他にも，海洋生物からは，表1に示すように様々な薬理活性および生物活性が認められ臨床試験に進んでいる化合物が見出されており，海洋生物は医薬品資源としてますます注目されて

表1　Selected marine natural product currently in clinical trial

Source	Compounds	Disease	Clinical trials	Ref.
Conus magnus (cone snail)	Ziconotide	Pain	III	9
Ecteinascidia turbinate (tunicate)	Ecteinascidin 743	Cancer	II/III	3
Dolabella auricularia (sea hare)	LU103793	Cancer	II	10
Bugula neritina (bryozoan)	Bryostatin 1	Cancer	II	11
Trididemnum solidum (tunicate)	Didemnin B	Cancer	II	6
Aplidium albicans (tunicate)	Aplidine	Cancer	I/II	7
Squalus acanthias (shark)	Squalamine lactate	Cancer	II	12
Agelas mauritianus (sponge)	KRN7000	Cancer	I	13
Petrosia contignata (sponge)	IPL576,092	Inflammation	I	8
Pseudopterogorgia elisabethae (soft coral)	Methopterosin	Inflammation	I	14
Amphiporus lactifloreus (marine worm)	GTS-21	Alzheimer	I	15

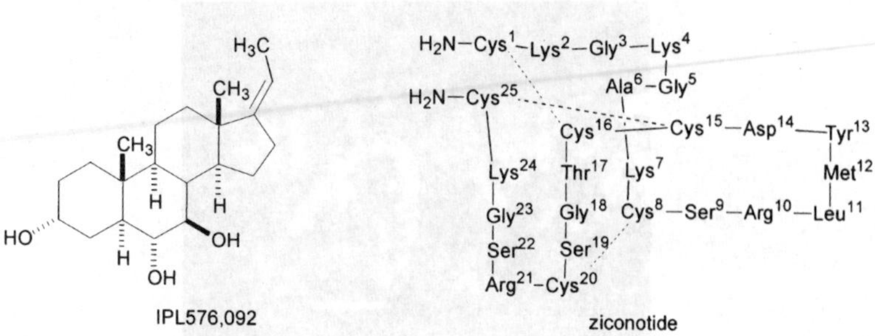

第5章 海綿由来の生理活性物質と共生微生物

図2

いる。

3 生物活性物質を生産する共生微生物の存在

　海洋生物由来の二次代謝産物の中には，前述したように医薬品となりうる有望な化合物があるにもかかわらず，なかなか医薬品としての開発が進まない。その理由の一つとして，物質供給の問題が挙げられる。海洋生物の採取は，自然保護の観点から各国で制限されており，採取量はごくわずかに限られる。また，海洋天然物の多くは化学構造が複雑であり，不斉炭素がたくさん存在するため，しばしば有機合成化学者のターゲットとなるが，化学合成した場合，数十ステップもの工程数を要する。これらのことから，海綿などを養殖して，物質生産を行う試みもされている[16]。近年，海洋生物由来の活性物質の"真の生産者"が，その海洋生物に共生している微生物である場合が多いと知られるようになった。したがって，共生微生物を培養することにより，より多くの二次代謝産物を生産することが可能となるのではと期待が寄せられている。しかし，実際に共生微生物が海洋生物の代謝産物を生産していることを証明した例は少ない。

　海綿 Theonella swinhoei からは，強い細胞毒性を示す大環状2量体マクロリド swinholide A[17]が見出されている。この化合物は，先に陸生のシアノバクテリアの培養物から単離された単量体マクロライド cytophycin C と非常に化学構造が近似していることがわかった。そこで，この海綿の内部を走査顕微鏡で観察したところ，シアノバクテリアなど多くの微生物が生息していることが判明し，その中の微生物が swinholide A の"真の生産者"であることが考えられた[18]。近年，Schmidtら[19]は，海綿 Theonella swinhoei から単離された swinholide A が共生微生物によって生産されていることを，次に述べる方法で証明している。この海綿の粉砕物を，海綿細胞，海綿表面にしか存在しない単細胞性のシアノバクテリア，単細胞性従属栄養のバクテリア，さらに繊維状従属栄養バクテリアの4種類の細胞画分に分離した。それぞれの細胞画分の有機溶媒抽出

難培養微生物研究の最新技術

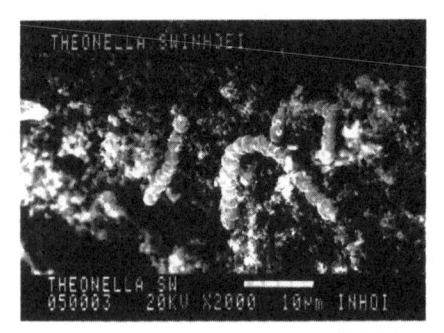

写真1 海綿 *T. swinhoei* 内部の電子顕微鏡写真

swinholide A

theopalauamide

図3

物をHPLC分析したところ，単細胞性従属栄養バクテリアの画分からは swinholide A のピークが検出され，単細胞性従属栄養のバクテリアが swinholide A の"真の生産者"であることを明らかにした。また，この海綿からは，抗真菌活性を示す環状ペプチドtheopalauamide[20]も見出されている。同様の方法で調べたところ，繊維状バクテリアが生産していることが示唆された。さらに，このバクテリアの 16S rDNA の相同性検索を行ったところ，新種のバクテリアであることを明らかにし，このバクテリアは"*Entotheonella palauensis*"と命名された粘性細菌（Myxococcales科）の近縁種であることがわかった。粘性細菌は，非常に分離・培養が難しく，その特性も最近になってようやく知られるようになり，海洋環境にも生息していることが報告されている。過去の陸生の粘性細菌からは，ユニークな構造を有し，新しい生物活性を示す化合物

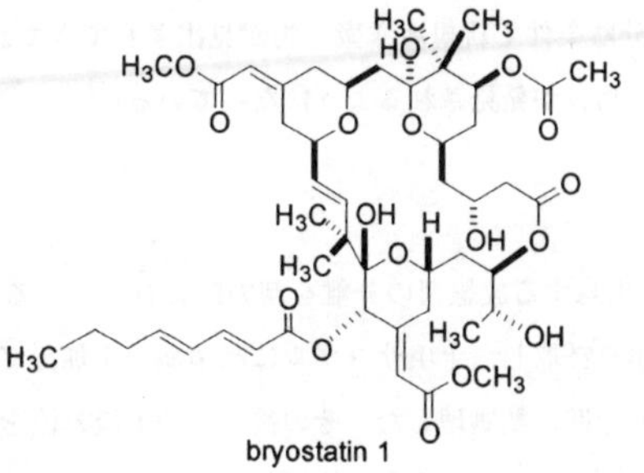

第5章 海綿由来の生理活性物質と共生微生物

bryostatin 1

図4

が発見されており，医薬リード化合物の探索源として注目されるバクテリアのひとつである。

　Bryostatin 1 は，細胞毒性物質としてコケムシ *Bugula neritina* から見出され，プロテインキナーゼCの阻害活性を示す。Bryostatin 1 のTリンパ球の分化誘導作用およびインターロイキン2の生産誘導作用などは，広範囲な抗腫瘍効果とともに注目され，NCI（National Cancer Institute）で第Ⅱ相の臨床開発まで実施された[11]。一方，bryostatin 1 は，天然コケムシからの供給量が非常に少ないこともあり，このコケムシを人工的に養殖して臨床試験に用いる量を供給している。しかしながら，養殖したコケムシからでも，まだまだ生産量が追いつかないのが現状である。Bryostatin 1 の化学構造が微生物由来のマクロライド化合物によく似ていることから，コケムシに共生する微生物がこの化合物を生産していると考えられていた。最近，コケムシに共存するbryostatin 1 生産菌について調べられ，"*Endobugula sertula*" が "真の生産者" であることが突き止められている[21]。また，一部の bryostatin 1 の生合成遺伝子のクローニングにも成功しており，今後，遺伝子組み換え技術による生産が期待されている。

4　海洋微生物からの生物活性物質

　海洋微生物は，海水中という特異な環境で生育しているため，陸生微生物とは違った生合成経路や代謝経路を発達させていると考えられ，新規生物活性物質の探索源として非常に有望視されている。しかしながら，そのほとんどが従来の陸生微生物を分離する方法を利用していたため，99％の海洋微生物は培養が困難と言われている。また，海洋微生物からの活性物質探索が始まったばかりということもあり，まだこれからといった状況である。過去の陸生微生物の探索研究から，特に真菌と放線菌が新規活性物質のヒット率が高く，海洋微生物に関しても，真菌および放

線菌を中心に探索が行われている。このような未開拓な海洋微生物をターゲットとして，海洋環境に適応した分離方法や分離条件で新規海洋微生物が見出されてきており，徐々にではあるが，海洋微生物由来の新規活性物質が発見されるようになっている。

4.1 分離例1

Mincerら[22]は，海洋に生息する放線菌の分離を精力的に行っている。海洋域でも微生物が多く共存している海底の土壌を採取し，土壌サンプルに滅菌海水を加えて，バクテリアや真菌を死滅させる目的で，55℃，6分間，熱処理した。その後，その上澄み液を，海水を用いて調製した寒天培地に塗布して，25～28℃，2～6週間，放置した。また，土壌サンプルを乾燥させ，同様に寒天培地に散布して，放置した。すると，放線菌のコロニーが形成され，数多くの放線菌の分離に成功している。貧栄養の寒天培地で基底菌糸が十分に伸長する放線菌群の存在が明らかとなった。これら放線菌群を分類したところ，稀少種の*Micromonospora*属であることが判明した。寒天培地に添加されたキチンは，カニやエビなど甲殻類の外殻の構成成分であり，海洋域には多く存在する多糖類である。一般に放線菌はキチンを分解するキチナーゼを産生することから，キチン分解物を栄養素として生育が可能であり，キチンは栄養素の少ない海洋において*Micromonospora*属放線菌の栄養源になると推測される。また，寒天と天然海水しか含まない培地で培養した場合，*Micromonospora*属放線菌は海水中に含まれる微量の栄養でも生育できることがわかった。このように，放線菌の種類による特性を生かして稀少放線菌を選択的に分離することが可能である。

4.2 分離例2

海洋域からのバクテリア類を，通常の培地を用いて分離すると，増殖の早いバクテリア，特に*Vibrio*属や*Pseudomonas*属が培地の一面に広がってしまう。これらバクテリアは海洋環境に適応し好塩性を示すため，そのメカニズムについて調べられ，キノン酸化還元酵素（ナトリウムポンプ）が塩環境でも生育できる因子であることが明らかとなった。足立ら[23]は，ナトリウムポンプを阻害することで，増殖の早いバクテリア群の生育を抑制し，α-proteobacteriaや*Pseudomonas*属以外のγ-proteobacteriaを選択的に分離する方法を確立した。ナトリウムポンプの阻害剤であるコロールミシン[24]を培地に添加して，海洋試料からの難培養性バクテリアの分離を行っている。また，海綿などの海洋生物に共存するバクテリア群の分離も試みられている。海綿の組織破砕液を1/10濃度の Marine Broth（Difco）寒天培地に塗沫し，2～5日間，20～30℃で放置すると，コロニーが出現する。これらバクテリアの分類を調べると，新規バクテリアであることが多いことから，選択的にこれまで分離しにくかった海洋生物の共生バクテリアを分離することにも応用が可

第5章 海綿由来の生理活性物質と共生微生物

能であった。

4.3 分離例3

海綿の内部は非常に入り組んだ構造をしており，その体内に無数の微生物も生息している。しかし，海綿に内在する微生物は難分離性であることが多いことから，寒天培地で生育することができないものがほとんどである。また，近年，海綿の微生物群を，16S rDNA などの分子系統解析などで調べたところ，培養が困難な新種のバクテリアが優先種であることが明らかにされている。そこで，MBIのグループは，海綿内部を模擬した三次元マトリックス内培養法を確立し，難培養性の共生微生物の分離を試みている。現在，バクテリア群が固着できるような足場となるナイロン製の担体に，微生物を接着させ，低栄養条件で高密度に増殖させる培養方法の開発に取り組んでいる。

4.4 分離の応用

難培養性微生物の新しい分離の手法として，フローサイトメーターを用いた分離技術が開発されている[25]。この方法は，直径約40μmのアガロースゲルの微粒子（gel microdrop）に，微生物群を封入し，液体培地で gel microdrop を培養する。難培養性の微生物はゲル内では増殖できないが，培養が可能な微生物はゲル内で小さいコロニーを形成して増殖ができる。この gel microdrop をエステラーゼ基質系の蛍光色素で染色すれば，フローサイトメトリーで検出され，難培養性微生物かどうかを識別できる。培養が困難な微生物を含んだゲルを培養できる条件が確立できれば，海洋生物に共生している難培養性の微生物群の分離に応用も可能と考えられている。この技術は，微生物の複合系の調査などにも利用されている。

5 バイオテクノロジー技術を用いた難培養性共生微生物の利用

微生物の分離・培養技術を駆使しても，培養が困難な微生物は99％以上存在すると言われている。特に，海洋に生息する微生物は，生きているが培養できない微生物（viable but not culture, VBNC）の存在が多いとされている。このような未利用である海洋の微生物群を有効に利用するため，バイオテクノロジー技術を用いた遺伝子レベルでの研究の必要性が増してきている。また，地球表面の大半を占める海洋域は生物学的な多様性に富んでいることから，新たな有用遺伝子資源が発見できると期待されている。"マリンゲノム"と呼ばれる未知の遺伝子資源を探索し，種々の分野で利用しようとする試みが始められている。

海綿などの海洋生物には，数多くの共生微生物が存在しているといわれており，それら微生物

が海洋生物由来の二次代謝産物を産生していると考えられている。海綿内の走査顕微鏡の観察などから，海水中や海底の土壌などに比べて，多種多様な微生物の存在が確認されているが，培養できない微生物が大半を占めるため，その検出が困難であった。近年，系統学的に生物の属種を同定するために用いられる 16S rDNA 配列解析により，海洋生物に共存する微生物について調べられている。Hentschelら[26]は，海綿 *Aplysina aerophoba* および *Theonella swinhoei* の共生微生物の多様性について調査している。まず，*A. aerophoba* から抽出したゲノムを使い，16S rDNA の配列を解析したところ，acidobacteria（23%），chloroflexi（22%），actinobacteria（12%,放線菌），α-proteobacteria（7%），γ-proteobacteria（10%），δ-proteobacteria（8%），cyanobacteria（4%，藍藻），nitrospira（4%）に属する未知の微生物が生息していることを明らかにしている。また，彼らは，*T. swinhoei* や違う地点で採取した *A. aerophoba* についても同様に解析した結果，actinobacteria，γ-proteobacteria，δ-proteobacteria，cyanobacteria，nitorospiraが海綿の種特異的に住み着いていることがわかった。Websterら[27]も同様に，海綿 *Rhopaloeides odorabile* 内に生息する微生物の分析を行い，未知のactinobacteria，δ-proteobacteriaやγ-proteobacteriaの存在を明らかにしている。また，解析に用いた 16S rDNA からプローブを調整して，この海綿内部を fluorescence *in situ* hybridization（FISH）法により観察した結果，共生微生物が棲み分けして海綿の各組織や細胞ごとに存在していることがわかった。これらのことより，海綿などの底生海洋生物は窒素および炭素固定などによる栄養素の供給，海綿の骨格の安定化，二次代謝産物の生産など，役割や機能の異なった共生微生物を体内に住み着かせることで，海綿自体の固体を維持していると推測される。また，生物活性物質の生産に関しては，過去の陸生微生物の活性物質探索研究から，actinobacteria，cyanobacteria，γ-proteobacteriaの一種である粘性細菌がその役割を担っているのではないかと予想される。

　このような難培養性の共生微生物を利用するため，松永ら[28]は海綿やホヤなどから未知の共生微生物のゲノムDNAを抽出してメタゲノムライブラリーの構築を試みている。海綿サンプルから約3,000のfosmidクローンと約9,000のBACクローンを得ることに成功している。これらベクターを大腸菌などの宿主に導入することで，まったく新しい有用な酵素の発見に繋がると考えている。また，BACベクターは，100kbp以上のインサートが可能ということもあり，比較的大きなDNAを導入することができる。このことから，多酵素群で構成される二次代謝産物の生合成遺伝子クラスターの導入も可能となり，新たな新規生物活性物質の発見が期待される。

第5章　海綿由来の生理活性物質と共生微生物

6　おわりに

　陸生とは異なる環境に生息している海洋生物は，生物学的に多様性があり，それら海洋生物からは未知で有用な活性物質がたくさん発見されている。また，海洋生物の二次代謝産物が海洋生物に共存している微生物が産生していることも示唆されている。一般に，共生微生物を含むほとんどの海洋微生物が培養困難であることが多く，未利用な資源を有効利用するために，遺伝子を用いたバイオテクノロジー技術が応用されつつある。今後，海綿などの海洋生物に共生している微生物群からのマリンゲノムライブラリーの構築が進むことにより，新たな機能を有する酵素や医薬品になりうる化合物の発見が期待される。

文　　献

1) P. Proksch et al., Appl. Microbiol. Biotechnol., **59**, 125 (2002)
2) N. Fusetani, Ed., "Drugs from the sea", Basel, Karger (2000)
3) R. Garcia-Carbonero, et al., J. Clin. Oncol., **22**, 1480 (2004)
4) Y. Pommier et al., Biochemistry, **35**, 13303 (1996)
5) S. Jin et al., Proc. Natl. Acad. Sci. USA., **97**, 6775 (2000)
6) A. Mittelman et al., Invest. New Drugs, **17**, 179 (1999)
7) L. Yao, IDugs, **6**, 246 (2003)
8) F. R. Coulson et al., Inflamm. Res., **49**, 123 (2000)
9) D. Wermeling et al., J. Clin Pharmacol., **43**, 624 (2003)
10) R. S. Marks et al., Am. J. Clin. Oncol., **26**, 336 (2003)
11) S. Madhusudan et al., Br. J. Cancer, **89**, 1418 (2003)
12) R. S. Herbst et al., Clin. Cancer Res., **9**, 4108 (2003)
13) G. Giaccone et al., Clin. Cancer Res., **8**, 3702 (2002)
14) A. M. Mayer et al., Life Sci., **62**, PL401 (1998)
15) W. R. Kem et al., Mol. Pharmacol., **65**, 56 (2004)
16) D. Mendola, "Drugs from the sea", P. 120, Basel, Karger (2000)
17) I. Kitagawa et al., J. Am. Chem. Soc., **112**, 3710 (1990)
18) 小林資正，日本農芸化学会誌, **77**, 143 (2003)
19) E. W. Schmidt et al., Mar. Biology, **136**, 969 (2000)
20) E. W. Schmidt et al., J. Org. Chem., **63**, 1254 (1998)
21) S. K. Davidson et al., Appl. Environ. Microbiol., **67**, 4531 (2001)
22) T. J. Mincer et al., Appl. Environ. Microbiol., **68**, 5005 (2002)
23) Patent JP 2003-61645 (2003)

24) K. Yoshikawa *et al.*, *J. Antibiot.*, **50**, 949 (1997)
25) A. Manome *et al.*, *FEMS Microbiol. Lett.*, **197**, 29 (2001)
26) U. Hentschel *et al.*, *Appl. Environ. Microbiol.*, **68**, 4431 (2002)
27) N. S. Webster *et al.*, *Appl. Environ. Microbiol.*, **67**, 434 (2001)
28) 松永是ほか,海洋天然物／錯体／コンビナトリアル／全合成,丸善 P. 38 (2002)

第6章　醸造にかかわる難培養・複合系微生物

北垣浩志[*1]，北本勝ひこ[*2]

1 はじめに

　酒類の醸造の主役は，アルコールを造る酵母である。しかし，その脇役として，さまざまな微生物が関与する。このようなさまざまな微生物が共存する複合系微生物により発酵を進めることによって初めて，複雑な代謝物が生成し，酒類の絶妙な香味が実現する。麦芽を主原料とし，煮沸殺菌した麦汁中に酵母を添加して発酵を行う大規模醸造による日本やアメリカのビールは，酵母以外の微生物が関与しない唯一の例外と考えられるが，品質を損なう汚染菌がビール中に増殖する場合もあることから，複合系微生物という側面も持っている。世界にはさまざまな複合系微生物を使った酒類があるが，それらをすべて包摂することは紙数の制約があり難しいため，本章では日本酒や焼酎，ビール，ウィスキー，ワインなど学問的に体系化された酒類における難培養・複合系微生物の代表的な事例を概観する。

2 醸造における複合系微生物

2.1 清酒

　清酒においては米を原料とするが，米のでんぷんを酵母はそのままでは資化できないため，麹菌を蒸した米に繁殖させ，米のでんぷんを液化・糖化する酵素を生産させる。この米麹を蒸した米と水と酵母と一緒に仕込み，これを酒母とする。これを拡大培養したものがもろみで，3回に分けて米と米麹，水を仕込む（三段仕込）。この段階では，麹の生産した液化・糖化酵素による蒸米の液化・糖化と酵母による発酵が同時に進行する（並行複発酵）。20日から30日程発酵させた後，固液分離（上槽）し，残存酵母の除去（おり引き）などの操作を経た後加熱殺菌（火入れ）する。

2.1.1 酒母

　もろみを発酵させるために酵母を培養したものが酒母である。清酒醸造は開放発酵であること

---

* 1　Hiroshi Kitagaki　　（独)酒類総合研究所　遺伝子工学研究室　研究員
* 3　Katsuhiko Kitamoto　東京大学大学院　農学生命科学研究科　教授

表1 生酛系酒母と速醸系酒母の違い

	酸性化の方法	仕込温度	製造日数	操作	成分	関与微生物	種類
生酛系酒母	乳酸発酵	8℃	20～30日	複雑	アミノ酸度5～8 酸度 20	硝酸還元菌群 乳酸菌群 酵母	生酛 山廃酒母 菩提酛
速醸系酒母	市販乳酸	20℃	7～15日	簡単	アミノ酸度2～3 酸度 7	酵母のみ	速醸酒母 高温糖化酒母

から,雑菌が常に侵入してくる環境にある。そこで,雑菌が侵入しても酵母の純粋培養を可能にするため,清酒醸造では乳酸を利用する方法が用いられてきた。これは酵母が一般の細菌よりも酸に強いことを利用したものである。また,乳酸は酒母においてだけではなく,「もろみ」の初期,すなわち酵母の増殖,発酵力が充分でなく汚染の危険が大きい時期にも雑菌汚染を防止する効果がある。酒母の乳酸をいかにして得るかによって,表1のように二大別される。ひとつは仕込時に乳酸を使用しないで,低温仕込によって仕込水や麹などから入り込む微生物の遷移を巧みに利用して乳酸菌に乳酸を生成させる生酛系酒母である。もうひとつは市販の醸造用乳酸を添加する速醸系酒母である。また,生酛系酒母の原型である菩提酛の微生物叢を解析した研究が最近発表されているので併せて記述する。

(1) 生酛系酒母

生酛系酒母には,生酛と,これを改良した山廃酒母とがある。山廃酒母は煩雑な山卸(やまおろ)という工程を廃止して,水麹により酵素液を調製し,これに蒸米を仕込む方法から,山廃酒母(山卸廃止酛)の名があるが,製造原理は生酛と同様である。

生酛系酒母の目的は,微生物遷移を利用した酵母の純粋淘汰培養にある。すなわち,もっとも初期に繁殖する硝酸還元菌(*Pseudomonas, Aerobacter, Achromobacter* や産膜酵母など)が仕込水中の硝酸から亜硝酸を産生する。これらの硝酸還元菌は酸に弱いため,次に繁殖する乳酸菌の産生する酸により死滅していく。酒母で増殖しうる乳酸菌は,酒母が低温に保たれているため,*Leuconostoc mesenteroides* と *Lactobacillus sakei* にほぼ限られる。まず生育の早い *L. mesenteroides* が繁殖するが,1～2日遅れて主要乳酸菌 *L. sakei* が活動を開始する。最近,16S rRNAをターゲットとしたFISH法により,*L. mesenteroides* と *L. sakei* を区別し解析する試みがなされている[21]。これらの乳酸菌の産生する乳酸と硝酸還元菌の産生した亜硝酸の相乗効果により,野生酵母が淘汰される。

発酵開始5日目くらいから,加温操作(暖気入れ操作)により品温を上昇させるが,10日目ごろから清酒酵母の繁殖が旺盛となりエタノールを生産するため,自らが生産した乳酸との相乗効

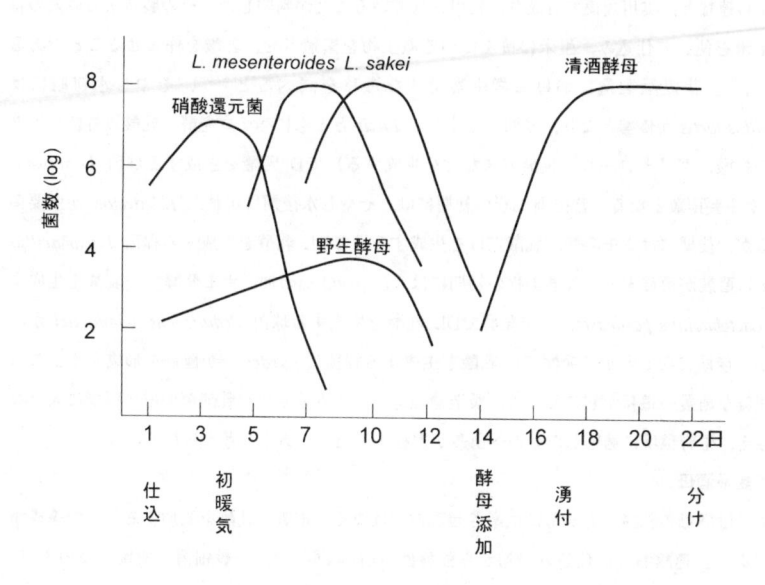

第6章　醸造にかかわる難培養・複合系微生物

図1　生酛系酒母における微生物消長の模式図

果によりこれら2種の乳酸菌は死滅していく（図1）。これを完全にするために，実際にもろみに投入するまで数日ないし数十日保存する（"枯し"期間）。こうしてできあがった酛の中には乳酸と酵母以外の微生物はまったく見られない状態となる。

　生酛で生育した酵母は保存中の死滅率が速醸酵母で生育した酵母よりも低く，アルコール耐性が高いことが知られている。この現象は，生酛で生育した酵母の膜のパルミチン酸組成が高いためであると考えられている。生酛で生育した酵母の膜のパルミチン酸組成が高いのは，生酛の乳酸菌が酵母よりも先に増殖するために米由来のリノール酸など不飽和脂肪酸を独占的に取り込んでしまい，酵母が増殖を開始する頃にはリノール酸が枯渇してしまっており，ほとんどがパルミチン酸となっているために，酵母がパルミチン酸を取り込むためであると考えられている[1,2]。

(2) 菩提酛

　菩提酛とは，約600年前に奈良市の郊外にある菩提山正暦寺において創製された菩提山酒（菩提泉）が江戸時代に酒母に転用されたもので，現在普及している生酛系酒母や速醸酒母の原型である。元々は気温の高い時期や温暖な地域において比較的安全に酒造りが可能な酒母の製造法として広く普及していたが，明治時代になって安全かつ安定な醸造が可能となる速醸酒母が開発されたことによって大正時代に姿を消していた。最近，この菩提酛が奈良県内の或る酒造場で昭和

の初期から連綿と，実用規模で育成され利用されていることが判明した。その製造法の最大の特徴は，生米を使って仕込み，生米に棲んでいる微生物を繁殖させ，乳酸を作らせることである（そやし水）。菩提酛製造における微生物学的な遷移を調べると[6,58]，そやし水初期には *Lactobacillus lactis* が優勢となり，後期になると *L. lactis* とともにヘテロ発酵（乳酸以外にもエタノールや酢酸，グリセロール，炭酸ガスなどを生成する）でD-乳酸を生成する球菌 *Leconostoc citreum* が主要菌叢となる。菩提酛工程の初期には，そやし水後期に現れた *L. citreum* が主要菌叢であるが，後期にはホモ発酵（乳酸だけを生成する）でDL-乳酸を生成する桿菌 *Lactobacillus pentosus* に菌叢が遷移する。濁酒工程の初期には，*L. pentosus* の他，ホモ発酵でL-乳酸を生成する桿菌 *Lactobacillus paracasei*，ホモ発酵でDL-乳酸を生成する球菌 *Pediococcus acidilactici* が混在するが，後期になるとホモ発酵でL-乳酸を生成する桿菌 *L. paracasei* が菌叢を形成する。このように複雑な菌叢の遷移が起こるのは，製造過程で起こる成分変化が乳酸菌の増殖環境に大きな変化を与え，生育環境に適応したものへ菌叢が遷移するためであると考えられている。

(3) 速醸系酒母

速醸酒母は酒母の乳酸を乳酸菌に生産させるのではなく，市販の乳酸を添加することで達成する方法である。速醸酒母は仕込み当初から強酸性（pH 4弱）で，一般細菌の増殖がないので，気温が高いときにも安全である。しかし酵母に関しては仕込みと同時に増殖の場が与えられることから，麹その他から混入してくる野生酵母に関しては増殖の危険性があり，TTC重層法[8]を用いて野生酵母と醸造用酵母を，あるいはβ-アラニン法[9]を用いて協会7号酵母とそれ以外の酵母を判別する技術が開発されている。またより迅速かつ特異的な判別のため，分子量や配列が種間で異なる遺伝子を用いて醸造用酵母と野生酵母を区別する方法が開発されている[20]。

2.1.2 もろみ

清酒「もろみ」は，酒母に蒸米と米麹と仕込水とを順次増量しつつ3回にわたり加え，比較的低温で，長期間の発酵が行われるように仕組まれている。もろみは開放発酵であるために，雑菌に汚染される機会が多い。そこで仕込みに際しては酒母に物量を3回に分けて投入するやり方（三段仕込み）がとられている。こうすれば酒母の酵母や酸はいちどきに薄められず，しかも添え仕込みの翌日の踊りで酵母の増殖の機会が与えられ，圧倒的多数の酵母（10^7/g以上）が確保され，仲仕込，留仕込と増量があっても，他の雑菌は繁殖しにくい。

しかし，繁殖しにくくはあるが，開放発酵である限り醸造酵母以外の微生物が完全にいないことはありえない。野生酵母が汚染すると，多くは酸が多く香りも悪くなり，厚蓋を作って発酵が停滞する。中にはキラー酵母がいることもあり，醸造用酵母を死滅させる。アルコール耐性により選抜することでキラー耐性を付与した[15]醸造用酵母を用いて野生キラー酵母を駆逐する試みが成功している[11]。また，耐アルコール性の強い，生酸力のある腐造乳酸菌に汚染されると，発酵

第6章 醸造にかかわる難培養・複合系微生物

が停止し（アルコール12～15%），酸度は5以上に達し，酢酸も増え香りが悪化し（リンゴ酸は減少する）商品価値が著しく劣化する。これらの微生物を管理するため通常はTTC重層法などの平板培養法が用いられているが，他の培養法あるいはPCR法を利用した分子生物学的手法を用いれば乳酸菌などの嫌気的微生物等も検出される可能性がある。

2.1.3 貯 蔵

熟成したもろみは圧搾ろ過して生酒とするが，通常は既にエタノールが15%以上はあるため，一般の細菌は生育することができない。しかし，このことはむしろ，高濃度のエタノールに耐えうる一部の細菌にとっては生態論的に栄養源を独占しうる地位を与えることになる。その細菌こそが，真性火落菌であり，製品中で増殖して濁りや酸味の増強を引き起こすことから，清酒製造業者には商品価値を著しく低下させるものとして忌み嫌われている。真性火落菌は *Lactobacillus homohiochii* と *Lactobacillus fructovorans* に分けられる。火落菌の培養には1週間以上かかるため，検出までの時間を短縮するために16Sと23SのrDNAの間のスペーサー領域を利用したPCRによる検出手法が開発されている[4]。

2.2 焼 酎

焼酎の製造の概略は以下のようなものである。まず米を原料にして麹をつくり，この米麹と水と酵母によって「一次もろみ」（清酒の酒母に相当する）をつくる。これに蒸した穀類やイモなどを混ぜて（「二次もろみ」）アルコール発酵させる。焼酎は大きく甲類と乙類に分かれるが，甲類ではこのもろみを連続式蒸留機で，乙類では単式蒸留機により蒸留して貯蔵し，製品となる。本項では乙類製造の際の微生物叢の推移について概観する。

焼酎製造に用いられる麹菌としては *Aspergillus awamori*，またはその変異株で白麹菌の *Aspergillus kawachii* が用いられ，これらの株は生育に伴い多量にクエン酸を生成することによりもろみのpHを低く維持している。そのため，焼酎もろみには細菌はほとんど存在しないと考えられてきた。しかし，培養法あるいは分子生物学的な手法を用いた解析の結果，さまざまな微生物が存在することが明らかとなっている。例えば米麹・甘藷仕込では[10]，一次もろみにおいてクエン酸により細菌や酵母の淘汰が行われ，麹中に存在した産膜性の *Candida pelliculosa* と *Bacillus* 属菌が生き残る程度で存在する他は，添加された焼酎酵母がほとんど純粋に生育する。この一次もろみに甘藷を添加した二次もろみでは，蒸煮甘藷から持ち込まれる *Micrococcus, Streptococcus* 属菌はすぐに死滅するが，一次もろみ中に存在する *Lactobacillus buchneri* は10^3/gまで増殖する。産膜性の *Candida* や *Bacillus* 属菌も二次もろみ過程に存在するが，最高でもそれぞれ10^3/g，10～10^2/gしか存在せず，しかも *Candida* は僅かに増殖するが，*Bacillus* 属はむしろ減少傾向にあるので，発酵経過には大きな影響を及ぼさないと考えられる。

難培養微生物研究の最新技術

焼酎の一次仕込においては，さし酛による連醸を実施している工場が多い。さし酛では野生酵母のもろみへの混入の危険があることから野生酵母の判別が必要であるが，清酒酵母の判別で用いられているTTC染色法では，焼酎もろみより検出される野生酵母は赤色に染まってしまう場合が多く，適用が難しい。そこで，焼酎酵母のひとつである宮崎酵母が高リン酸培地において酸性フォスファターゼ活性を有しない性質を利用して野生酵母を検出する方法などが開発されている[12,13]。

2.3 ビール

ビールにもいろいろな種類があるが，大規模醸造による日本やアメリカのビール製造において混入する醸造酵母以外の微生物は，他の酒類と比べると圧倒的に少ない。それは次の理由による。①麦汁を麦芽の酵素により糖化した後，煮沸する。このとき大部分の微生物は死滅する。②もし熱耐性の微生物がいたり，煮沸後に微生物が混入したとしても，ビールは0.5～10%（w/w）のアルコールを含む上，pHが比較的低く（3.8～4.7），二酸化炭素（約0.5% w/v）により嫌気状態に保たれており，ホップの苦味成分（17～55ppmのイソα酸）も抗菌性を示し，グルコース，マルトース，マルトトリオースなどの栄養素がほとんどないため，混入した微生物が繁殖する可能性は極めて低い。しかし，それでも稀に，濁りや異臭・異味が起こったビールの微生物汚染が報告されることがある。ビールに汚染する微生物として報告されているのは野生酵母とホップ耐性を持った嫌気性・通性嫌気性細菌で，これらの細菌はグラム陽性・陰性細菌に分けられる。グラム陽性細菌は*Lactobacillus*属と*Pediococcus*属を含み，ビール汚染事例の58～88%を占める[27]。これらの細菌が汚染すると，製品ビールに細菌混濁が発生したり，ダイアセチルなどの不快臭が発生する。グラム陰性細菌としては*Pectinatus*属と*Megasphaera*属などがあり，それぞれビール汚染事例の20～30%，3～7%を占める。これらの細菌が汚染するとビールに濁りが生じたり，腐った卵や糞便様の匂いがビールについてしまう。ビールに汚染する細菌は培地上での生育が遅く，培養してコロニーが見えるようになるまで1週間以上かかる場合があるため，培養法より早く検出が可能でしかも特異的な方法としてrDNA[14]やホップ耐性遺伝子*horA*[28]などの遺伝子をターゲットにしたPCR法などを利用した細菌の分子生物学的な検出方法が開発されている[29～38]。

一方，野生酵母が汚染してもビールの深刻な品質劣化にはつながらないが，醸造用酵母と区別しがたいことが問題である。そこで，酵母細胞壁タンパク質の遺伝子*FLO1*をPCRにより増幅したバンドの分子量の差とrDNAのRFLP解析を組み合わせて醸造用酵母と野生酵母を区別する方法などが開発されている[19]。

第6章 醸造にかかわる難培養・複合系微生物

2.4 ランビックビール

　空中浮遊菌を用いて1年以上かけて自然発酵を行うベルギーのLambicあるいはGueuzeビールにおいては，複雑な微生物叢の推移がある[23]。発酵が始まって3〜7日で*Kloeckera apiculata*と*Enterobacteriaceae*が繁殖するが，3〜4週間で*Saccharomyces cerevisiae*と*Saccharomyces bayanus*が優勢になり，3〜4ヶ月まで持続する。この期間が主発酵期間になる。この後*Pediococcus damnosus*が増殖し，乳酸濃度を5倍にまで増やす。発酵から8ヶ月経つと，*Brettanomyces bruxellensis*と*Brettanomyces lambicus*，*Candidia*が繁殖し，残存エキスを減少させ，特徴的な香りをつける。*Cryptococcus*，*Torulopsis*や*Pichia*により，主発酵終了後ビールの表面に産膜が形成される。これらの微生物群の働きにより，ランビック特有の複雑な絶妙の香味を持つビールとなる。

2.5 ウィスキー

　世界にはさまざまなウィスキーがあり，その製造法にもいろいろな違いがある。ここでは代表的なスコッチタイプのモルトウィスキーについて，複合系微生物の観点から概観する。

　モルトウィスキーは，大麦麦芽，水，酵母だけを原料として製造される。糖化工程においては，破砕麦芽に4倍量の温水を加え60〜65℃に保ち一番麦汁とし，ろ過した後，75℃の温水を加えてろ過し，二番麦汁を得る。この後ビールと違って煮沸しないのは，麦芽由来の糖化酵素の耐熱性などを考慮してのことである。このため，麦芽原料や設備に由来する菌群が大幅に数を減らしはするものの生き残って，栄養豊富な麦汁に移行する。これらの菌群は酸を生成することによって麦汁のpHを低下させ，pHを糖化酵素の至適pHに近づけることで，麦芽から可溶化される発酵性糖類の収率の増加に寄与するほか，アミノ酸量も増加する。ビール醸造における仕込と比べると，糖化工程のpH調整も，タンパク質分解を目的とする温度ステップもないが，微生物の自然な働きが，原料からの収率を巧みに補助している。

　発酵は100時間前後で行われ，大きく3期に分けることができる。発酵の当初は酵母の旺盛な増殖があり，他の細菌の増殖は抑制される。16S rDNA遺伝子のDGGE解析によると[25]，この発酵の早い時期には，*Streptococcus thermophilus, Saccharomyces thermophilus, Lactobacillus brevis, Lactobacillus fermentum*が検出される。一方，酵母の接種から35〜40時間経つと発酵中期に入り，*Lactobacillus casei, Lactobacillus paracasei, L. fermentum, Lactobacillus ferintoshensis*が検出される。この時期には，酵母の代謝は減少していく。酵母の接種から70時間経つと発酵後期に入り，酵母は死滅すると共に，*Lactobacillus acidophilus, Lactobacillus delbrueckii*が残存し，増殖はしないものの乳酸発酵を行って乳酸などを蓄積する。この時期，資化性糖などの栄養がほとんどなくなるため，死滅しアミノ酸などを放出している酵母に栄養を求めて酵母に付着する細菌の姿が走査型電子顕微鏡で観察される。

乳酸発酵が強く起こった場合には,「もろみ」中の乳酸は数千ppmに,酢酸は数百ppmに達する。乳酸はニューポット(蒸留液)に移行する香気成分にはならないが,酢酸には揮発性があり,ニューポットに移行してエステリー感やシャープな香り立ちの形成に寄与する。また,乳酸菌によってラクトン類の前駆体が生成し,これを酵母がラクトン類に変換して甘い香気成分が生成することが報告されている[59]。この「後期乳酸発酵」は,蒸留所固有のウィスキーのキャラクターに寄与すると考えられていることから,ウィスキー製造業者には好ましいものと考えられている。これらは,高級ウィスキー製造のために伝統的な木桶発酵が採用されている理由である。

2.6 ワイン

ワインは主にブドウ果汁を酵母により発酵させたものである。ワインの醸造では,ブドウ園で収穫した生の果実を使用することから,原料ブドウに付着していた微生物がそのまま果もろみに持ち込まれる。従って,自然発酵ではもちろんのこと,純粋培養酵母を酒母として加えた場合でも,果もろみは複雑なフローラを呈する。原料ブドウの除梗・破砕・搾汁工程には果汁の酸化防止と野生微生物の繁殖抑制ないし殺菌のために亜硫酸塩(メタ重亜硫酸ナトリウム)が添加される。このため果もろみの微生物叢は原料ブドウのものよりは数も種類も減少することとなる。果もろみの初期には $Rhodotorula, Pichia, Candida, Metschnikowia$ に属する酵母が $10^3 \sim 10^4$ cells/mlで, $Pediococcus\ damnosus$ や $Leuconostoc\ mesenteroides$, $Lactobacillus$ に属する乳酸菌は $10^2 \sim 10^3$ cells/mlで存在するが,発酵が始まると速やかに死滅する[16]。 $Kloeckera\ apiculata$, $Hanseniaspora\ uvarum$ や $Torulopsis\ stellata$ は発酵の前半に $10^7 \sim 10^8$ cells/mlまで増殖し,発酵の中盤までは生き残るが,その後急速に死滅し, $Saccharomyces\ cerevisiae$ が優勢菌となる。26S rRNA[7]や細胞壁タンパク質であるSedlpをコードする遺伝子[18]の多型性を用いて,野性酵母と醸造酵母を区別する方法が開発されている。

主発酵が終わった直後のワインはそのままでは酸味が強い。これは,果汁は多量の酒石酸やリンゴ酸を含み,発酵中に乳酸やコハク酸も生成され,結果としてワインには多量の酸が含まれるからである。そこで,このような高酸度ワインの減酸と芳醇な香味の増強を目的として,主発酵の後,乳酸菌によりリンゴ酸から乳酸を生成させる工程がとられる。これをマロラクチック発酵という。特にスイス,ドイツ,北フランスなどの寒い地域では,ワインの酸度が高くなることから,マロラクチック発酵を行うのが慣例となっている。

マロラクチック発酵においてはL-リンゴ酸がL-乳酸になり,カルボキシル基がひとつ減るためにpHが上昇し,酸度が下がり,味も柔らかくなる。L-乳酸生成とともにダイアセチルなども生じ,香味を特徴付ける。ダイアセチルはチーズなどの香りのひとつであるが,清酒やビールなどでは不快臭とされている。赤ワインにおいても,5ppmを超えると悪影響を与えると報告され

第6章 醸造にかかわる難培養・複合系微生物

ている[3]。マロラクチック発酵を行いうる菌としてはさまざまなものが報告されているが、そのうち優良菌といわれているのは *Oenococcus oeni* であり、アルコール発酵が終わると10^6〜10^7cells/mlまで増殖する[16]。*O. oeni* は貯蔵用の樽壁などに棲息しており自然に増殖してくるが、醸造所によってはアルコール発酵が終わったワインに *O. oeni* のスターターカルチャーを接種することもある。マロラクチック発酵は通常発酵終了後9ヶ月ほどで起こる。このマロラクチック発酵は、亜硫酸塩(メタ重亜硫酸ナトリウム)を添加したり、酒石酸、リンゴ酸、クエン酸などの酸性化剤を加えてpHを調整したり、貯蔵温度を変えることでコントロールすることができる。

ワインの醸造においては、産膜が形成されることがある。その産膜を調べると、*Saccharomyces cerevisiae* や *Kluyveromyces thermotolerans*, *Torulaspora delbrueckii* が検出される。これらの菌を混合培養すると、*K. thermotolerans*, *T. delbrueckii* が *S. cerevisiae* よりも先に定常期に達する。*K. thermotolerans* や *T. delbruechii* が増殖を停止する理由は、栄養素の欠乏や増殖阻害因子のためではなく、*S. cerevisiae* との細胞間の接触によると考えられている[5]。

2.7 シェリーワイン

シェリーワインとはスペインのヘレス地方の白ブドウ酒のことであるが、複合系微生物の観点で興味深い製造方法をとっている。シェリーワインの製造においては大きく二つの工程をとる。前半の工程では、酵母により果もろみを発酵させ、白ワインを造る。後半の工程では、酵母によって形成された産膜(フロール)の下で数年間生物学的な熟成を行う。mtDNA restriction解析とkaryotypingにより、フロールを形成させる酵母は発酵を行う酵母とは異なる亜種(*Saccharomyces cerevisiae* (*beticus, cheresiensis, montuliensis, rouxii*))であることが明らかとなった[17, 22]。また、Internal transcribed spacers 1と2と5.8S rRNA遺伝子の間の領域の制限酵素パターンにより、これらの「フロール酵母」はアルコール発酵中には検出されないが、発酵が終わって15%までアルコールを添加した後には検出されることがわかった[17]。このことから、これらのフロール酵母はアルコール発酵ではなく、産膜を形成しシェリーワインの香味に影響を与える代謝を専ら行っていると考えられる。フロール酵母が行う代謝によって、シェリーワインの酸化還元電位が低下し、プロリン、揮発酸、グリセロールの減少が起こり、アセトアルデヒド、1,1-ジエトキシエタン、アセトインがなど増加して香味に変化を与え、シェリーワインの特徴の形成に寄与する[24]。

3 おわりに

本章では紙数の制約がありいくつかの酒類の代表的な事例しか記述できなかったが，その他にも複合系微生物を用いて発酵を行っている酒類は世界に多数あると考えられ，椰子酒[56]，フィリピンのタプイ[49]，インドネシアのラギ[53]，中国の曲[52]，ブラジルのCachaca[57]などで微生物叢が解析されている。詳しい情報を参照したい方は総説等を参考にされたい[39～57]。今後も，複合系微生物で発酵を進めることによって初めて実現する絶妙な香味や機能性物質などが明らかにされ，酒類の地域多様性の維持・発展に寄与することが期待される。

文　　献

1) Mizoguchi H., *et al*, *J. F. B.*, **81**, 406 (1996)
2) 溝口晴彦ら，生物工学，**72**, 147 (1994)
3) 高沢俊彦：発酵工学会誌，**59**, 225 (1981)
4) Nakagawa T *et al.*, *Applied Enviromen. Microbiol.*, **60**, 2, 637 (1994)
5) Nissen P., *et al.*, *Yeast*, **30**, 331-341 (2003)
6) 松澤一幸ら，日本乳酸菌学会誌，**12**, 1, 42 (2001)
7) Cocolin, L. *et al. FEMS Microbiol Lett.*, **189** (1), 81 (2000)
8) 古川敏郎ら，農芸化学，**37**, 7, 398 (1963)
9) 菅間誠之助ら，醸協，**60**, 5, 453 (1965)
10) 玉岡寿ら，醸協，**66**, 8, 810, (1971)
11) 家藤治幸ら，醸協，**77**, 12, 903 (1982)
12) 工藤哲三ら，宮崎工試報告，**28**, 57 (1983)
13) 工藤哲三ら，醸協，**81**, 477 (1986)
14) Satokari, R., *et al.*, *Int. J. Food Microbiol.*, **45** (2) 119 (1998)
15) 原昌道ら，醸協，**74**, 9, 624 (1979)
16) Fleet G. H., *et al.*, *Applied Environ. Microbiol.*, **48**, 5, 1034 (1984)
17) Esteve-Zarzoso, B., *et al.*, *Applied Environ. Microbiol.*, **67**, 5, 2056 (2001)
18) Mannazzu, I., *et al.*, *Appl Environ Microbiol.* **68** (11), 5437 (2002)
19) Yamagishi, H. *et al.*, *J. Applied Microbiol.*, **86**, 505 (1999)
20) 福田央ら，YIL169C遺伝子を利用した醸造用酵母の判別法，特開2003-245077
21) 松田絵里ら，乳酸菌学会誌，**12**, 1, 42 (2001)
22) Esteve-Zarzarso, B., *et al.*, *Antonie Van Leeuwenhoek*, **85** (2), 151 (2004).
23) Van Oevelen, D., *et al.*, *J. Inst. Brew.*, **83**, 356 (1977)
24) Cortes, M. B., *et al.*, *J. Agric. Food Chem.*, **46**, 2389-2394 (1998)

25) van Beek, S. and Priest, F. G., *Appl. Environ. Microbiol.*, **68**, 1, 297 (2002)
27) Sakamoto K., Konings K. W., *Int J Food Microbiol.* **89** (2-3), 105 (2003)
28) Sami, M., *et al.*, *J. Am. Soc. Brew. Chem.*, **55**, 137 (1997)
29) Tsuchiya, *et al.*, *J. Am. Soc. Brew. Chem.*, **50**, 60 (1992)
30) Tsuchiya, Y., *et al.*, *J. Am. Soc. Brew. Chem.*, **52**, 95 (1994)
31) DiMichele, L. J. and Lewis, M. J., *J. Am. Soc. Brew. Chem.*, **51**, 63 (1993)
32) Thompson, A. N., *et al.*, *Proc. Aviemore Conf. Malt Brew. Distill.*, **4**, 213 (1994)
33) Stewart, R. J., and Dowhanick, T. M., *J. Am. Soc. Brew. Chem.*, **54**, 78 (1996)
34) Sakamoto, K., Japanese Patent Application JP09-520359, World Patent Application WO97/20071, US Patent 586942 (1997)
35) Sakamoto, K., *et al.*, *Proc. Eur. Brew. Conv. Maastricht.*, Oxford University Press, New York, pp631 (1997)
36) Satokari, R., *et al.*, *J. Food Prot.*, **60**, 1571 (1997)
37) Juvonen, R., and Satokari, R., *J. Am. Soc. Brew. Chem.*, **57**, 99 (1999)
38) Motoyama, Y. and Ogata, T., *J. Am. Soc. Brew. Chem.*, **58**, 4 (2000)
39) 吉田集而，東方アジアの酒の起源，ドメス出版
40) 山本紀夫ら，酒づくりの民族史，八坂書房
41) 吉田集而，食の科学，**1**, 287 (2001)
42) 吉田集而，食の科学，**11**, 261 (1999)
43) 菅間誠之助ら，醸協，**88**, 374 (1993)
44) 吉田集而，醸協，**80**, 780, (1985)
45) 包啓安，酒史研究，**9**, 39 (1991)
46) 豊田泰ら，東京農業大学集報，**16** (1979)
47) 中尾佐助，醸協，**79**, 11, 791 (1984)
48) 伊藤寛ら，醸協，**79**, 10, 714 (1984)
49) 小崎道雄，醸協，**85**, 11, 818 (1990)
50) マヌエル・M・ゴンザレス，シェリー，高貴なワイン，鎌倉書房
51) 角田　潔和ら，醸協，**93**, 897 (1998)
52) Saono, J. K. D., *et al.*, 食品工業学会誌，**29**, 11, 685 (1982)
53) 柳田藤治，醸協，**85**, 2, 82 (1990)
54) 小崎道雄，醸協，**69**, 11, 730 (1974)
55) 緒方浩一ら，醸協，**68**, 8, 589 (1973)
56) 小崎道雄，食品工業学会誌，**38**, 7, 651 (1991)
57) Schwan, R. F., *et al.*, *Antonie Van Leeuwenhoek.*, **79** (1), 89 (2001)
58) 松澤一幸ら，醸協，**97**, 10, 734 (2003)
59) 鰐川彰，醸協，**98**, 4, 241 (2003)

《CMCテクニカルライブラリー》発行にあたって

弊社は、1961年創立以来、多くの技術レポートを発行してまいりました。これらの多くは、その時代の最先端情報を企業や研究機関などの法人に提供することを目的としたもので、価格も一般の理工書に比べて遙かに高価なものでした。

一方、ある時代に最先端であった技術も、実用化され、応用展開されるにあたって普及期、成熟期を迎えていきます。ところが、最先端の時代に一流の研究者によって書かれたレポートの内容は、時代を経ても当該技術を学ぶ技術書、理工書としていささかも遜色のないことを、多くの方々が指摘されています。

弊社では過去に発行した技術レポートを個人向けの廉価な普及版《CMCテクニカルライブラリー》として発行することとしました。このシリーズが、21世紀の科学技術の発展にいささかでも貢献できれば幸いです。

2000年12月

株式会社　シーエムシー出版

難培養微生物の利用技術　　　　　　　　　　(B0910)

2004年 7月30日　初　版　第1刷発行
2010年 2月24日　普及版　第1刷発行

監　修　工藤　俊章／大熊　盛也　　　Printed in Japan
発行者　辻　　賢司
発行所　株式会社　シーエムシー出版
　　　　東京都千代田区内神田1-13-1　豊島屋ビル
　　　　電話 03 (3293) 2061
　　　　http://www.cmcbooks.co.jp

〔印刷　倉敷印刷株式会社〕　　　　　© T. Kudo, M. Ohkuma, 2010

定価はカバーに表示してあります。
落丁・乱丁本はお取替えいたします。

ISBN978-4-7813-0174-7 C3045 ¥3800E

本書の内容の一部あるいは全部を無断で複写（コピー）することは，法律で認められた場合を除き，著作者および出版社の権利の侵害になります。

CMCテクニカルライブラリーのご案内

高分子ゲルの動向
―つくる・つかう・みる―
監修／柴山充弘／梶原莞爾
ISBN978-4-7813-0129-7　　B892
A5判・342頁　本体4,800円+税（〒380円）
初版2004年4月　普及版2009年10月

構成および内容：【第1編　つくる・つかう】環境応答（微粒子合成／キラルゲル 他）／力学・摩擦（ゲルダンピング材 他）／医用（生体分子応答性ゲル／DDS応用 他）／産業（高吸水性樹脂 他）／食品・日用品（化粧品 他）他／【第2編　つかう・みる】小角X線散乱によるゲル構造解析／中性子散乱／液晶ゲル／熱測定・食品ゲル／NMR 他
執筆者：青島貞人／金岡鍾局／杉原伸治 他31名

静電気除電の装置と技術
監修／村田雄司
ISBN978-4-7813-0128-0　　B891
A5判・210頁　本体3,000円+税（〒380円）
初版2004年4月　普及版2009年10月

構成および内容：【基礎】自己放電式除電器／ブロワー式除電装置／光照射除電装置／大気圧グロー放電を用いた除電／除電効果の測定機器 他【応用】プラスチック・粉体の除電と問題点／軟X線除電装置の安全性と適用法／液晶パネル製造工程における除電技術／湿度環境改善による静電気障害の予防 他【付録】除電装置製品例一覧
執筆者：久本 光／水谷 豊／菅野 功 他13名

フードプロテオミクス
―食品酵素の応用利用技術―
監修／井上國世
ISBN978-4-7813-0127-3　　B890
A5判・243頁　本体3,400円+税（〒380円）
初版2004年3月　普及版2009年10月

構成および内容：食品酵素化学への期待／糖質関連酵素（麹菌グルコアミラーゼ／トレハロース生成酵素 他）／タンパク質・アミノ酸関連酵素（サーモライシン／システイン・ペプチダーゼ 他）／脂質関連酵素／酸化還元酵素（スーパーオキシドジスムターゼ／クルクミン還元酵素 他）／食品分析と食品加工（ポリフェノールバイオセンサー 他）
執筆者：新田康則／三宅英雄／秦 洋二 他29名

美容食品の効用と展望
監修／猪居 武
ISBN978-4-7813-0125-9　　B888
A5判・279頁　本体4,000円+税（〒380円）
初版2004年3月　普及版2009年9月

構成および内容：総論（市場 他）／美容要因とそのメカニズム（美白／美肌／ダイエット／抗ストレス／皮膚の老化／男性型脱毛）／効用と作用物質／ビタミン／アミノ酸・ペプチド・タンパク質／脂質／カロテノイド色素／植物性成分／微生物成分（乳酸菌、ビフィズス菌）／キノコ成分／無機成分／特許から見た企業別技術開発の動向／展望
執筆者：星野 拓／宮本 達／佐藤友里恵 他24名

土壌・地下水汚染
―原位置浄化技術の開発と実用化―
監修／平田健正／前川統一郎
ISBN978-4-7813-0124-2　　B887
A5判・359頁　本体5,000円+税（〒380円）
初版2004年4月　普及版2009年9月

構成および内容：【総論】原位置浄化技術について／原位置浄化の進め方【基礎編-原理、適用事例、注意点-】原位置抽出法／原位置分解法【応用編】浄化技術（土壌ガス・汚染地下水の処理技術／重金属等の原位置浄化技術／バイオベンティング・バイオスラーピング工法 他）／実際事例（ダイオキシン類汚染土壌の現地無害化処理 他）
執筆者：村田正敏／手塚裕樹／奥村興平 他48名

傾斜機能材料の技術展開
編集／上村誠一／野田泰稔／篠原嘉一／渡辺義見
ISBN978-4-7813-0123-5　　B886
A5判・361頁　本体5,000円+税（〒380円）
初版2003年10月　普及版2009年9月

構成および内容：傾斜機能材料の概観／エネルギー分野（ソーラーセル 他）／生体機能分野（傾斜機能型人工歯根 他）／高分子分野／オプトデバイス分野／電気・電子デバイス分野（半導体レーザ／誘電率傾斜基板 他）／接合・表面処理分野（傾斜機能構造CVDコーティング切削工具 他）／熱応力緩和機能分野（宇宙往還機の熱防護システム 他）
執筆者：鎦田正雄／野口博徳／武内浩一 他41名

ナノバイオテクノロジー
―新しいマテリアル，プロセスとデバイス―
監修／植田充美
ISBN978-4-7813-0111-2　　B885
A5判・429頁　本体6,200円+税（〒380円）
初版2003年10月　普及版2009年8月

構成および内容：マテリアル（ナノ構造の構築／ナノ有機・高分子マテリアル／ナノ無機マテリアル／インフォーマティクス／プロセスとデバイス（バイオチップ・センサー開発／抗体マイクロアレイ／マイクロ質量分析システム 他）／応用展開（ナノメディシン／遺伝子導入法／再生医療／蛍光分子イメージング 他）他
執筆者：渡邊英一／阿尻雅文／細川和生 他68名

コンポスト化技術による資源循環の実現
監修／木村俊範
ISBN978-4-7813-0110-5　　B884
A5判・272頁　本体3,800円+税（〒380円）
初版2003年10月　普及版2009年8月

構成および内容：【基礎】コンポスト化の基礎と要件／脱臭／コンポストの評価 他【応用技術】農業・畜産廃棄物のコンポスト化／生ごみ・食品残さのコンポスト化／技術開発と応用事例（バイオ式家庭用生ごみ処理機／余剰汚泥のコンポスト化）他【総括】循環型社会にコンポスト化技術を根付かせるために（技術的課題／政策的課題）他
執筆者：藤本 潔／西尾道徳／井上浩一 他16名

※ 書籍をご購入の際は、最寄りの書店にご注文いただくか、㈱シーエムシー出版のホームページ（http://www.cmcbooks.co.jp/）にてお申し込み下さい。

CMCテクニカルライブラリー のご案内

ゴム・エラストマーの界面と応用技術
監修／西 敏夫
ISBN978-4-7813-0109-9　　　　B883
A5判・306頁　本体4,200円＋税（〒380円）
初版2003年9月　普及版2009年8月

構成および内容：【総論】【ナノスケールで見た界面】高分子三次元ナノ計測／分子力学物性 他【ミクロで見た界面と機能】走査型プローブ顕微鏡による解析／リアクティブプロセシング／オレフィン系ポリマーアロイ／ナノマトリックス分散天然ゴム 他【界面制御と機能化】ゴム再生プロセス／水添NBR系ナノコンポジット／免震ゴム 他
執筆者：村瀬平八，森田裕史，高原 淳 他16名

医療材料・医療機器
―その安全性と生体適合性への取り組み―
編集／土屋利江
ISBN978-4-7813-0102-0　　　　B882
A5判・258頁　本体3,600円＋税（〒380円）
初版2003年11月　普及版2009年7月

構成および内容：生物学的試験（マウス感作性／抗原性／遺伝毒性）／力学的試験（人工関節用ポリエチレンの磨耗／整形インプラントの耐久性）／生体適合性（人工血管／骨セメント）／細胞組織医療機器の品質評価（バイオ皮膚）／プラスチック製医療用具からのフタル酸エステル類の溶出特性とリスク評価／埋植医療機器の不具合報告 他
執筆者：五十嵐良明，矢上 健，松岡厚子 他41名

ポリマーバッテリーⅡ
監修／金村聖志
ISBN978-4-7813-0101-3　　　　B881
A5判・238頁　本体3,600円＋税（〒380円）
初版2003年9月　普及版2009年7月

構成および内容：負極材料（炭素材料／ポリアセン・PAHs系材料）／正極材料（導電性高分子／有機硫黄系化合物／無機材料・導電性高分子コンポジット）／電解質（ポリエーテル系固体電解質／高分子ゲル電解質／支持塩 他）／セパレーター／リチウムイオン電池用ポリマーバインダー／キャパシタ用ポリマー／ポリマー電池の用途と開発 他
執筆者：高見則雄，矢田静邦，天池正登 他18名

細胞死制御工学
～美肌・皮膚防護バイオ素材の開発～
編著／三羽信比古
ISBN978-4-7813-0100-6　　　　B880
A5判・403頁　本体5,200円＋税（〒380円）
初版2003年8月　普及版2009年7月

構成および内容：【次世代バイオ化粧品・美肌健康食品】皮脂改善／セルライト抑制／毛穴引き締め【美肌バイオプロダクト】可食植物成分配合製品／キトサン応用抗酸化製品／【バイオ化粧品とハイテク美容機器】イオン導入／エンダモロジー／ナノ・バイオテクと遺伝子治療／活性酸素消去／サンスクリーン剤【効能評価】【分子設計】 他
執筆者：澄田道博，永井彩子，鈴木清香 他106名

ゴム材料ナノコンポジット化と配合技術
編集／鞠谷信三，西 敏夫，山口幸一，秋葉光雄
ISBN978-4-7813-0087-0　　　　B879
A5判・323頁　本体4,600円＋税（〒380円）
初版2003年7月　普及版2009年6月

構成および内容：【配合設計】HNBR／加硫系薬剤／シランカップリング剤／白色フィラー／不溶性硫黄／カーボンブラック／シリカ・カーボン複合フィラー／難燃剤（EVA他）／相溶化剤／加工助剤 他【ゴム系ナノコンポジットの材料】ゾル－ゲル法／動的架橋型熱可塑性エラストマー／医療材料／耐熱性／配合と金型設計／接着／TPE 他
執筆者：妹尾政宣，竹村泰彦，細谷 潔 他19名

有機エレクトロニクス・フォトニクス材料・デバイス
―21世紀の情報産業を支える技術―
監修／長村利彦
ISBN978-4-7813-0086-3　　　　B878
A5判・371頁　本体5,200円＋税（〒380円）
初版2003年9月　普及版2009年6月

構成および内容：【材料】光学材料（含フッ素ポリイミド 他）／電子材料（アモルファス分子材料／カーボンナノチューブ 他）【プロセス・評価】配向・配列制御／微細加工【機能・基盤】変換／伝送／記録／変調・演算／蓄積・貯蔵（リチウム系二次電池）【新デバイス】pn接合有機太陽電池／燃料電池／有機ELディスプレイ用発光材料 他
執筆者：城田靖彦，和田善玄，安藤慎治 他35名

タッチパネル―開発技術の進展―
監修／三谷雄二
ISBN978-4-7813-0085-6　　　　B877
A5判・181頁　本体2,600円＋税（〒380円）
初版2004年12月　普及版2009年6月

構成および内容：光学式／赤外線イメージセンサー方式／超音波表面弾性波方式／SAW方式／静電容量式／電磁誘導方式デジタイザ／抵抗膜式／スピーカー体型／携帯端末向けフィルム／タッチパネル用印刷インキ／抵抗膜式タッチパネルの評価方法と装置／凹凸テクスチャ感を表現する静電触感ディスプレイ／画面特性とキーボードレイアウト
執筆者：伊勢有一，大久保論隆，齊藤典生 他17名

高分子の架橋・分解技術
-グリーンケミストリーへの取組み-
監修／角岡正弘，白井正充
ISBN978-4-7813-0084-9　　　　B876
A5判・299頁　本体4,200円＋税（〒380円）
初版2004年6月　普及版2009年5月

構成および内容：【基礎と応用】架橋剤と架橋反応（フェノール樹脂 他）／架橋構造の解析（紫外線硬化樹脂／フォトレジスト用感光剤）／機能性高分子の合成（可逆的架橋／光架橋・熱分解系）／機能性材料開発の最近の動向／熱を利用した架橋反応／UV硬化システム／電子線・放射線利用／リサイクルおよび機能性材料合成のための分解反応 他
執筆者：松本 昭，石倉慎一，合屋文明 他28名

※ 書籍をご購入の際は、最寄りの書店にご注文いただくか、
㈱シーエムシー出版のホームページ（http://www.cmcbooks.co.jp/）にてお申し込み下さい。

CMCテクニカルライブラリー のご案内

バイオプロセスシステム
-効率よく利用するための基礎と応用-
編集／清水 浩
ISBN978-4-7813-0083-2　　　　B875
A5判・309頁　本体4,400円＋税　（〒380円）
初版2002年11月　普及版2009年5月

構成および内容：現状と展開（ファジイ推論／遺伝アルゴリズム 他）／バイオプロセス操作と培養装置（酸素移動現象と微生物反応の関わり）／計測技術（プロセス変数／物質濃度 他）／モデル化・最適化（遺伝子ネットワークモデリング）／培養プロセス制御（流加培養 他）／代謝工学（代謝フラックス解析 他）／応用（嗜好食品品質評価／医用工学）他
執筆者：吉田敏嗣／滝口 昇／岡本正宏 他22名

導電性高分子の応用展開
監修／小林征男
ISBN978-4-7813-0082-5　　　　B874
A5判・334頁　本体4,600円＋税　（〒380円）
初版2004年4月　普及版2009年5月

構成および内容：【開発】電気伝導／パターン形成法／有機 ELデバイス【応用】線路形素子／二次電池／湿式太陽電池／有機半導体／熱電変換機能／アクチュエータ／防食被覆／調光ガラス／帯電防止材料／ポリマー薄膜トランジスタ 他【特許】出願動向／欧米における開発動向／ポリマー薄膜フィルムトランジスタ／新世代太陽電池 他
執筆者：中川善嗣／大森 裕／深海 隆 他18名

バイオエネルギーの技術と応用
監修／柳下立夫
ISBN978-4-7813-0079-5　　　　B873
A5判・285頁　本体4,000円＋税　（〒380円）
初版2003年10月　普及版2009年4月

構成および内容：【熱化学的変換技術】ガス化技術／バイオディーゼル【生物化学的変換技術】メタン発酵／エタノール発酵【応用】石炭・木質バイオマス混焼技術／廃材を使った熱電供給の発電所／コージェネレーションシステム／木質バイオマスーペレット製造／焼酎副産物リサイクル設備／自動車用燃料製造装置／バイオマス発電の海外展開
執筆者：田中忠良／松村幸彦／美濃輪智朗 他35名

キチン・キトサン開発技術
監修／平野茂博
ISBN978-4-7813-0065-8　　　　B872
A5判・284頁　本体4,200円＋税　（〒380円）
初版2004年3月　普及版2009年4月

構成および内容：分子構造（βキチンの成層化合物形成）／溶媒／分解／化学修飾／酵素（キトサナーゼ／アロサミジン）／遺伝子（海洋細菌のキチン分解機構）／バイオ農林業（人工樹皮：キチンによる樹木皮組織の創傷治癒）／医薬・医療／食（ガン細胞障害活性テスト）／化粧品／工業（無電解めっき用前処理剤／生分解性高分子複合材料） 他
執筆者：金成正和／奥山健二／斎藤幸恵 他36名

次世代光記録材料
監修／奥田昌宏
ISBN978-4-7813-0064-1　　　　B871
A5判・277頁　本体3,800円＋税　（〒380円）
初版2004年1月　普及版2009年4月

構成および内容：【相変化記録とブルーレーザー光ディスク】相変化電子メモリー／相変化チャンネルトランジスタ／Blu-ray Disc 技術／青紫色半導体レーザ／ブルーレーザー対応酸化物系追記型光記録膜 他【超高密度光記録技術と材料】近接場光記録／3次元多層光メモリ／ホログラム光記録と材料／フォトンモード分子光メモリと材料 他
執筆者：寺尾元康／影山喜之／柚須圭一郎 他23名

機能性ナノガラス技術と応用
監修／平尾一之／田中修平／西井準治
ISBN978-4-7813-0063-4　　　　B870
A5判・214頁　本体3,400円＋税　（〒380円）
初版2003年12月　普及版2009年3月

構成および内容：【ナノ粒子分散・析出技術】アサーマル・ナノガラス【ナノ構造形成技術】高次構造化／有機-無機ハイブリッド（気孔配向膜／ゾルゲル法）／外部場操作【光回路用技術】三次元ナノガラス光回路【光メモリ用技術】集光機能（光ディスクの市場／コバルト酸化物薄膜）／光メモリヘッド用ナノガラス（埋め込み回折格子） 他
執筆者：永金知浩／中澤達洋／山下 勝 他15名

ユビキタスネットワークとエレクトロニクス材料
監修／宮代文夫／若林信一
ISBN978-4-7813-0062-7　　　　B869
A5判・315頁　本体4,400円＋税　（〒380円）
初版2003年12月　普及版2009年3月

構成および内容：【テクノロジードライバ】携帯電話／ウェアラブル機器／RFIDタグチップ／マイクロコンピュータ／センシング・システム【高分子エレクトロニクス材料】エポキシ樹脂の高性能化／ポリイミドフィルム／有機発光デバイス用材料【新技術・新材料】超高速ディジタル信号伝送／MEMS技術／ポータブル燃料電池／電子ペーパー 他
執筆者：福岡義孝／八甫谷明彦／朝桐 智 他23名

アイオノマー・イオン性高分子材料の開発
監修／矢野紳一／平沢栄作
ISBN978-4-7813-0048-1　　　　B866
A5判・352頁　本体5,000円＋税　（〒380円）
初版2003年9月　普及版2009年2月

構成および内容：定義、分類と化学構造／イオン会合体（形成と構造／転移）／物性・機能（スチレンアイオノマー／ESR分光法／多重共鳴法／イオンホッピング／溶液物性／圧力センサー機能／永久帯電 他）／応用（エチレン系アイオノマー／ポリマー改質剤／燃料電池用高分子電解質膜／スルホン化EPDM／歯科材料（アイオノマーセメント） 他
執筆者：池田裕子／杏水祥一／舘野 均 他18名

※ 書籍をご購入の際は、最寄りの書店にご注文いただくか、(株)シーエムシー出版のホームページ（http://www.cmcbooks.co.jp/）にてお申し込み下さい。

CMCテクニカルライブラリーのご案内

書籍情報	構成および内容
マイクロ/ナノ系カプセル・微粒子の応用展開 監修／小石眞純 ISBN978-4-7813-0047-4　B865 A5判・332頁　本体4,600円＋税（〒380円） 初版2003年8月　普及版2009年2月	【基礎と設計】ナノ医療：ナノロボット 他【応用】記録・表示材料（重合法トナー 他）／ナノパーティクルによる薬物送達／化粧品・香料／食品（ビール酵母／バイオカプセル 他）／農薬／土木・建築（球状セメント 他）【微粒子技術】コアーシェル構造球状シリカ系粒子／金・半導体ナノ粒子／Pbフリーはんだボール 他 執筆者：山下　俊／三島健司／松山　清 他39名
感光性樹脂の応用技術 監修／赤松　清 ISBN978-4-7813-0046-7　B864 A5判・248頁　本体3,400円＋税（〒380円） 初版2003年8月　普及版2009年1月	【構成および内容】：医療用（歯科領域／生体接着／創傷被覆剤／光硬化性キトサンなど）／光硬化、熱硬化併用樹脂（接着剤のシート化）／印刷（フレキソ印刷／スクリーン印刷）／エレクトロニクス（層間絶縁膜材料／可視光硬化型シール剤／半導体ウェハ加工用粘・接着テープ）／塗料、インキ（無機・有機ハイブリッド塗料／デュアルキュア塗料）他 執筆者：小出　武／石原雅之／岸本芳男 他16名
電子ペーパーの開発技術 監修／面谷　信 ISBN978-4-7813-0045-0　B863 A5判・212頁　本体3,000円＋税（〒380円） 初版2001年11月　普及版2009年1月	【構成および内容】：【各種方式（要素技術）】非水系電気泳動型電子ペーパー／サーマルリライタブル／カイラルネマチック液晶／フォトンモードでのフルカラー書き換え記録方式／エレクトロクロミック方式／消去再生可能な乾式トナー作像方式 他【応用開発動向】理想的ヒューマンインターフェース条件／ブックオンデマンド／電子黒板 他 執筆者：堀田吉彦／関根啓子／植田秀昭 他11名
ナノカーボンの材料開発と応用 監修／篠原久典 ISBN978-4-7813-0036-8　B862 A5判・300頁　本体4,200円＋税（〒380円） 初版2003年8月　普及版2008年12月	【構成および内容】：【現状と展望】カーボンナノチューブ 他【基礎科学】ピーポッド 他【合成技術】アーク放電法によるナノカーボン／金属内包フラーレンの量産技術／2層ナノチューブ【実際技術】燃料電池／フラーレン誘導体を用いた有機太陽電池／水素吸蔵現象／LSI配線ビア／単一電子トランジスター／電気二重層キャパシター／導電性樹脂 執筆者：宍戸　潔／加藤　誠／加藤立久 他29名
プラスチックハードコート応用技術 監修／井手文雄 ISBN978-4-7813-0035-1　B861 A5判・177頁　本体2,600円＋税（〒380円） 初版2004年3月　普及版2008年12月	【構成および内容】：【材料と特性】有機系（アクリレート系／シリコーン系 他）／無機系／ハイブリッド系（光カチオン硬化型 他）【応用技術】自動車用部品／携帯電話向けUV硬化型ハードコート剤／眼鏡レンズ（ハイインパクト加工 他）／建築材料（建材化粧シート／環境問題 他）／光ディスク【市場動向】PVC床コーティング／樹脂ハードコート 他 執筆者：栢木　實／佐々木裕／山谷正明 他8名
ナノメタルの応用開発 編集／井上明久 ISBN978-4-7813-0033-7　B860 A5判・300頁　本体4,200円＋税（〒380円） 初版2003年8月　普及版2008年11月	【構成および内容】：機能材料（ナノ結晶軟磁性合金／バルク合金／水素吸蔵 他）／構造用材料（高強度軽合金／原子力材料／蒸着ナノAl合金 他）／分析・解析技術（高分解能電子顕微鏡／放射光回折・分光法 他）／製造技術（粉末固化成形／放電焼結法／微細精密加工／電解析出法 他）／応用（時効析出アルミニウム合金／ピーニングによる高硬度投射材 他） 執筆者：牧野彰宏／沈　宝龍／福永博俊 他49名
ディスプレイ用光学フィルムの開発動向 監修／井手文雄 ISBN978-4-7813-0032-0　B859 A5判・217頁　本体3,200円＋税（〒380円） 初版2004年2月　普及版2008年11月	【構成および内容】：【光学高分子フィルム】設計／製膜技術 他【偏光フィルム】高機能性／染料系 他【位相差フィルム】λ/4波長板 他【輝度向上フィルム】集光フィルム・プリズムシート 他【バックライト用】導光板／反射シート 他【プラスチックLCD用プラスチック基板】ポリカーボネート／プラスチックTFT 他【反射防止】ウェットコート 他 執筆者：綱島研二／斎藤　拓／善如寺芳弘 他19名
ナノファイバーテクノロジー －新産業発掘戦略と応用－ 監修／本宮達也 ISBN978-4-7813-0031-3　B858 A5判・457頁　本体6,400円＋税（〒380円） 初版2004年2月　普及版2008年10月	【構成および内容】：【総論】現状と展望／ファイバーにみるナノサイエンス 他／海外の現状【基礎】ナノ紡糸（カーボンナノチューブ 他）／ナノ加工（ポリマーグレインナノコンポジット 他）／ナノ計測（走査プローブ顕微鏡 他）【応用】ナノバイオニック産業（バイオチップ 他）／環境調和エネルギー産業（バッテリーセパレータ 他）他 執筆者：梶　慶輔／梶原莞爾／赤池敏宏 他60名

※書籍をご購入の際は、最寄りの書店にご注文いただくか、㈱シーエムシー出版のホームページ（http://www.cmcbooks.co.jp/）にてお申し込み下さい。

CMCテクニカルライブラリー のご案内

有機半導体の展開
監修／谷口彬雄
ISBN978-4-7813-0030-6　　　　B857
A5判・283頁　本体4,000円＋税（〒380円）
初版2003年10月　普及版2008年10月

構成および内容：【有機半導体素子】有機トランジスタ／電子写真用感光体／有機LED（リン光材料 他）／色素増感太陽電池／二次電池／コンデンサ／圧電・焦電／インテリジェント材料（カーボンナノチューブ／薄膜から単一分子デバイスへ 他）【プロセス】分子配列・配向制御／有機エピタキシャル成長／超薄膜作製／インクジェット製膜【索引】
執筆者：小林俊介／堀田　收／柳　久雄 他23名

イオン液体の開発と展望
監修／大野弘幸
ISBN978-4-7813-0023-8　　　　B856
A5判・255頁　本体3,600円＋税（〒380円）
初版2003年2月　普及版2008年9月

構成および内容：合成（アニオン交換法／酸エステル法 他）／物理化学（極性評価／イオン拡散係数 他）／機能性溶媒（反応場への適用／分離・抽出溶媒／光化学反応 他）／機能設計（イオン伝導／液晶型／非ハロゲン系 他）／高分子化（イオンゲル／両性電解質型／DNA 他）／イオニクスデバイス（リチウムイオン電池／太陽電池／キャパシタ 他）
執筆者：萩原理加／宇恵　誠／菅　孝剛 他25名

マイクロリアクターの開発と応用
監修／吉田潤一
ISBN978-4-7813-0022-1　　　　B855
A5判・233頁　本体3,200円＋税（〒380円）
初版2003年1月　普及版2008年9月

構成および内容：【マイクロリアクターとは】特長／構造体・製作技術／流体の制御と計測技術 他／世界の最先端の研究動向／化学合成・エネルギー変換・バイオプロセス／化学工業のための新生技術 他【マイクロ合成化学】有機合成反応／触媒反応と重合反応【マイクロ化学工学】マイクロ単位操作研究／マイクロ化学プラントの設計と制御
執筆者：菅原　徹／細川和生／藤井輝夫 他22名

帯電防止材料の応用と評価技術
監修／村田雄司
ISBN978-4-7813-0015-3　　　　B854
A5判・211頁　本体3,000円＋税（〒380円）
初版2003年7月　普及版2008年8月

構成および内容：処理剤（界面活性剤系／シリコン系／有機ホウ素系 他）／ポリマー材料（金属薄膜形成帯電防止フィルム 他）／繊維（導電材料混入型／金属化合物型 他）／用途別（静電気対策包装材料／グラスライニング／衣料 他）／評価技術（エレクトロメータ／電荷減衰測定／空間電荷分布の計測 他）／評価基準（床、作業表面、保管棚 他）
執筆者：村田雄司／後藤伸也／細川泰徳 他19名

強誘電体材料の応用技術
監修／塩嵜　忠
ISBN978-4-7813-0014-6　　　　B853
A5判・286頁　本体4,000円＋税（〒380円）
初版2001年12月　普及版2008年8月

構成および内容：【材料の製法、特性および評価】酸化物単結晶／強誘電体セラミックス／高分子材料／薄膜（化学溶液堆積法 他）／強誘電性液晶／コンポジット【応用とデバイス】誘電（キャパシタ 他）／圧電（弾性表面波デバイス／フィルタ／アクチュエータ 他）／焦電・光学／記憶・記録・表示デバイス【新しい現象および評価法】材料，製法
執筆者：小松隆一／竹中　正／田實佳郎 他17名

自動車用大容量二次電池の開発
監修／佐藤　登／境　哲男
ISBN978-4-7813-0009-2　　　　B852
A5判・275頁　本体3,800円＋税（〒380円）
初版2003年12月　普及版2008年7月

構成および内容：【総論】電動車両システム／市場展望【ニッケル水素電池】材料技術／ライフサイクルデザイン【リチウムイオン電池】電解液と電極の最適化による長寿命化／劣化機構の解析／安全性【鉛電池】42Vシステムの展望【キャパシタ】ハイブリッドトラック・バス【電気自動車とその周辺技術】電動コミュータ／急速充電器 他
執筆者：堀江英明／竹下秀夫／押谷政彦 他19名

ゾル-ゲル法応用の展開
監修／作花済夫
ISBN978-4-7813-0007-8　　　　B850
A5判・208頁　本体3,000円＋税（〒380円）
初版2000年5月　普及版2008年7月

構成および内容：【総論】ゾル-ゲル法の概要【プロセス】ゾルの調製／ゲル化と無機バルク体の形成／有機・無機ナノコンポジット／セラミックス繊維／乾燥／焼結【応用】ゾル-ゲル法バルク材料の応用／薄膜材料／粒子・粉末材料／ゾル-ゲル法応用の新展開（微細パターニング／太陽電池／蛍光体／高活性触媒／木材改質）／その他の応用 他
執筆者：平野眞一／余語利信／坂本　渉 他28名

白色LED照明システム技術と応用
監修／田口常正
ISBN978-4-7813-0008-5　　　　B851
A5判・262頁　本体3,600円＋税（〒380円）
初版2003年6月　普及版2008年6月

構成および内容：白色LED研究開発の状況：歴史的背景／光源の基礎特性／発光メカニズム／青色LED，近紫外LEDの作製（結晶成長／デバイス作製 他）／高効率近紫外LEDと白色LED（ZnSe系白色LED 他）／実装化技術（蛍光体とパッケージング 他）／応用と実用化（一般照明装置の製品化 他）／海外の動向，研究開発予測および市場性 他
執筆者：内田裕士／森　哲／山田陽一 他24名

※ 書籍をご購入の際は、最寄りの書店にご注文いただくか、
㈱シーエムシー出版のホームページ（http://www.cmcbooks.co.jp/）にてお申し込み下さい。